地县级电网调度设备监控

王晓建　主　编

沈建良　楼平　曹建伟　副主编

内 容 提 要

为提高电网调度设备监控专业人员业务水平，本书对地县级典型监控分析案例进行应用汇编。本书分为四章，第 1 章阐述了监控分析对于提升集中监控业务效能的重要意义，介绍实用监控分析方法；第 2 章总结梳理了比较常见的异常隐患及故障类型；第 3 章、第 4 章聚焦于监控日常工作中遇到的各类故障异常及其处置实例，通过深度剖析并总结精炼，帮助读者更深入理解电网及现场一、二次设备监控运行特点。

本书可供电网监控人员及相关专业人员参考学习，也可作为监控专业岗位培训、职业教育的教学用书。

图书在版编目（CIP）数据

地县级电网调度设备监控案例分析 / 王晓建主编．—北京：中国电力出版社，2020.12
ISBN 978-7-5198-4951-1

Ⅰ. ①地… Ⅱ. ①王… Ⅲ. ①地区电网–电力系统调度–电力监控系统–案例 Ⅳ. ①TM727.2

中国版本图书馆 CIP 数据核字（2020）第 169853 号

出版发行：中国电力出版社
地　　址：北京市东城区北京站西街 19 号（邮政编码 100005）
网　　址：http://www.cepp.sgcc.com.cn
责任编辑：刘丽平（010-63412342）
责任校对：黄　蓓　朱丽芳
装帧设计：王红柳
责任印制：石　雷

印　　刷：三河市百盛印装有限公司
版　　次：2020 年 12 月第一版
印　　次：2020 年 12 月北京第一次印刷
开　　本：787 毫米×1092 毫米　16 开本
印　　张：11.25
字　　数：276 千字
印　　数：0001—1500 册
定　　价：50.00 元

编 委 会

前言

随着社会经济发展，电网规模不断扩大、电网监控信息量日益增加，电网监控工作任务正变得越来越繁重。智能变电站等新技术新设备的大量运用，进一步加剧了电网监控工作难度。为确保电网稳定运行、无人值守变电站设备安全运转，急需提升电网设备集中监控水平，提高电网监控工作效率。

本书取材于系统内地县级电网调控设备监控日常工作中遇到的各类故障异常及其处置情况，以案例形式进行深度剖析。通过案例分析，明确了监控内容，规范了监控信息处置流程，分析了各种电网设备监控异常及故障。通过对本书案例的学习，可帮助监控人员更深入掌控电网及现场一、二次设备，提高监控工作效率，提升电网监控水平，从而确保电网及集中监控设备运行安全管控。

本书共4章，第1章、第2章在解析现阶段电网监控工作重点和难点基础上，论述了通过分析工作全面提高业务水平、进一步强化电网及集中监控设备运行安全管控。第3章、第4章将地县级电网设备集中监控日常工作中遇到的异常隐患故障案例及其处置分析进行精炼汇总，异常隐患部分涵盖机构设备、二次回路、直流系统等多个方面，故障部分包括线路、变压器等各种类型故障。

因本书涉及多个专业领域，加之实践经验也有局限性，书中难免存在错误与不足之处，恳请读者批评指正。

编　者

2020年6月

目 录

1 概述

1.1 监控模式演变

传统的变电站值班模式为每个变电站设定驻点运行人员值班，负责变电站的日常巡视、运维、操作、管理等。随着电网的发展，变电站数量日益增多，同时变电站自动化技术发展日趋成熟，变电站的运行监控模式由过去的有人值守逐步向无人值班集中监控模式转变。早期变电站的运行监控采用区域集控站模式，后续演变为监控中心；随着国家电网公司“三集五大”体系全面建成，在“大运行”体系下建立了调度与监控业务融合的调控中心。

随着“大运行”体系不断深化，调控业务得到了深度融合和长足发展，同时调控一体化运作模式也迎来新的挑战。一是监控变电站数量不断增加。随着大量基建、改建、扩建工程，电网架构日趋完善，电网设备安全管控压力也随之增大。二是地县一体化运作业务上收。县域范围内 110kV 变电站业务纳入地区监控范围，导致地调监控业务工作量大大增加，由于漏监、漏发、处置不合理等引起的问题也有发生。三是监控业务范围不断扩展。无功功率监视、稳定限额监视、拓展远方操作范围以及开关常态化远方操作的开展，电网应急管控压力明显增大。四是智能变电站推广应用。现场运维工作必须满足新的要求，集中监控信息监视内容也随之扩充和完善，尤其是对智能变电站内 IED 设备状态及其通信 GOOSE/SV 链路监视等。

1.2 强化监控信息管理

监控信息是集中监控掌握现场无人值班设备状态的核心抓手，监控信息分析能力已经成为集中监控业务必须具备的核心能力。因此，信息分析师及信息分析制度逐渐成为监控业务近年来新的发展趋势。

信息分析制度立足现有人力资源配置规模，以监控信息管控为抓手，旨在完善和指导设备监控专业工作，加强对现场无人值守一、二次设备安全运行管控，确保电网安全稳定运行。制度的核心在于增设信息分析师专岗，细化责任分工，将信息分析工作常态化，通过当值监控员分析、信息分析师分析和设备监控管理专职分析实现集中监控信号处置分析三级管控机制。

信息分析师制度作为设备监控专业管理的重要环节，通过培训、选拔、任用优秀的监控员构成信息分析师主体，与当值监控员和设备监控管理专职协调配合。信息分析师主要致力于全业务监控信息的离线分析，深度挖掘信号蕴含的电网设备运行状态、健康状况和异常故障情况，校核当值监控员处理结果，跟踪、督促各类缺陷闭环处理情况，从而全面支撑设备监控运行安全管控。依托信息分析师，围绕设备监控各项业务，不断规范监控信息处置分析流程，同时引入 PDCA 循环提升方法，采用“实时监视—分级分析—专业会诊—处置验证—跟踪返校—总结提升—推广应用”的管理思路，通过信息例会、缺陷处理等流程在集中监控信息分析处理过程中不断提高处置水平。

强化信息分析工作关键在于以下三方面：

（1）确立监控信息三级管控机制。在人力资源配置保持不变的前提下，确立基于当值监控员分析、信息分析师分析和设备监控管理专职分析的集中监控信号处置分析三级管控机制，明确当值监控员、信息分析师和设备监控管理专职的职责范围与业务衔接，并完善相关配套规章制度。

（2）优化设备监控信息分析流程。通过设置信息分析师，在当值监控员与设备监控管理专职之间增加一道信息分析处理环节，优化分析流程，完成全业务信号离线分析、降低监控信息漏监误判概率，实现各类信号科学分类、分层、分级分析，提高调控人员工作效率。

（3）监控运行信息分析精益化。通过信息分析师实现全业务监控信息闭环分析，促进监控信息的精益化管理，完成对电网设备告警信号全面管控，有效支撑设备监控专业工作开展，提高监控信息规范率和监控信息正确率，实现监控信息零漏监、零误报。

1.3 监控分析方法

监控信息分析方法是落实监控信息分析工作的重要基础。由于监控信息分析的立足点是监控信息，监控信息分析的结果自然也就受制于监控信息的种类、数量和质量。一般而言，单一的监控信息必然存在精度、真伪等方面的问题，因而多源冗余、互相关联、时空分布等特性是开展监控信息分析的基础。

目前可以结合开展信息分析的数据主要是调度技术支持系统数据、OMS 系统流程及数据、保信录波数据、视频监控图像、雷电定位系统数据、操作票系统数据、监控信息表、信息对应表等。

监控信息分析主要分为两大类：① 依靠专家经验的因果分析；② 依靠数据统计分析挖掘的数据驱动分析。

1.3.1 数据驱动分析

数据驱动分析强调探寻数据呈现的特征，往往是无模型或不具备先验知识，数据特征主要通过聚类或分类等方法获得，可以通过机器学习、神经网络、概率统计等方法计算。

1.3.2 因果机理分析

因果机理分析强调事件发生的前后因果关系，根据事务发展变化规律探寻前后联系，基于已有的经验或模型，从原因推导出结果，或者从结果反演出原因。

1.3.3 具体分析方法

1. 正向分析

根据上窗告警的监控信息，当值监控员先根据信息名称及含义，初步判断该监控信息所属设备的运行状态和健康状况；其次查询包含该告警信息及其历史处置情况的记录，通过正向分析该监控信息曾经发生过的告警行为、当时的处置方法以及最终的结果，对该监控信息本次告警行为的原因和发展趋势进行综合判断；最终选择一种较优的方式完成告警处置。

正向分析属于因果机理分析，从结果反推原因，是监控员日常工作中采用的分析方法。其实质是通过监控告警信息名称反映出设备异常情况，通过思考甄别后进行处置。由于监控员在常年监控工作中积累了大量现场设备运行情况的信息，因而在实际工作中并不需要每次都查询历史处置记录。

2. 逆向分析

当值监控员或信息分析师结合事故异常处置、缺陷汇报、设备操作、现场巡视、缺陷处理等数据，判定现场一、二次设备运行状态变化情况和设备健康状况，根据现场设备状态和健康状况与监控信息之间的对应关系，逆向推演设备相关监控信息应该呈现的理想告警情况分布，并将理想告警情况分布与真实的告警情况进行逐一对比，复核验证监控信息告警的正确性，梳理出监控信息中告警行为存在误警和虚警的情况，及时发现告警行为无法正确反映设备状态的异常情况。

逆向分析属于因果机理分析，从原因推出结果。逆向分析主要为了在日常工作中动态甄别监控信息告警真伪问题。

3. 频度分析

依据监控信息历史告警情况，针对告警行为存在频繁动作复归，或动作复归呈现出周期性特点的监控信息，使用频度分析法。开展频度分析必须给定频度分析的起始和结束时间、频度统计单位时长，根据监控信息告警频度依时间顺序的分布变化或类似条件下的同比、环比变化来判断变化趋势，重点分析频度呈现规则性变化（单调递增或单调递减等）的情况，通过规则性变化特征对监控信息所属现场设备状态和健康状况趋势进行分析。

频度分析属于数据驱动分析。偶发或符合设备运行规律的周期性告警属于正常情况，一旦超越某种阈值而达到频发告警的程度，则必定意味着被监视设备存在问题或信息配置传输存在问题，需要解决。

4. 扫描分析

根据当值监控员告警处置记录或信息分析师全业务监控信息分析结果，以某个重要异常告警信息异常动作复归情况为切入点，信息分析师根据监控信息历史告警数据，采用扫描方式分析所辖区域内此类监控信息在给定时间跨度内的告警动作复归情况，结合操作情况、现场工作、缺陷情况等大数据，分析可能引发该类监控信息告警的原因及未来可能存在的发展趋势。

扫描分析属于数据驱动分析。一般用于发生事件后，对类似情况进行地毯式分析排查，便于及时发现异常并消除对应隐患。

5. 流式分析

针对监控信息传输过程中发生异常的情况，根据监控信息告警的产生机制、异常告警的现象、中间各个传输环节运行机制进行分析，追踪监控信息在各个环节的状态，必要时增加中间环节观测结果，最终判断出监控信息异常告警的原因。

流式分析属于因果机理分析，通过对异常告警信息的全流程进行彻底、深入的剖析，判定故障原因。

6. 复核分析

根据 OMS 系统日志信息、操作票系统记录、调度技术支持系统历史告警记录及操作记录，对监控员处置行为进行复核。复核的基本依据主要是：① 历史告警记录，即监控员对于重要告警必须通知现场检查，必要时还要汇报调度员，现场检查后必须反馈结果；② 各类监控操作行为，即接令/执行、置牌/拆牌、抑制/封锁等，都应操作正确且结果正确。

复核分析属于因果机理分析。告警是原因，处置是结果，复核的关键是重要告警是否有处置，处置手段是否合适，各类操作行为及结果是否正确无误。

7. 关联分析

围绕监控信息告警现象，根据分散在调度日志、监控日志、自动化日志、全业务信息分析日志、一二次设备台账、智能调度操作票记录、在线监测系统数据、故障录波信息、缺陷及消缺记录、集中监控业务流程等系统中的相关大数据进行深度分析，判断监控信息告警原因。

关联分析属于数据驱动分析。通过大量数据的特征信息提取和有效整合，平抑某些被污染数据的负面影响，获得指向性的监控信息告警原因判定，主要用隐患挖掘。由于关联分析的效果与数据种类、数量和质量正相关，大数据及其各类分析方法都适用于关联分析。

8. 趋势分析

根据分散在调度日志、监控日志、自动化日志、全业务信息分析日志、一二次设备台账、智能调度操作票记录、在线监测系统数据、故障录波信息、缺陷及消缺记录、集中监控业务流程等系统中的相关大数据对设备及电网运行情况进行深度统计分析，采用概率分布、贝叶斯网络、神经网络等算法预测设备及电网在未来运行状态及发生故障的概率。

趋势分析属于数据驱动分析。与关联分析类似，也通过大量数据的特征信息提取和有效整合，平抑某些被污染数据的负面影响，但其目的不是判定告警原因，而是要通过大数据的历史信息来预测未来情况，特别是可能出现故障的概率。

2 案例概要

2.1 异 常 隐 患

异常是设备运行介于正常态与故障态之间的一种状态。设备的异常通常不会立即导致设备停运，但是如果任其发展，就会发展为故障，造成设备跳闸、负荷停运，或者导致集中监控人员无法及时发现故障，从而延误故障处置或导致故障扩大。而且，根据多年的运行经验，设备故障的发展往往是从异常开始的。如果能提前发现设备异常，并采取措施消除异常，使设备恢复正常运行状态，可有效提高电网的安全运行水平。同时，通过对一定数量异常设备的分析，往往能发现相类似设备中异常的共性，从而发现某一类设备存在设计、生产、安装、使用过程中所存在的隐患，进而提出消除隐患的方法，从根本上消除该类异常的发生。

异常隐患是指安全风险程度较高，可能导致事故发生的设备设施、电网运行的不安全状态。直流系统异常、二次回路异常、遥测数据越限突变、装置机构异常、通信传输异常等都属于设备异常隐患。

2.1.1 直流系统异常

当直流系统发生异常时，集中监控系统中常见的告警信息有直流系统绝缘故障、直流系统故障、直流系统异常、直流电压越正常上/下限等。一般变电站中的直流系统如图 2－1 所示。

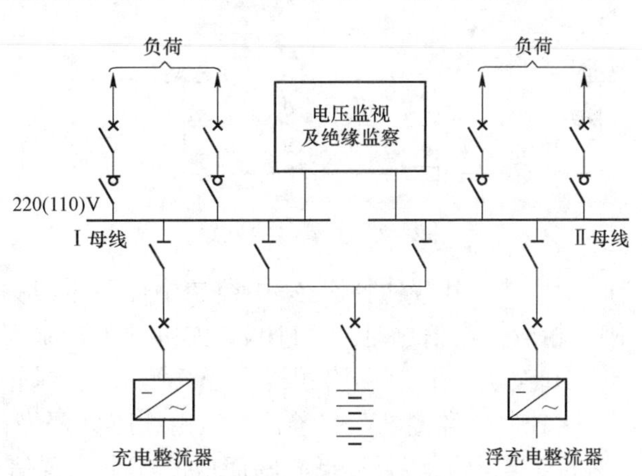

图 2－1　直流系统结构图

由直流系统的构成可知，引发其异常的主要原因可能有：① 直流系统发生绝缘故障，引起正极/负极的完全或不完全接地，导致直流绝缘监察装置报警并显示某路的接地电阻，监控系统报直流绝缘下降信号；② 直流系统中的某个整流模块发生故障，由于系统设计的冗余性，此时直流电压等遥测数据可能正常，但是会有直流系统故障、直流系统异常等信号的发生；③ 蓄电池组中的某些电池发生故障，导致整个电池组的充放电或电压情况不正常。

2.1.2 二次回路异常

二次回路是由二次设备互相连接构成的电气回路，起到对一次设备的监视、控制、调节和保护功能。二次回路包括电气测量回路、继电保护回路、设备控制及信号回路、操作电源回路、电气闭锁回路等低压回路，涉及互感器次级绕组、继电保护装置、监测控制装置、继电器、安全自动装置等装置，以及连接这些装置的电缆所构成的电路。典型二次回路如图 2－2 所示。二次回路通常用来监视、测量、调节、保护和控制一次回路中的各种设备运行情况，进而掌握整个电网的实时运行状态。由于包含大量的二次设备，因此二次回路也是异常隐患的多发区，是设备集中监控过程中需要重点关注的部分。

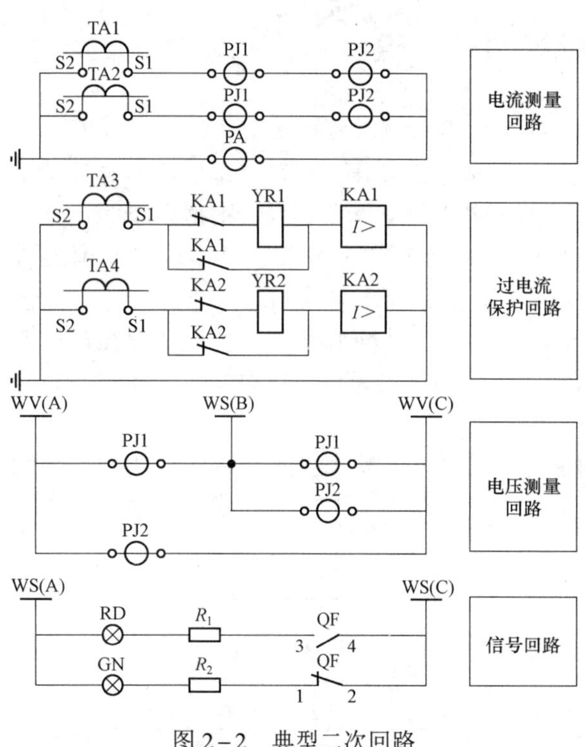

图 2－2 典型二次回路

当二次回路发生异常时，集中监控系统中常见的告警信息有：开关控制回路断线、TA 断线告警、TV 断线告警、母差保护差流越限告警、母线有功不平衡、母线保护互联等信息。

常见的二次回路异常的现象及原因有以下几种：

1. 控制回路断线异常

断路器是用于切断正常负荷电流与故障短路电流的设备。当电气设备发生故障时，首先就要靠离故障设备最近的断路器来切除故障，缩小故障影响范围，保证其他设备的正常运行。而控制回路就是控制断路器分/合的二次回路，是开关分/合的直接指挥者，典型控制回路如图 2－3 所示。如果断路器发生控制回路断线，会造成该开关无法正常分合闸，此时如发生电网故障，将因断路器拒动而扩大故障影响范围，造成停电面积扩大，直接影响电网的安全稳定运行水平。因而控制回路断线是集中监控中需要重点关注的异常隐患，也是需要立即处理的紧急缺陷。相应异常信息包括：110kV 内桥开关控制回路断线、电容器开关控制回路断线、主变压器 110kV 开关控制回路断线、开关第二组控制回路断线动作等。

“控制回路断线”告警信号，由线路间隔操作箱内 HWJ（合位继电器）动断接点与 TWJ（跳位继电器）动断接点串联而成的一个位置信号，反映了开关在运行位置（合位）时，不能实现分闸功能，遇到线路故障时不能正确动作于开关，从而扩大故障范围。可能存在的异常有：断路器分、合闸线圈烧坏、断线；断路器辅助接点接触不良；断路器本体异常闭锁分、合闸；远方/就地切换开关故障等原因。

2. 断路器或隔离开关位置异常

断路器或隔离开关遥信位置采用单遥信或双遥信，一般由设备机构内部辅助接点的通断状态来判断实际断路器或隔离开关的状态，当其位置出现异常时，监控画面显示与现场断路器（隔离开关）实际位置不对应或显示故障态。断路器或隔离开关异常原因包括辅助接点受潮锈蚀、二次线路松动、辅助开关切换未到位、实际接线与设计图纸不相符等。此外，也有可能是测控装置故障导致，如：内部采集板故障；光隔的输入、输出异常等。

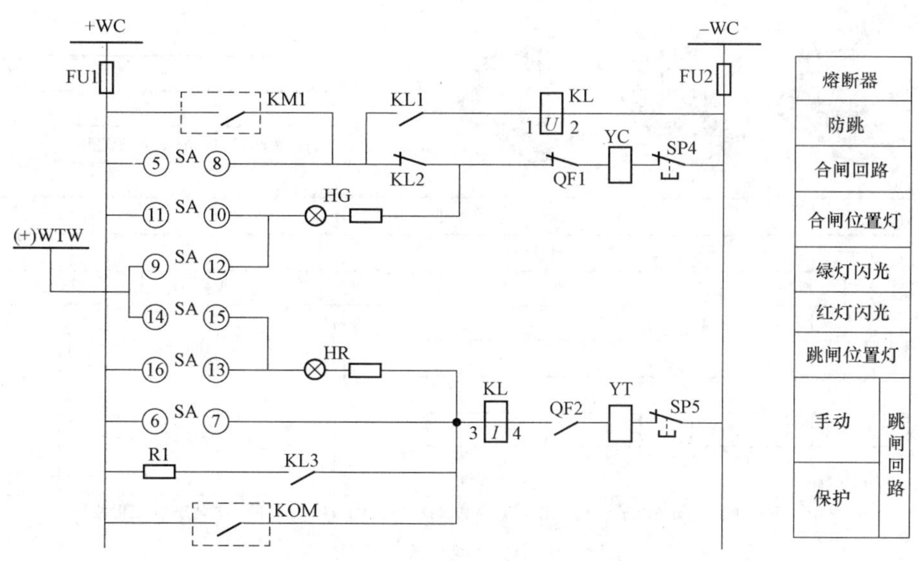

图 2－3　断路器控制回路二次图

3. 母差保护开入变位异常

母差保护开入量的二次回路如图 2－4 所示。

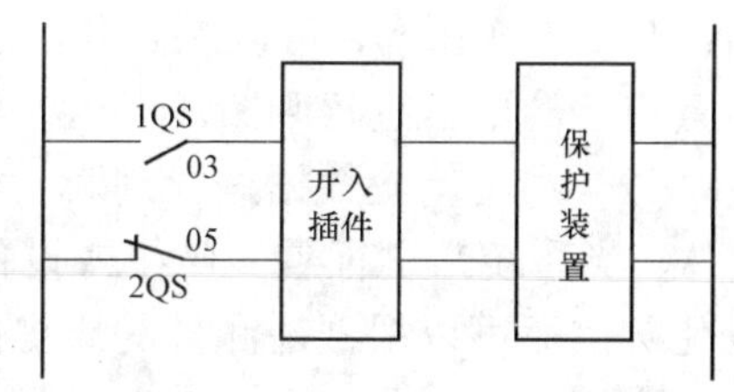

图 2－4　母差保护开入量的二次回路图

当发生开入信号异常时，可能出现的告警信息有母差保护开入变位动作、母线第一套母差开入信号异常告警。

由二次回路可知，当发生母差保护开入变位异常时，可能是装置误发信号，也可能是母差保护装置的开入量确实有误，原因包括隔离开关辅助接点松动或粘连、装置内部 CPU 故障或二次回路端子松动等。

二次回路种类多异常情况也多种多样，上述 3 个典型例子揭示了二次回路异常分析的一般方法：根据二次回路图纸及异常表现形式，判断出异常可能发生的位置，然后进行逐一的排查，最终确认异常原因，进行有针对性的处理。

2.1.3　遥测量越限突变异常

电力系统中一次设备的电气量需要通过互感器、电压电流二次回路、测控装置的 A/D 采样、测控装置、变电站内 A/B 网等诸多环节，上送到调度端，在集中监控系统中展现给调控人员。图 2－5 为变电站信息系统拓扑图。只要在这些环节中的某一步，因设备或传输等原因出现问题，就会引起遥测量的突变与假越限。

这些上送到调度端的遥测量是反应电网运行状态的主要指标，同时也是设备集中监控工作中需要重点关注的对象。而发生遥测量突变或越限等情况时，一般需要首先明确该突变或越限是自动化系统在传输实时数据过程中，偶尔出现的几个“坏点”引起的，还是实际电网的真实数据也发生了突变或越限。在判断时可以采用以下两种方法：

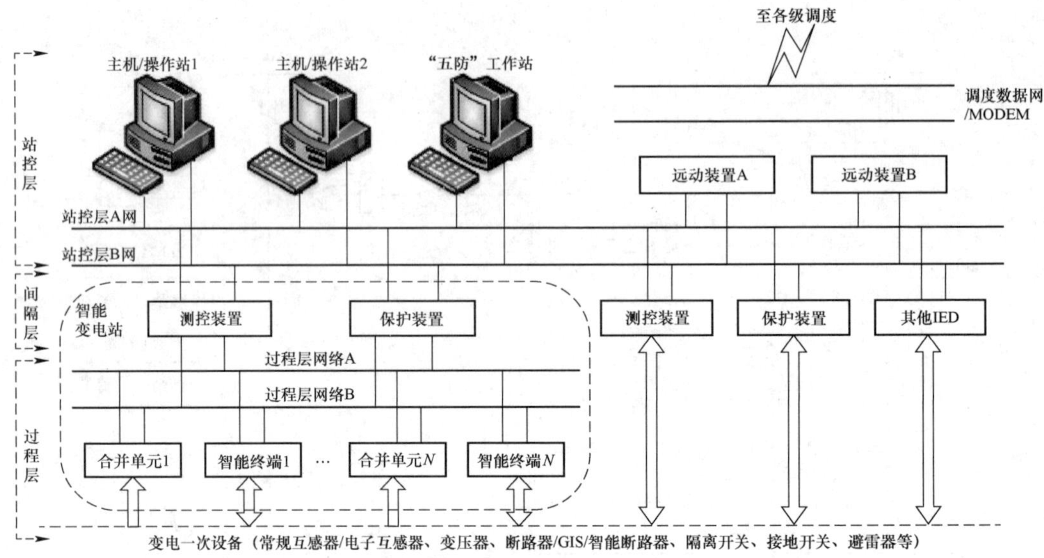

图 2－5　变电站信息系统拓扑

（1）利用电力系统遥测量的冗余性进行判断。对于线路，可以利用对端的遥测量进行判断；对于主变压器，可以综合各侧遥测量进行判断；对于母线电压等数据，还可以利用并列运行母线的电压进行判断。

（2）利用历史数据进行判断。实际电力系统虽说是时变的，但是正常情况下其变化速度有限，当系统未进行重大操作或设备故障的时候，遥测量一般短时间内不会发生快速大幅度变化。因而可以根据遥测量的历史曲线，结合电网实际运行状态进行判断。

当判断遥测量越限突变的异常真实反映电网实际运行状态时，应立即汇报调度，进行遥测数据越限的处理，包括对调整电网运行方式、控制负荷等。

当判断遥测量越限突变的异常为“假数据”时，应根据遥测数据产生、输送的顺序进行排查，找出发生遥测量“失真”的环节，并进行对应的处理，确保遥测数据的实时性与准确性。一般情况下，造成遥测量出现假数据的情况包括：测控装置故障导致出现假数据、死数据等情况；互感器回路问题导致电压、电流的二次值失真；设备参数配置不正确或外界干扰导致遥测数据在上送过程中出现数据突变或严重偏离真实值的“假数据”。

2.1.4　装置机构异常

在设备集中监控环节中，断路器、操动机构、保护装置等设备本身也是异常隐患的多发区。例如对于液压操动机构的断路器，由于其一般是户外敞开式的布置结构，操动机构箱往往受日晒雨淋的影响，工况比较恶劣，而液压操动机构本身是一个比较精密的系统，如图 2－6 所示。

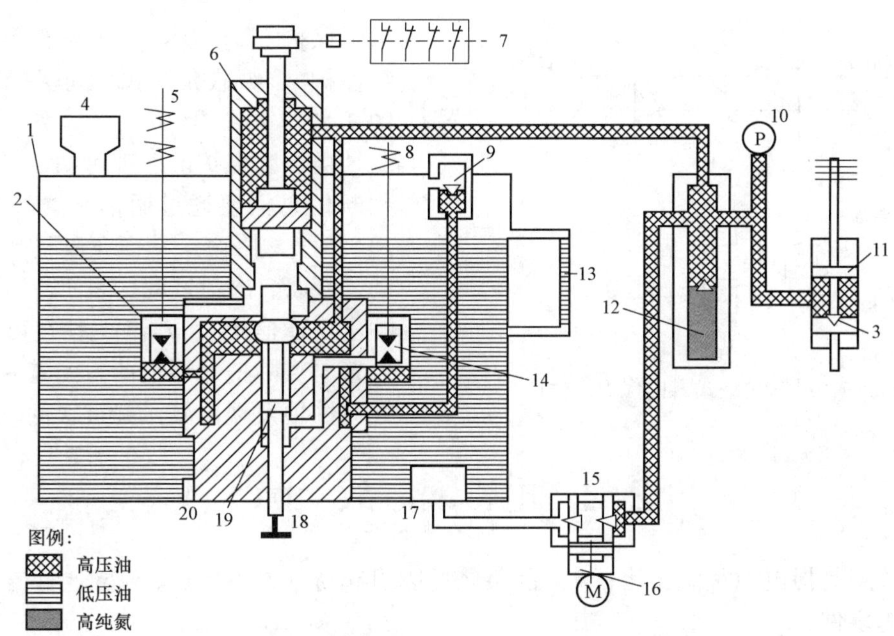

图 2-6 断路器液压操动机构原理图

1—油箱；2—分闸一级阀；3—安全阀；4—油分离器；5—分闸电磁铁；6—工作缸；7—辅助开关；8—合闸电磁铁；9—高压放油阀；10—压力表；11—压力开关；12—贮压器；13—油标；14—合闸一级阀；15—油泵电机；16—手力打压杆；17—过滤器；18—操作杆；19—二级阀阀杆；20—密封圈

在户外多变的环境下，这样的系统尤其是其高压回路容易发生泄漏、打压超时、启动频繁等缺陷。对于液压操动机构，由于启动信号被定义为告知信息，在其异常隐患发生的前期，往往不会在实时监控系统中体现出来。只有异常隐患进一步发展，达到足够的程度才会被调控人员发现。如果由于某些原因，该类缺陷未及时发现，而缺陷本身已严重威胁到开关的正常分合，这将导致系统发生故障时断路器拒动，扩大故障范围，造成重大电网损失。因而，对于断路器、操动机构、保护装置等设备本身更要加强相关监视、数据分析，在该类设备的异常隐患发生初期就进行消缺处理，减小对设备正常安全运行的影响。

2.1.5 通信传输异常

集中监控所有的监视和控制信息都依赖于通信通道传输，因此通信异常对于集中监控业务影响的严重程度不言而喻。在诸多通信传输异常中线路保护通道异常紧急程度最高，需要立即处理，否则将导致保护不能正确动作。电压等级较高、重要性较强的线路往往需要全线速动的保护，能在线路发生区内故障时，在尽量少的时间内将故障切除，从而提高系统的稳定性以及线路故障重合成功的概率。而目前能满足全线选择性与速动性需求的就是纵联保护。

当线路发生故障时，线路纵联保护是使两侧开关同时快速跳闸的一种保护装置，是线路的主保护，保护原理如图 2-7 所示。它以线路两侧判别量的特定关系作为判据。即两侧均将判别量借助通道传送到对侧，然后，两侧分别按照对侧与本侧判别量之间的关系来判别是区内故障或区外故障。因此通道是纵联保护装置的主要组成部分之一。根据通道的种类，可以将纵联保护分为导引线纵联保护（导引线保护）、电力线载波纵联保护（高频保护）、微波

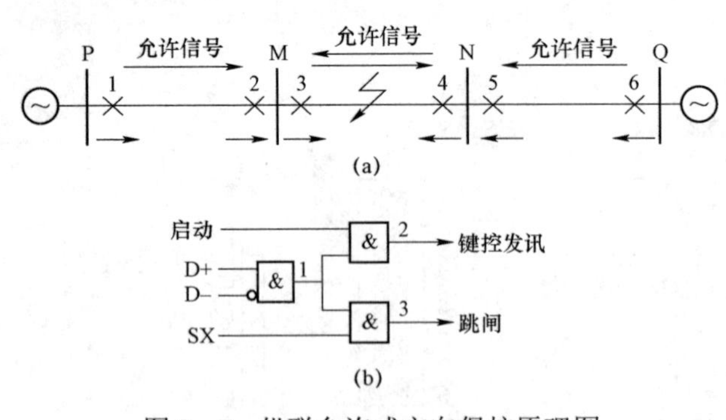

图 2-7 纵联允许式方向保护原理图

纵联保护（微波保护）、光纤纵联保护（光纤保护）。纵联允许式方向保护原理图见图 2-7。

由纵联保护的原理可知，一侧的保护判断信息需要通过通信装置经过通道传递至另一侧保护，从而完成整个保护的启动、判断、出口过程。因而，当这一类保护出现通信传输异常时，往往可以从通信装置与实际信息通道两方面着手分析，有针对性地发现问题，并解决问题。

2.2 电 网 故 障

电网故障是指电力系统在运行中，因某些原因引起对外设备停运、电网运行异常或电气设备损坏的事件。

电网故障按照影响的范围大体可分为局部故障与系统故障两大类，如表 2-1 所示。

表 2-1　　电网故障类型及影响范围

故障类型	影响范围
局部故障	个别元件发生故障，局部电压发生变化，用户用电受到影响的事件
系统故障	系统内主干联络线跳闸或失去大电源，引起系统频率、电压急剧变化，造成电能供应数量和质量并超过规定范围，甚至造成系统瓦解或大面积停电的事件

当系统发生故障时会有以下现象：

（1）有较大的电气量变化，电流增大或减小，电压降低或升高，频率降低数值严重抖动。

（2）站内短路事故有较大的爆炸声，甚至燃烧，设备有故障痕迹，如：设备损坏，绝缘损坏，断线，设备上有电弧烧伤痕迹或绝缘子闪络痕迹，室内故障有较大的浓烟，注油设备出现喷油、变形、焦味、火灾等，往往伴随消防告警及各类一、二次设备故障异常等告警信息。

（3）保护及自动装置启动，并发出相应启动告警信号，故障录波装置启动并开放。

（4）开关动作调整，伴随保护动作、事故告警及开关分合闸等告警信息。

（5）照明出现异常（短时暗、闪光、熄灭或闪亮），母线电压、站用电电压短时沉降。

下面主要介绍电网设备在发生不同类型故障时的表象以及表象背后的原因，通过对不同类型故障的简要说明，以帮助调控人员更好地分析故障、处理故障，最大程度地减小损失。

2.2.1 线路故障

输电线路作为电力输送的“高速公路”，在电网中有着极其重要的地位。尤其是对于线路冗余度配置不高的部分用户变压器、终端变压器，对线路 $N-1$ 故障后的 $N-2$ 故障承受力不够，因而更应加快线路故障的处理，尽快恢复局部电网的正常连接方式。

由于电力线路空间跨度大，周边环境往往不易控制，因而发生故障的概率较高，按不同的分类方法，线路故障分类及描述见表 2－2。

表 2－2 线路故障分类及描述

分类方法	故障描述
按持续时间划分	（1）瞬时性故障：这类故障由继电器保护动作断开电源后，故障点的电弧自行熄灭、绝缘强度重新恢复，故障自行消除，此时，若重新合上线路断路器，就能恢复正常供电，发生概率较高。 （2）永久性故障：一种影响设备运行，不采取措施就不能恢复设备正常运行的故障，发生概率较低
按故障相别划分	（1）单相接地故障：故障相电流增大、电压降低；非故障相电压、电流升高；出现负序、零序电压或电流。 （2）两相相间短路：故障相电流增大、电压降低；非故障相电压、电流升高；出现负序电压或负序电流。 （3）两相接地短路：故障相电流增大、电压降低；故障相电压、电流升高；出现负序、零序电压或电流。 （4）三相短路故障：故障相电流增大、电压降低；未出现负序、零序电压或电流
按故障形态划分	（1）短路故障：线路最常见也是最危险的故障形态。 （2）断线故障：发生概率较低

1. 线路常见故障现象

当发生线路故障后，监控系统报警，系统电流、电压波动，故障线路开关跳闸，监控系统跳闸开关状态显示变位闪光，电流、负荷指示“0”，重合闸动作重合成功开关状态显示闪光，故障线路保护动作，保护装置显示动作信息及相应信号灯亮，故障点有声、光或设备损坏等故障现象。如果是中心点不接地系统发生了单相接地故障，则会出现母线接地信号，同时相电压发生变化（故障相相电压变为 0 或接近于 0，其他相相电压上升为线电压），开口三角出现零序电压。

2. 线路常见故障原因

造成线路故障的原因主要有：

（1）电气设备及载流导体因绝缘老化，或遭受机械损伤，或因雷击、过电压引起绝缘损坏；

（2）架空线路因大风或导线履冰引起电杆倒塌等，或因鸟兽跨接裸露导体等；

（3）电气设备因设计、安装及维护不良所致的设备缺陷引发的短路；

（4）运行人员违反安全操作规程而误操作，如带负荷拉隔离开关，线路或设备检修后未拆除接地线就加上电压等。

2.2.2 母线故障及处理

1. 母线常见故障类型及现象

母线常见故障可分为两大类：母线失电与母线故障跳闸，故障现象描述见表 2－3。母线失电是指母线本身无故障而失去电源；母线故障跳闸是指母线本身故障，连接母线的进线和出线开关均跳闸。

表 2－3 母线故障类型及现象

故障类型	故障现象
母线失电	（1）该母线母差保护不动作，无母线短路时的爆炸声，母线上无故障； （2）该母线上的开关均未跳闸或只有电源开关跳闸； （3）该母线的电压消失； （4）该母线的各出线及变压器负荷消失（电流、功率为零）； （5）该母线所供厂用电或所用电失去（所用电电压消失）

续表

故障类型	故障现象
母线故障跳闸	（1）监控系统报警； （2）故障母线各元件开关及母联开关跳闸，开关状态显示变位，电流、功率变为零； （3）跳闸母线电压消失，母线保护装置显示动作信息及信号灯亮； （4）故障点有声、光或设备损坏等故障现象

2. 母线常见故障原因

母线失电的主要原因：

（1）电源进线保护动作跳闸，造成母线失电；

（2）线路故障但线路保护拒动或断路器拒跳，越级跳闸使母线失电；

（3）人员误操作或误碰造成母线失电；

（4）上一级电源消失造成母线失电。

母线故障跳闸的主要原因：

（1）母线绝缘子发生闪络故障；

（2）母线上所接电压互感器、避雷器故障；

（3）各出线电流互感器之间的断路器绝缘子发生闪络故障；

（4）连接在母线上的隔离开关绝缘损坏或发生闪络故障；

（5）母差保护误动；

（6）二次回路故障。

2.2.3 变压器故障

变压器没有转动部分，与其他电气设备相比，它的故障是比较少的。但是，变压器一旦发生事故，则可能会中断对部分客户的供电，修复变压器所用的时间也很长，造成严重的经济损失。为了确保安全运行，要加强运行监控，强化日常维护工作，将事故消灭在萌芽状态。万一发生事故，要能够正确地判断原因和性质，迅速、正确地处理事故，防止事故扩大。

变压器按发生故障的部件，可分为以下 4 种类型，如表 2－4 所示。

表 2－4　　变压器故障类型及其危害

故障类型	典型故障	危害
内部故障	（1）各侧绕组的相间短路故障； （2）中性点直接接地绕组的单相接地短路； （3）各侧绕组的匝间短路； （4）铁芯发热烧毁	产生电弧，引起主绝缘烧毁，绝缘油分解，内压增大，有可能引起油箱爆炸起火
外部故障	（1）变压器套管及引出线的相间短路以及接地短路； （2）各侧差动电流互感器以内、油箱外的一次设备故障	不仅引起变压器绕组过热，而且由于短路电流大，有可能引起变压器绕组动稳定的破坏，引起严重的内部故障
附属设备引发的故障	（1）冷却系统故障引起变压器油温升高，绕组及铁芯过热； （2）调压开关系统故障引起的局部绕组过热； （3）调压开关灭弧机构不良引起的内部故障； （4）漏油引起的油面下降； （5）变压器油质不正常，主要表现在含水量超过规定值、可燃性气体超过规定值以及其他化学成分的比例超过规定值等，影响变压器的绝缘性能	附属设备的故障往往导致主变压器内部绕组、铁芯、绝缘油的温度不正常升高，加速绝缘材料的老化，缩短变压器使用寿命。重要附属设备严重故障时，可能直接引发变压器内部故障，造成变压器跳闸事故

续表

故障类型	典型故障	危害
越级和穿越性故障	（1）区外故障导致主变压器越级跳闸； （2）穿越性故障导致主变压器差动保护误动； （3）近区故障导致主变压器内部故障	穿越性短路可能引起变压器绕组动稳定性破坏与热稳定性破坏，引发严重的内部故障

1. 变压器常见故障现象

当变压器发生较严重故障但尚未跳闸时，会有主变压器油温短时内快速异常上升、油温高告警、油位异常告警、瓦斯告警等各类告警，现场会出现以下现象：

（1）主变压器内部响声很大，不均匀，并有放电爆裂声，套管严重破损、放电闪络；

（2）出现喷油或压力释放器（或防爆管）动作、喷油；

（3）变压器着火；

（4）正常负荷和冷却条件下，上层油温异常升高并继续上升；

（5）严重漏油，油位计和气体继电器内看不到油面；

（6）短时间内油色变化过多。

当发现变压器有上述情况之一者，应立即投入备用变压器或备用电源，将故障变压器停止运行。此时变压器如不立即停电，故障持续恶化，将引发变压器主要部件损坏等严重情况。

主变压器故障跳闸时的现象如表 2－5 所示。

表 2－5　主变压器故障跳闸现象

	主保护动作跳闸	后备保护动作跳闸
开关变位情况	变压器各侧开关跳开	变压器一侧或各侧开关跳开
保护动作情况	变压器主保护中至少有一个动作，故障录波器动作。气体继电器内可能有气体聚集，出现瓦斯告警。主变压器内部严重故障时，可能有压力释放告警或动作	变压器相应后备保护动作。当变压器内部有故障时，有可能有轻瓦斯动作

当变压器气体保护动作后，现场应迅速用排水取气法取出气体（取气前应检查气体确向外排），检查气体颜色、气味、可燃性，按表 2－6 判别故障性质。

表 2－6　气体性质对应故障部位

气体性质	故障部位	气体性质	故障部位
黄色，不易燃	木质故障	灰色和黑色，易燃	油故障
淡灰色，强烈臭味，可燃	纸或纸板故障	无色无味，不可燃	空气

2. 变压器常见故障原因

造成变压器不正常运行和事故的原因主要有：

（1）制造缺陷，包括设计不合理，材料质量不良，工艺不佳；运输，装卸和包装不当；现场安装质量不高；

（2）运行或操作不当，过负荷运行、系统故障时承受故障冲击；运行的外界条件恶劣，如污染严重、运行温度高；

（3）维护管理不善或不充分；

（4）雷击、大风天气被异物砸中、动物危害等其他外力破坏。

具体到各保护动作情况来看，可能的原因如表 2－7 所示。

表 2－7　　变压器保护动作原因

保护动作情况	原因
轻瓦斯动作	（1）变压器内部有较轻微故障产生气体。 （2）变压器内部进了空气。 （3）外部发生穿越性短路故障。 （4）油位严重降低至气体继电器以下。 （5）直流多点接地、二次回路短路。 （6）受强烈震动影响。 （7）气体继电器本身问题
重瓦斯动作	（1）变压器内部严重故障。 （2）二次回路问题误动作。 （3）呼吸系统不畅通。 （4）外部发生穿越性短路故障（浮筒式气体继电器可能误动）。 （5）变压器附近有较强的震动
差动保护动作	（1）变压器内部故障。 （2）变压器及其套管引出线，各侧差动电流互感器以内的一次设备故障。 （3）保护整定或二次回路问题误动作。 （4）差动电流互感器二次开路或短路。 （5）励磁涌流的作用

2.2.4　断路器故障

断路器是指具有较大的接通和分断能力的开关。在电力系统中起保护和控制作用，除能在正常工作情况下操作外，还能在短路情况下接通和断开电流。操作方式有手动、电动、气动、液压等。高压电路中使用油断路器、电磁式断路器和压缩空气断路器。

1. 断路器常见故障现象

断路器本身常见的故障有：分、合闸闭锁，断路器拒分，断路器拒合，具有分相操作机构的断路器三相不一致等。其异常现象及危害如表 2－8 所示。

表 2－8　　断路器故障现象及其危害

断路器故障现象	断路器故障危害
断路器拒分闸	会造成上一级断路器的“越级跳闸”或邻近元件断路器跳闸，扩大事故停电范围，通常会造成严重的电网事故
断路器拒合闸	若在正常操作中出现拒合，则影响相关设备的复役时间；若在发生在重合闸期间，则将造成线路停电
断路器非全相运行	不对称的运行状态将可能引起负序、零序电流，对电力元件，尤其是发电机的危害较大

2. 断路器常见故障原因

断路器在运行中发生故障的原因主要有：

（1）由于断路器未及时安排检修或运维不完善，造成 SF_6 压力低而闭锁分合闸；

（2）断路器机械操作结构出现卡涩等问题；

（3）跳闸线圈、合闸线圈烧毁或断线；

（4）相关继电器的接点粘连，误发信造成闭锁分、合闸。

2.2.5 互感器故障

互感器可分为电压互感器与电流互感器，其主要作用是将一次设备的高电压、大电流转换为二次次侧的低电压、小电流，将测量仪表和继电器同高压线路隔离，以保证操作人员和设备的安全。

1. 互感器常见故障现象

互感器常见的故障现象有：

（1）电压互感器高压熔丝熔断；

（2）互感器内部发出异声、过热，并伴有冒烟及焦臭味；

（3）互感器严重漏油，瓷质损坏或有放电现象；

（4）互感器喷油着火或流胶现象；

（5）金属膨胀器的伸长明显超过环境温度时的规定；

（6）三相指示不平衡。

2. 互感器常见故障原因

互感器常见故障的引起原因有：

（1）一次绕组受潮，导致绝缘性能下降；

（2）互感器过负荷，烧毁线圈；

（3）接线柱松动、开焊、虚焊、二次引线断；

（4）系统中高次谐波引起谐振，导致高压熔丝熔断；

（5）运行后维护不当，导致互感器损坏；

（6）一次设备参数匹配不当（如高压熔丝容量过小）。

3 异常隐患案例

3.1 直 流 系 统

3.1.1 直流屏信息直流综合故障异常分析报告

一、事件经过

2016 年 6 月 4 日，地区当值监控员从智能调度控制系统告警窗上发现告警信号：13 时 17 分“A 站直流屏信息直流综合故障动作”。

地区当值监控员按照监控信息处置流程，立即进入智能调度控制系统检查 A 站相关间隔画面，检查发现直流总故障光字牌亮。监控员将这一情况汇报地调当值调度员，并通知运维人员现场检查。

现场检查答复当值监控员：直流装置显示 83 号电池故障（万用表测试电压为 2.47V，直流装置显示 2.57V，告警门槛值为 2.55V），整组蓄电池测试电压 2.38～2.41V（平时测试 2.23～2.28V），有普遍偏高的现象。合母电压 254V（接近告警值 260V）；控制母线电压 224V。

告知生产处答复：观察 30～60min。

现场电询直流检修专职答复：均充时间需要 3h。

调度要求：4h 后再检查。

监控巡查情况：13:20 合闸母线电压升高至 253.54V，整组电池一直处于均充状态近 5h，电压仍未降低，再次电告现场人员及调度。后来现场人员将装置设置为浮充后电压均恢复正常。

二、事件原因

现场蓄电池老化，均充时间过长后不易自动返回，导致现场直流系统在充放电试验中无法自动从均充状态切换回浮充状态，从而引起相关告警。为深入讨论此次异常情况，对均充和浮充展开分析。

蓄电池作为一种贮存化学能量，并于必要时放出电能的一种电气化学设备，正常蓄电情况下，每节蓄电池能够过保持在 2.3V 左右，变电站直流屏采用 108 节 2V 的蓄电池组成的整个蓄电池组端电压能够维持在 240V 左右。

电池有均充和浮充两种充电模式。

浮充工作原理：当电池处于充满状态时，充电器不会停止充电，仍会提供恒定的浮充电压与很小浮充电流供给电池，因为，一旦充电器停止充电，电池会自然地释放电能，所以利用浮充的方式，平衡这种自然放电，小型 UPS 通常采用浮充模式。

均充工作原理：以定电流和定时间的方式对电池充电，充电较快。在专业维护人员对电池保养时经常用的充电模式，这种模式还有利于激活电池的化学特性。

总的来说，均充是为了恢复蓄电池的电压和储能，浮充则是为了抑制蓄电池的自放电和保持电池的储能。当蓄电池因带负载工作使端电压降低并小于设置均充电压时，充电机将对蓄电池进行均充，均充初期为恒流充电，随着蓄电池容量的恢复，充电电流自动下降，蓄电池电压将持续上升，当充电电流减少为 10mA/Ah 以下，充电电压达到直流屏设置的均充电压时，均充结束，转入浮充电，保持蓄电池储能，防止电池自放电。“自动浮充时间”就是规定浮充多长时间，对电池组进行一次均衡充电。一般变电站内蓄电池浮充 3 个月对电池组进行 1 次均衡充电。均浮充电压设定不正确会造成电池的过冲或充电不足。过充会使电池膨胀变形甚至漏液，充电不足将减少电池容量，影响蓄电池使用寿命。

变电站直流屏内一般直流充电机输出接于合闸母线，蓄电池也以并联方式挂接于合闸母线浮充电运行，将合闸母线通过硅链降压至控制母线共保护回路使用，可以向负载提供大电流，数值由蓄电池的容量来确定。

5 月 4 日，蓄电池组浮充 3 个月后满足条件切换进入均充状态，合闸母线电压升高至 254.54V，控制母线电压因采用模块输出和硅链降压两种方式下同时输出的电压取较大值，浮充状态下模块输出电压相较偏高，均充后，硅链降压仍低于模块输出电压，因此控制母线电压在电池充电方式切换过程中保持不变。正常状态下，系统设定 3h 均充时间结束后，自动切回浮充状态，现场因电池老化，均充时间满足后无法自动返回，因此合闸母线电压一直维持在 250V，将现场装置设置为浮充后电压均恢复正常，合闸母线电压得以维持在 240V 左右。

现场检查直流屏显示 85 号电池故障（万用表测试电压为 2.47V，直流装置显示 2.57V；告警门槛值为 2.55V），因此造成“直流屏信息直流综合故障”动作告警。

由于现场告警信息与智能调度控制系统告警信息不一致，两者对应关系如表 3－1 所示。

表 3－1　A 站当地监控直流告警信息与智能调度控制系统告警信息对应表

当地监控直流信息	远方智能调度控制系统直流信息
直流屏合闸母线过压	直流屏信息直流综合故障
直流屏合闸母线欠压	
直流屏控制母线过压	
直流屏控制母线欠压	
直流屏交流 1 过压	
直流屏交流 1 欠压	
直流屏交流 2 过压	
直流屏交流 2 欠压	
直流系统总故障	
直流屏交流 1 停电	直流屏信息交流 I 断电
	直流屏信息直流综合故障
直流屏交流 1 缺相	直流屏信息交流 I 缺相
	直流屏信息直流综合故障

续表

当地监控直流信息	远方智能调度控制系统直流信息
直流屏交流 2 停电	直流屏信息交流Ⅱ断电
	直流屏信息直流综合故障
直流屏交流 2 缺相	直流屏信息交流Ⅱ缺相
	直流屏信息直流综合故障
直流绝缘故障	直流屏信息直流接地
	直流屏信息直流综合故障

由此得出，现场进行监控装置检修试验，直流装置与监控端进行监控信息核对，当地监控发生如上信息时，智能调度控制系统会发生对应告警。其中当地监控监视画面如图 3－1 所示。其中 A 站 5 月直流告警信息如表 3－2 所示。

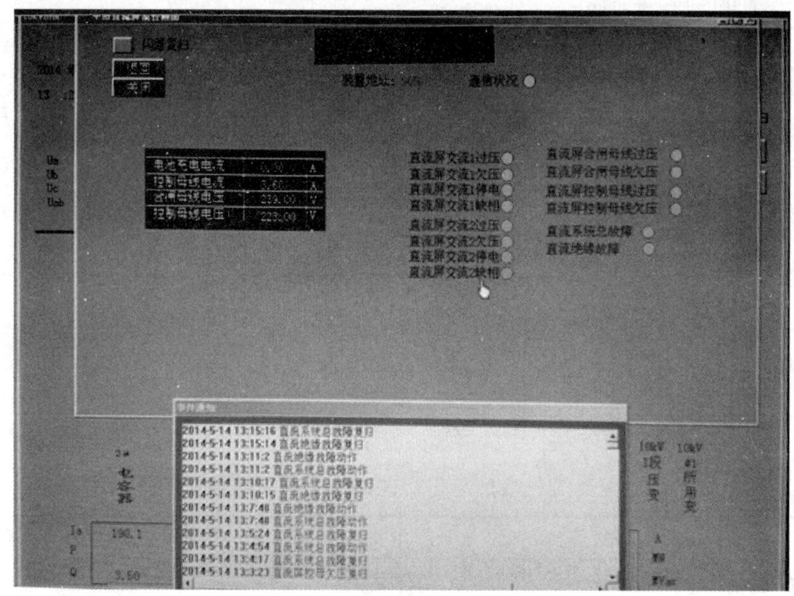

图 3－1　当地监控直流屏监视页面

表 3－2　　A 站 5 月直流告警信息

序号	时间	告警
1	5－15　15:20	直流屏合闸母线电压实测值正常
2	5－15　10:18	直流屏合闸母线电压实测值越正常下限
3	5－14　10:17	直流屏信息直流综合故障复归
4	5－14　10:16	直流屏信息直流综合故障动作
5	5－14　13:15	直流屏信息直流综合故障复归
6	5－14　13:15	直流屏信息直流接地复归
7	5－14　13:11	直流屏信息直流接地动作
8	5－14　13:11	直流屏信息直流综合故障动作

续表

序号	时间	告警
9	5－14 13:10	直流屏信息直流综合故障复归
10	5－14 13:10	直流屏信息直流接地复归
11	5－14 13:07	直流屏信息直流综合故障动作
12	5－14 13:07	直流屏信息直流接地动作
13	5－14 13:05	直流屏信息直流综合故障复归
14	5－14 13:04	直流屏信息直流综合故障动作
15	5－14 13:04	直流屏信息直流综合故障复归
16	5－14 13:03	直流屏信息直流综合故障动作
17	5－14 13:02	直流屏信息直流综合故障复归
18	5－14 13:01	直流屏信息直流综合故障动作
19	5－14 13:01	直流屏信息直流综合故障复归
20	5－14 12:59	直流屏信息直流综合故障动作
21	5－14 12:59	直流屏信息直流综合故障复归
22	5－14 12:58	直流屏信息直流综合故障动作
23	5－14 12:58	直流屏信息直流综合故障复归
24	5－14 12:57	直流屏信息直流综合故障动作
25	5－14 12:56	直流屏信息直流综合故障复归
26	5－14 12:55	直流屏信息直流综合故障动作
27	5－14 12:55	直流屏信息直流综合故障复归
28	5－14 12:54	直流屏合闸母线电压实测值正常
29	5－14 12:54	直流屏信息直流综合故障动作
30	5－14 12:53	直流屏控制母线电压实测值正常
31	5－14 12:53	直流屏控制母线电压实测值越正常下限
32	5－14 12:53	直流屏合闸母线电压实测值越正常下限
33	5－14 12:53	直流屏信息直流综合故障复归
34	5－14 12:53	直流屏信息直流综合故障动作
35	5－14 12:53	直流屏信息直流综合故障复归
36	5－14 12:50	直流屏信息直流综合故障动作
37	5－14 12:45	直流屏控制母线电压实测值正常
38	5－14 12:45	直流屏合闸母线电压实测值正常
39	5－14 12:44	直流屏合闸母线电压实测值越正常下限
40	5－14 12:44	直流屏控制母线电压实测值越正常下限
41	5－14 12:44	直流屏信息直流综合故障复归
42	5－14 12:44	直流屏信息直流综合故障动作
43	5－14 12:44	直流屏信息直流综合故障复归

续表

序号	时间	告警
44	5－14　12:29	直流屏信息直流综合故障动作
45	5－14　10:58	直流屏信息直流综合故障复归
46	5－14　10:01	直流屏信息直流综合故障动作
47	5－4　18:36	直流屏信息直流综合故障复归
48	5－4　16:34	直流屏控制母线电压实测值正常
49	5－4　16:34	直流屏合闸母线电压实测值正常
50	5－4　16:33	直流屏信息直流综合故障动作
51	5－4　16:33	直流屏合闸母线电压实测值越正常下限
52	5－4　16:33	直流屏控制母线电压实测值越正常下限
53	5－4　16:33	直流屏信息直流综合故障复归
54	5－4　16:33	直流屏信息直流综合故障动作
55	5－4　16:33	直流屏信息直流综合故障复归

三、暴露问题

此次事件暴露出蓄电池老化以及直流老化引起的自动充放电试验时间不规律性。

连续两日的告警信息是因现场直流充电及监控装置检修、直流蓄电池组充放电工作所致；其中检修直流工作发现 69 号电池电压为 7.41V，85 号电池电压为 6.38V，比正常值 2.23～2.28V 大幅偏高，检查为电池老化，需更换电池。5 月直流异常信息较多，均因两节电池电压异常所致，如图 3－2 和图 3－3 所示。

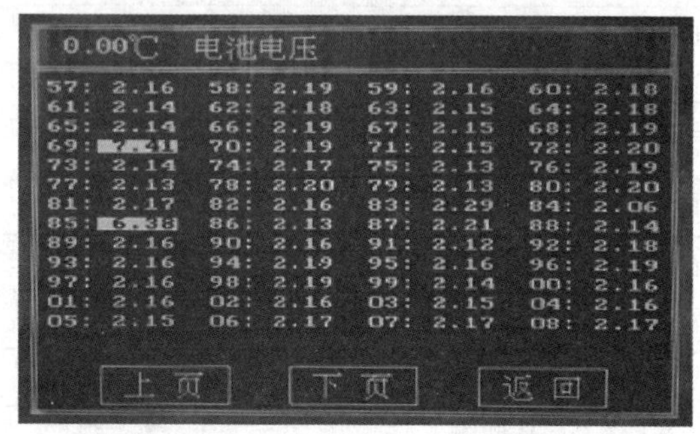

图 3－2　直流蓄电池组电池电压

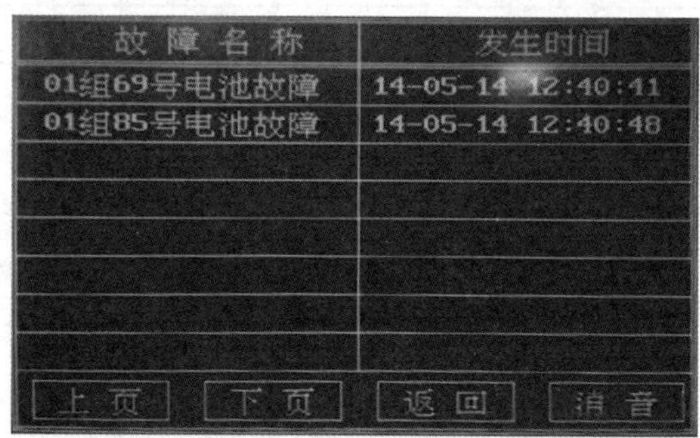

图 3－3　蓄电池电池故障信息

因 69 号、85 号电池故障，暂无电池更换，临时将两块故障电池取出，采用 106 块电池充电运行，以 69 号电池为例，如图 3－4 和图 3－5 所示。

检查 A 站直流系统充电设置及正常情况下电压电流如图 3－6 和图 3－7 所示，A 站直流屏系统设置均充时间为 2160h，即 90 天。正常情况下，蓄电池组每隔 90 天由浮充模式转入均充模式，3～5h 均充结束后自动转回浮充模式，且每次均充模式下合母电压会升高至 253.54V，均充结束后恢复 238.89V 常态值。

图 3－4　69 号电池故障

图 3－5　69 号电池取出后运行方式

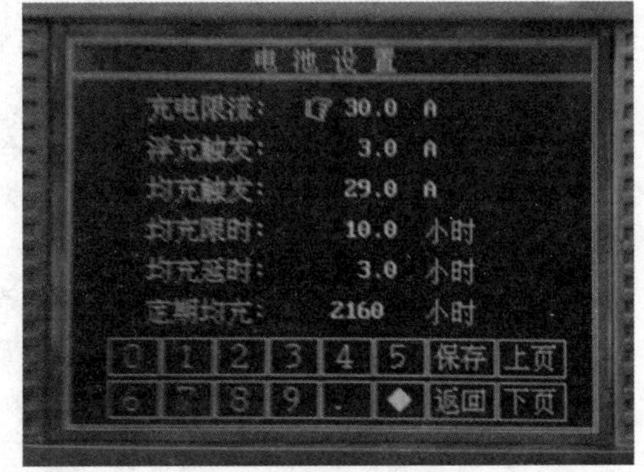

图 3－6　电池设置

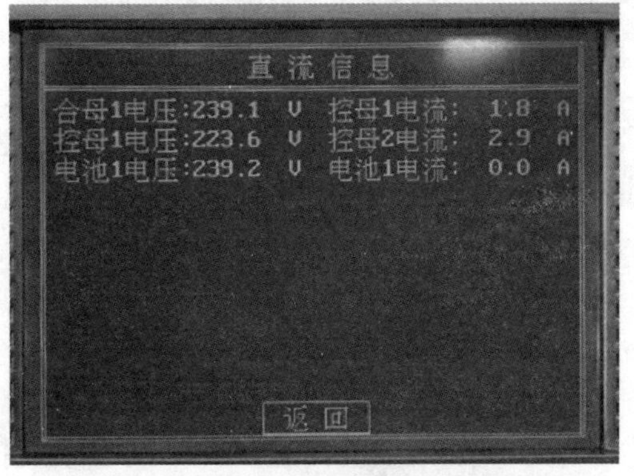

图 3－7　当地监控直流信息

核对发现 A 站并未按系统设定 90 天的时间均充一次，因 A 站直流系统及电池老旧，造成蓄电池无法进行正常的充电模式切换，切换时间紊乱，如图 3－8～图 3－10 所示。

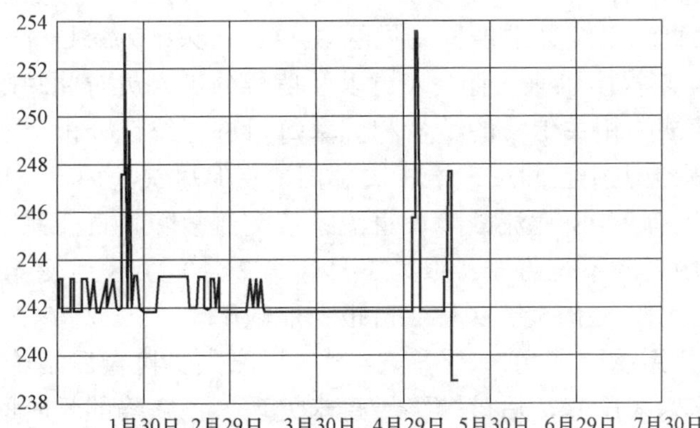

图 3－8　2 年前（2014 年）直流屏合闸母线电压

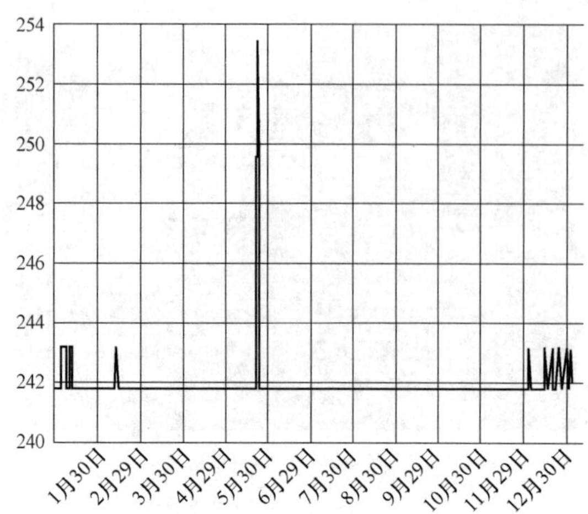

图 3－9　1 年前（2015 年）直流屏合闸母线电压

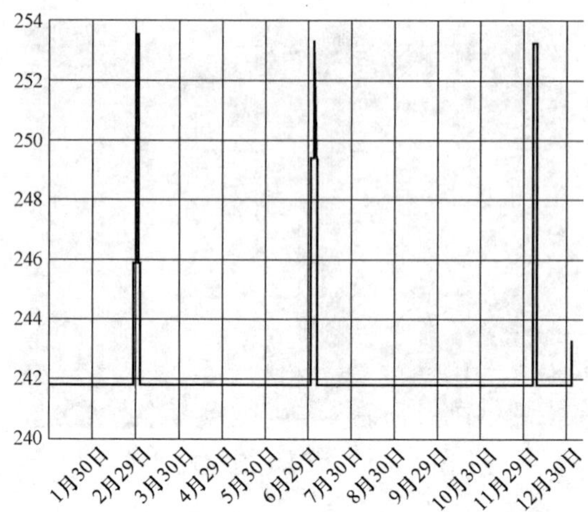

图 3－10　当年（2016 年）直流屏合闸母线电压

四、防范措施和建议

对老旧变电站直流系统加强监视，集中监控发现问题及时通知现场运维人员检查，运维专业强化对直流系统的巡视力度，通过集中监控与现场运维配合协同及时发现老旧直流系统运行隐患。

检修单位加大对老旧直流系统的消缺力度，一旦发现尽快将问题消灭在隐患萌芽状态，同时做好备品备件储备工作。

运检部门强化直流系统运行情况管控力度，加快老旧直流系统、老旧直流设备技术改造工作，对发现的家族性问题及时开展专项反措工作，切实提升在运直流系统运行稳定性及可靠性。

3.1.2　直流系统告警异常分析报告

一、事件经过

A 站直流系统异常缺陷存在时间较长，从 2015 年 7 月投产开始监控人员在智能调度控制系统中监视到 A 站直流系统异常告警（见图 3－11），频率为每日 1～3 次，基本都在 2s 左右自动复归。自该缺陷报出以来，监控人员以及信号分析人员对此缺陷相关信号进行了持续监视和关注，并对此缺陷相关信号的数量和频率每日进行统计分析，记入监控日分析报告、周报以及年度信息分析报表中，并反馈给相关部门，督促尽快处理。现场反馈情况是：A 站当地监控后台告警窗上有 UPS 交流故障、直流系统交流故障、直流系统模块故障和直流系统故障告警信号。现场直流系统监控器报第 1 号（第 2 号）UPS/逆变器市电电压异常信号，UPS 装置本体无异常，并于 2015 年 9 月 2 日报一般缺陷。

A 站交直流一体化系统厂家为××厂家，××厂家人员检查后结论为 UPS 设备问题，而 UPS 厂家为另一家××厂家，后该缺陷一直未处理。该缺陷的长时间存在也给监控工作带来诸多不便，一方面该信号的频发降低了监控员的工作效率，另一方面也严重干扰了监控员对直流异常等相关信息的判断，当直流系统或 UPS 系统真正发生故障时正确的告警信号被掩盖，无法及时发现设备故障，将会造成严重的后果。

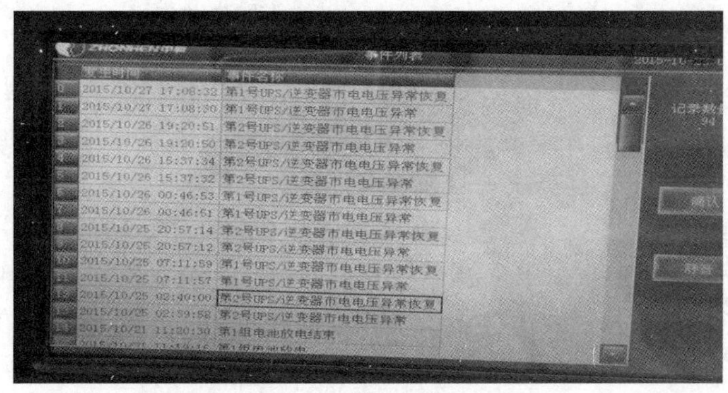

图 3－11　直流系统监控器告警

二、事件原因

对相关告警信号进行统计分析结果如图 3－12 和图 3－13 所示。

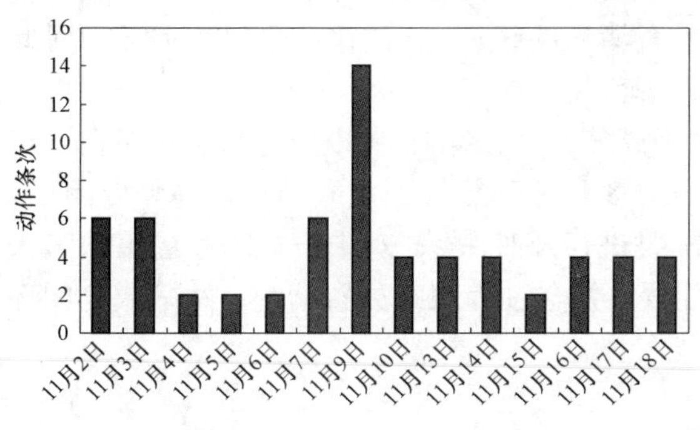

图 3－12　2015 年 11 月异常信号

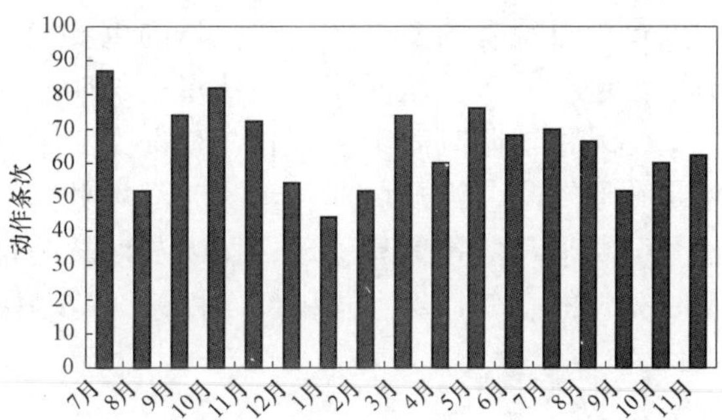

图 3－13　2015 年 7 月～2016 年 11 月异常信号

统计分析可知，A 站直流系统异常信号 11 月日均动作复归 3 条次左右，2015 年 11 月 10 日较多，为 14 条次；7～11 月直流系统异常信号平均每月 60 条次，日平均 2 条次。从信号频率来看，较为稳定，且均为 1～2s 自动复归。从信号日频发数量和动作复归间隔时间来看，应该由于相同原因引起，且缺陷一直未进一步发展。

投产后一年（2016 年）UPS 厂家人员对 A 站两台 UPS 装置进行了检查处理，其 UPS 输入、输出电压无异常，其中第一台逆变器通信不正常，后将该 UPS 装置液晶显示控制板程序进行升级后正常；第二台 UPS 装置通信不正常，检查结果为液晶显示控制板通信不好，现场更换液晶显示控制板，而后重新升级程序后恢复正常。

该 UPS 问题主要原因为程序运行出现问题，UPS 装置正常运行时相关模块程序出现 BUG，进而导致直流系统监控器采集到 UPS 异常信号。厂家人员 11 月 18 日处理后 A 站相关直流信号复归，至 12 月再无报出，该缺陷消除。

三、暴露问题

变电站的 UPS 电源系统是变电站内的重要设备，承担着向当地监控系统计算机、远动设备、火灾报警系统、调度数据网通信、安全防护等重要系统的可靠供电任务。考虑到负荷的重要性，UPS 电源系统一般配置两台 UPS 电源，从而构成双机冗余系统。当其中一台出现问题时退出运行时，另一台也能够维持所带负载的正常供电。

此次事件当中两台 UPS 装置均有相关异常信号报出，但该问题存在一年多才处理完毕，第一次交直流一体化系统厂家处理后也并没有及时通知 UPS 厂家来处理 UPS 装置问题。若 A 站两台 UPS 电源装置运行中同时出现故障，不能正常工作的情况，后果可想而知。反映出相关部门没有对此类 UPS 异常事件足够重视。

四、防范措施和建议

（1）A 站该缺陷存在时间较长，该站自投产后相关异常信号就一直报出。因此，在以后的新变电站投产之前，一定要严控新设备集中监控许可关，尽量督促在纳入集中监控前消除设备缺陷，并加强试运行期间对设备的评价分析工作，从而做到在源头上管控好设备缺陷。

（2）调控人员对直流信号要引起足够重视，因为直流归并信号很多，产生的原因也很多，要多与变电现场人员进行沟通，及时了解现场设备情况，当地监控信号情况。本事件中当地监控有 UPS 交流输入异常等信号，而主站端只有直流系统异常信号，而 UPS 装置并不属于变电所直流系统，将 UPS 相关信号归并到直流系统异常信号上送显然并不合理。所以，监控人员针对现有的变电站归并上送的重要信号要有清晰的认识，并建议和督促相关部门对此类信号进行整改，从而使监控信息更加明确化、规范化。

（3）本缺陷时间维度较长，对监控工作长时间带来不利影响，所以应着重加强缺陷，特别是普通缺陷（消缺周期长，长时间不处理积少成多和缺陷更加严重）的跟踪并督促闭环。信号分析师和监控信息管理专职人员对缺陷情况要进行及时跟踪，对未报缺陷和已报缺陷未及时处理的事件，要协同和督促相关部门尽快处置，并全过程跟踪处置情况，做好缺陷闭环工作。

3.2 二 次 回 路

3.2.1 220kV 变电站 220kV 线路测量回路 TA 开路异常分析报告

一、事件经过

2017 年 3 月 14 日 8 时 17 分，地区监控员巡视时发现：“220kV A 站 220kV 母线有功不平衡”“220kV 甲线有功不平衡”等告警信号，地区监控员通过智能调度控制系统厂站画面有功数据对比，认为 220kV A 站 220kV 甲线有功存在问题，地区监控员按照监控信息处置流程，汇报调控中心二次运行值班，同时汇报地调当值调度员，并马上通知运维站派人去现场检查。

9 时 15 分，现场检查汇报：220kV A 站 220kV 甲线 B 相电流为零，电能表屏端子松动，而后运维人员进行紧固处理，数据恢复正常。

二、事件原因

220kV A 站电能表屏上 220kV 甲线 B 相二次侧电流端子松动造成电流显示为零（注：测量和计量为同一回路），导致 220kV 甲线有功数据比正常值少了 1/3。

在 220kV 母线有功不平衡曲线中发现从 2 月 28 日起就出现数值波动范围变大，3 月 7 日乙线配合其他工程陪停，220kV 甲线有功功率增大，不平衡度上升超过限值范围（详见图 3－14 和图 3－15）。

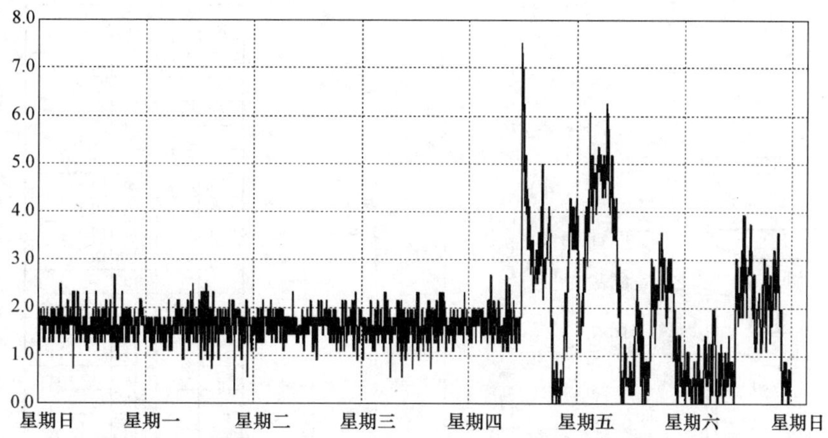

图 3－14　2 月 24 日～3 月 2 日 A 站 220kV 副母 I 段有功不平衡量

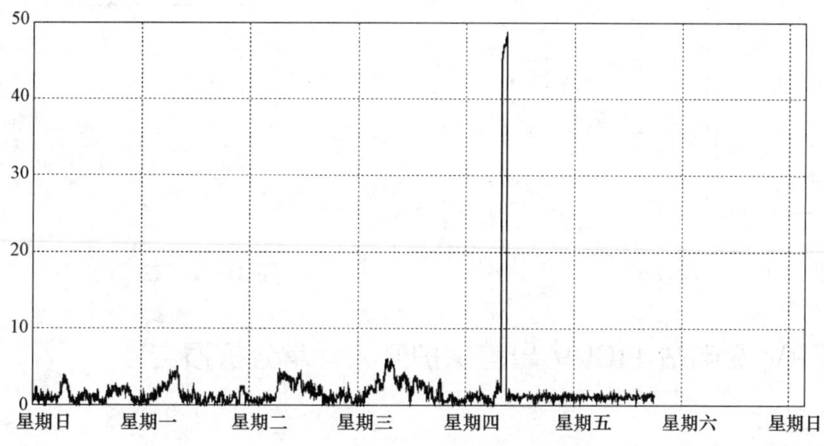

图 3－15　3 月 3～9 日 A 站 220kV 副母 I 段有功不平衡量

现场 TA 断线位置为 220kV 甲线电能表联合接线盒左侧端子排。经运行人员汇报丙线电能表已安装，外部 TA 二次交流电缆已敷，未发现有电能表屏施工接线的工作票，且电能表及电缆的敷设位置与图纸不符，详见图 3－16 和图 3－17。故怀疑有人在敷设外部二次 TA 交流电缆时拉扯电缆引起 220kV 甲线测量 TA 二次回路端子松动断线。

三、暴露问题

现场工作人员在开展工作时必须经过运行人员许可，且在工作完成后还应经过经运行人员验收，否则危险性极大。本次事故发生在测量和计量回路，倘若主设备保护的电流开路，后果不堪设想。

四、防范措施及建议

加强扩建工程现场安全管理和监督，尤其是外来施工队伍在运行设备上工作时，要严格加强安全管控和事后追究制度。

运维检修人员加强设备巡视，对二次电流回路加强红外测温频度，防患于未然。

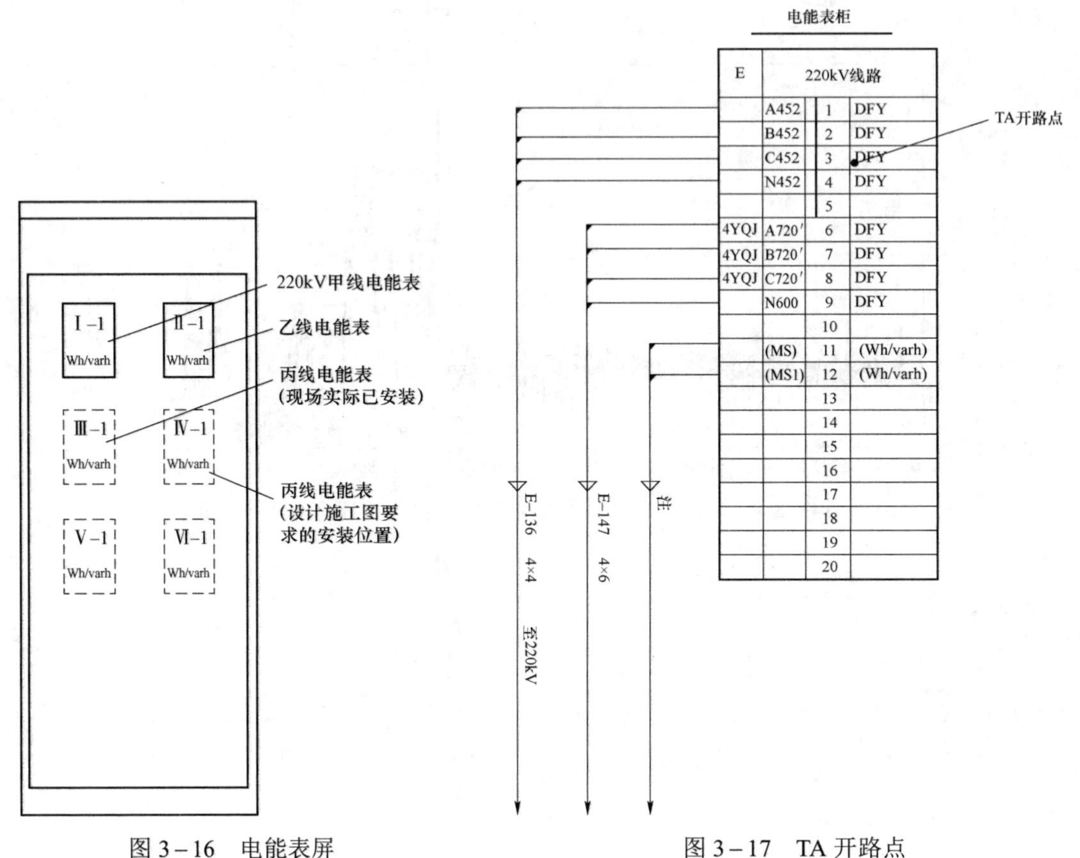

图 3－16　电能表屏

图 3－17　TA 开路点

3.2.2　220kV 变电站 110kV 母差保护开入异常分析报告

一、事件经过

2017 年 4 月 23 日及 5 月 26 日，监控系统先后出现“220kV C 站 110kV 母线保护互联”动作、复归的告警信息共计 6 条次，现场检查系 110kV 甲线副母刀闸辅助接点受潮导通引起，修试人员更换刀闸辅助接点后恢复正常。

二、事件原因

2017 年 4 月 23 日 12 时 22 分，监控实时告警窗口出现“220kV C 站 110kV 母线保护互联动作”的告警信息，监控人员在发现该情况后，立即通知现场检查，现场检查后答复：该光字牌在出现电压波动时会动作；13:57 现场复归。

2017 年 5 月 26 日 10 时 28 分，监控实时告警窗口再次出现“220kV C 站 110kV 母线保护互联动作”的告警信息，监控人员立即将这一情况再次通知现场，现场运维人员检查发现：220kV C 站 110kV 母差外部 110kV 甲线副母刀闸辅助接点受潮导通，导致 110kV 母差保护强制互联动作，现场修试人员更换刀闸辅助接点后恢复正常。

智能调度控制系统实时告警窗中的相关告警信号如表 3－3 所示，相关信号均准确无误。

表 3－3　智能调度控制系统实时告警窗相关信号

序号	时间	告警
1	××日 12 时 22 分 49 秒	110kV 母线保护互联动作
2	××日 13 时 57 分 49 秒	110kV 母线保护互联复归
3	××日 10 时 28 分 29 秒	110kV 母线保护互联动作
4	××日 11 时 28 分 8 秒	110kV 母线保护互联复归
5	××日 11 时 40 分 40 秒	110kV 母线保护互联动作
6	××日 15 时 20 分 21 秒	110kV 母线保护互联复归

220kV C 站 110kV 线路控制信号回路如图 3－18 所示。

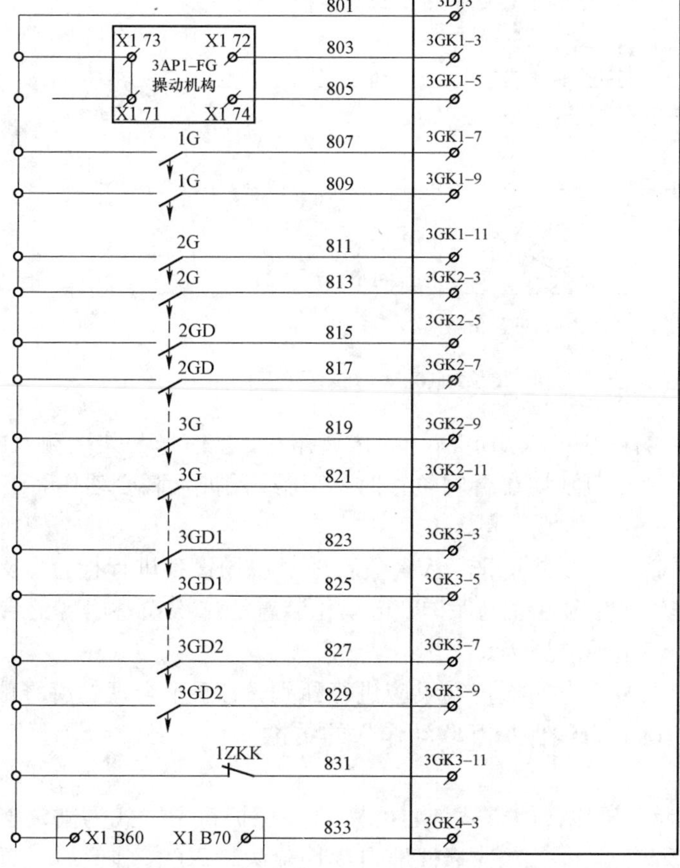

图 3－18　220kV C 站 110kV 线路控制信号回路

根据图 3－18 中标注，可以看出 110kV 刀闸开入量信号均由“信号公共端”接入保护柜内。

220kV C 站 110kV 母线保护信号回路和 110kV 母线保护互联图如图 3－19、图 3－20 所示。

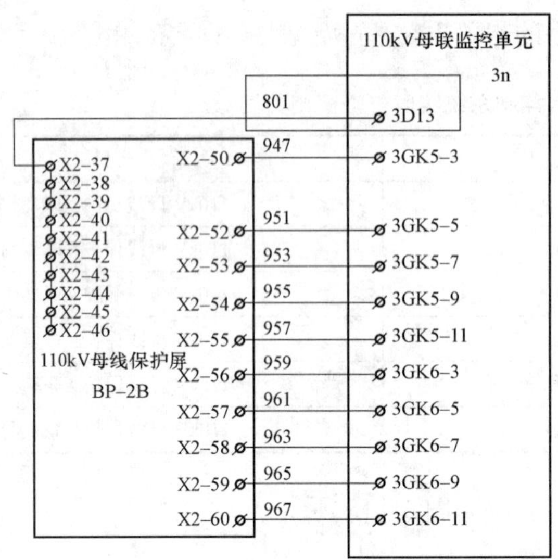

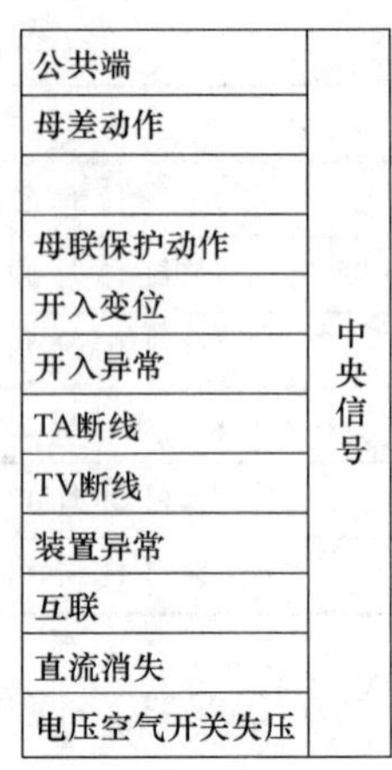

图 3-19　220kV C 站 110kV 母线保护信号回路

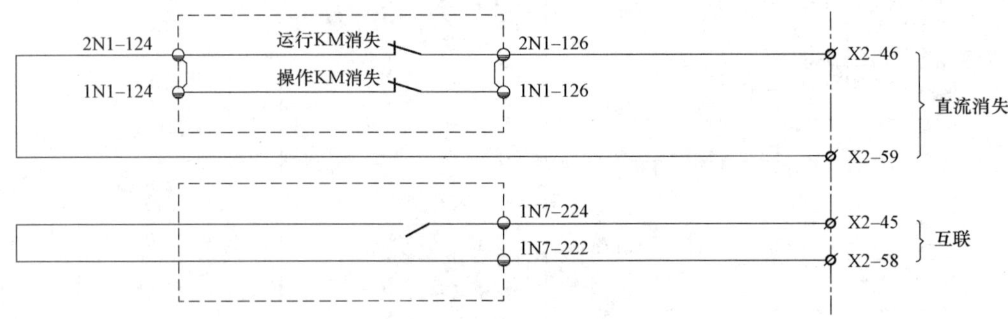

图 3-20　220kV C 站 110kV 母线保护互联图

由图 3-19、图 3-20 中的标注可以知道信号的传递路径，当信号公共端输入电压正常，220kV C 站 110kV 甲线正、副母刀闸均在合闸位置时，“母线保护互联”动作。

三、暴露问题

（1）现场运维人员应提高有关技能水平，认真负责地对现场设备进行检查，及时准确地发现设备缺陷；同时，现场人员也应对继电保护、自动化装置等二次设备出现的告警信息有一定的了解，知晓造成光字牌出现的原因。

（2）监控人员对于运维人员给出的检查结果应进行甄别，对于不合理的解释应询问，防止出现“电压波动会引起 110kV 母线保护互联动作”的结论。

四、防范措施和建议

220kV C 站 110kV 侧为双母线接线方式，110kV 母差保护正常方式为固定连接，即在 110kV 正母或副母发生故障情况下将会有选择性地自动切除故障母线，确保另一母线正常运行。但是当 110kV 母差保护强制互联动作，即 110kV 母差保护成为破坏固定连接后，如果 110kV 正母或副母发生故障，由于 110kV 母差保护不具备选择性，将可能造成 110kV 正、副母全部失电，有甲、乙、丙、丁、戊、己 6 座 110kV 变电站停电，可能损失负荷约 126MW，造成严重的电网故障。对于其他变电站的 220kV 母线及 110kV 母线，当出现“母线保护互联动作”时，存在同样的母线失电风险，因而监控及现场运维人员应对此类告警信息加强关注，当出现这类信息时，应立即通知运维人员前往现场检查，对母差保护、刀闸位置显示器、线路的母线刀闸辅助接点等进行检查，尽早发现相关缺陷并处理，防止长期的“母线保护互联动作”，造成严重的安全隐患。

典型告警信号的原因、后果及处理方法见表 3-4。

表 3-4　　典型告警信号的原因、后果及处理方法汇总

<table>
<tr><th>告警信号</th><th colspan="2">可能原因</th><th>导致后果</th><th>处理方法</th></tr>
<tr><td rowspan="8">TA 断线</td><td colspan="2">TA 的变比设置错误</td><td rowspan="4">闭锁差动保护</td><td rowspan="4">（1）查看各间隔电流幅值、相位关系；
（2）确认变比设置正确；
（3）确认电流回路接线正确；
（4）如无法安排检修，则建议退出装置，尽快安排检修</td></tr>
<tr><td colspan="2">TA 的极性接反</td></tr>
<tr><td colspan="2">接入母差装置的 TA 断线</td></tr>
<tr><td colspan="2">其他持续使差电流大于 TA 断线门槛定值的情况</td></tr>
<tr><td colspan="2">电压相序接错</td><td rowspan="4">保护元件中该段母线失去电压闭锁</td><td rowspan="4">（1）查看各段母线电压幅值、相位；
（2）确认电压回路接线正确；
（3）确认电压空气开关处于合位；
（4）操作电压切换把手；
（5）尽快安排检修</td></tr>
<tr><td colspan="2">TV 断线或检修</td></tr>
<tr><td colspan="2">母线停用</td></tr>
<tr><td colspan="2">保护元件电压回路异常</td></tr>
<tr><td rowspan="3">互联</td><td rowspan="3">母线互联</td><td>母线处于经刀闸互联状态</td><td rowspan="3">保护进入非选择状态，大差比率动作则切除互联母线</td><td>确认是否符合当时的运行方式，是则不用干预，否则进入参数—运行方式设置，使用强制功能恢复保护与系统的对应关系</td></tr>
<tr><td>保护控制字中，强制母线互联设为“投”</td><td>确认是否需要强制母线互联，否则解除设置</td></tr>
<tr><td>母联 TA 断线</td><td>尽快安排检修</td></tr>
<tr><td rowspan="5">开入异常</td><td colspan="2">刀闸辅接点与一次系统不对应</td><td>能自动修正则修正，否则告警</td><td>（1）进入参数—运行方式设置，使用强制功能恢复保护与系统的对应关系；
（2）复归信号；
（3）检查出错的刀闸辅助接点输入回路</td></tr>
<tr><td colspan="2">失灵接点误启动</td><td>闭锁失灵出口</td><td>（1）断开与错误接点相对应的失灵启动压板；
（2）复归信号；
（3）检查出错的刀闸辅助接点输入回路</td></tr>
<tr><td colspan="2">解闭锁接点误启动</td><td></td><td>（1）断开主变压器失灵解除闭锁压板；
（2）复归信号；
（3）检查主变压器失灵解除闭锁启动回路</td></tr>
<tr><td colspan="2">联络开关动合接点与动断接点不对应</td><td>默认联络开关处于合位</td><td>检查开关接点输入回路</td></tr>
<tr><td colspan="2">误投“母线分列运行”压板</td><td>母线分列运行</td><td>检查“母线分列运行”压板投入是否正确</td></tr>
<tr><td>开入变位</td><td colspan="2">（1）刀闸辅助接点变位；
（2）联络开关接点变位；
（3）失灵启动接点变位</td><td>装置响应外部开入量的变化</td><td>确认接点状态显示是否符合当时的运行方式，是则复归信号，否则检查开入回路</td></tr>
<tr><td>出口退出</td><td colspan="2">保护控制字中出口接点被设为退出状态</td><td>保护只投信号，不能跳出口</td><td>装置需要投出口时设置保护控制字</td></tr>
<tr><td>保护异常</td><td colspan="2">保护元件硬件故障</td><td>退出保护元件</td><td>（1）退出保护装置；
（2）查看装置自检菜单，确定故障原因；
（3）交检修人员处理</td></tr>
<tr><td>闭锁异常</td><td colspan="2">闭锁元件硬件故障</td><td>退出闭锁元件</td><td>（1）退出保护装置；
（2）查看装置自检菜单，确定故障原因；
（3）交检修人员处理</td></tr>
</table>

3.2.3 220kV 变电站 110kV 线路开关控回断线异常分析报告

一、事件经过

2017 年 8 月 12 日 4 时 46 分，地区当值监控员从智能调度控制系统告警窗上发现："220kV D 站 110kV 甲线开关 SF_6 总闭锁""220kV D 站 110kV 甲线控制回路断线动作""220kV D 站 110kV 甲线装置闭锁或异常"告警信息，地区当值监控员按照监控信息处置流程，马上通知运维站派人去现场检查，随后汇报地调当值调度员。

8 时 26 分，现场检查汇报：110kV 甲线开关 SF_6 气压正常，测控装置无告警信号，保护装置显示"控回断线"告警，现场开关已无法操作，需在就地开关操作机构箱内操作。

11 时 57 分，现场汇报：110kV 甲线开关缺陷处理工作已全部结束（系 SF_6 闭锁回路正电源端子松动引起）。

14 时 55 分，现场复役操作完毕，恢复正常运行方式。

二、事件原因

220kV D 站运行规程关于"控制回路断线"信号分析：当装置报出"控制回路断线"信号时，可能为开关辅助接点接触不良或跳合闸位置继电器损坏；若此时兼有"SF_6 总闭锁"光字牌亮，可判断为 SF_6 气体泄漏，此时已闭锁开关分合闸回路。现场检查 SF_6 装置、压力均显示正常，则初步判断引发信号动作另有原因，检修现场检查系 SF_6 正电源端子松动引起。

220kV D 站 110kV 甲线采用××有限公司某型高压输电线路成套保护装置，断路器××高压开关有限公司某型号 SF_6 断路器。

信号动作原因分析：

（1）110kV 甲线开关 SF_6 总闭锁。

SF_6 闭锁回路通过 SF_6 密度继电器 B4 接点 21－22、SF_6 总闭锁继电器 K10 形成回路，如图 3－21 所示。

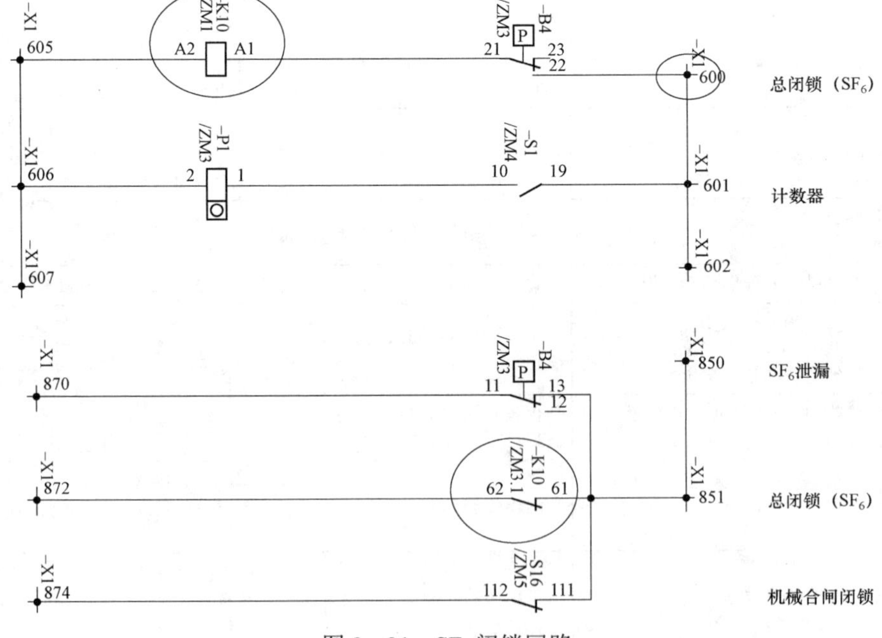

图 3－21 SF_6 闭锁回路

当 SF_6 闭锁回路正电源端子松动时，SF_6 总闭锁继电器 K10 失电动作，使 K10（常通电断开）接点 61－62 闭合，触发 SF_6 总闭锁告警动作。

（2）110kV 甲线控制回路断线动作。

控制回路断线动作条件：当满足 HWJ＝0 且 TWJ＝0（即 TWJ、HWJ 均失电），发出“控制回路断线”动作信号。

信号发出时 110kV 甲线正常运行，开关处于合闸位置时（此时 TWJ 已失电）在开关合闸的状态下，合位继电器（HWJ）带电，并监视跳闸回路，110kV 甲线控制回路如图 3－22 所示。

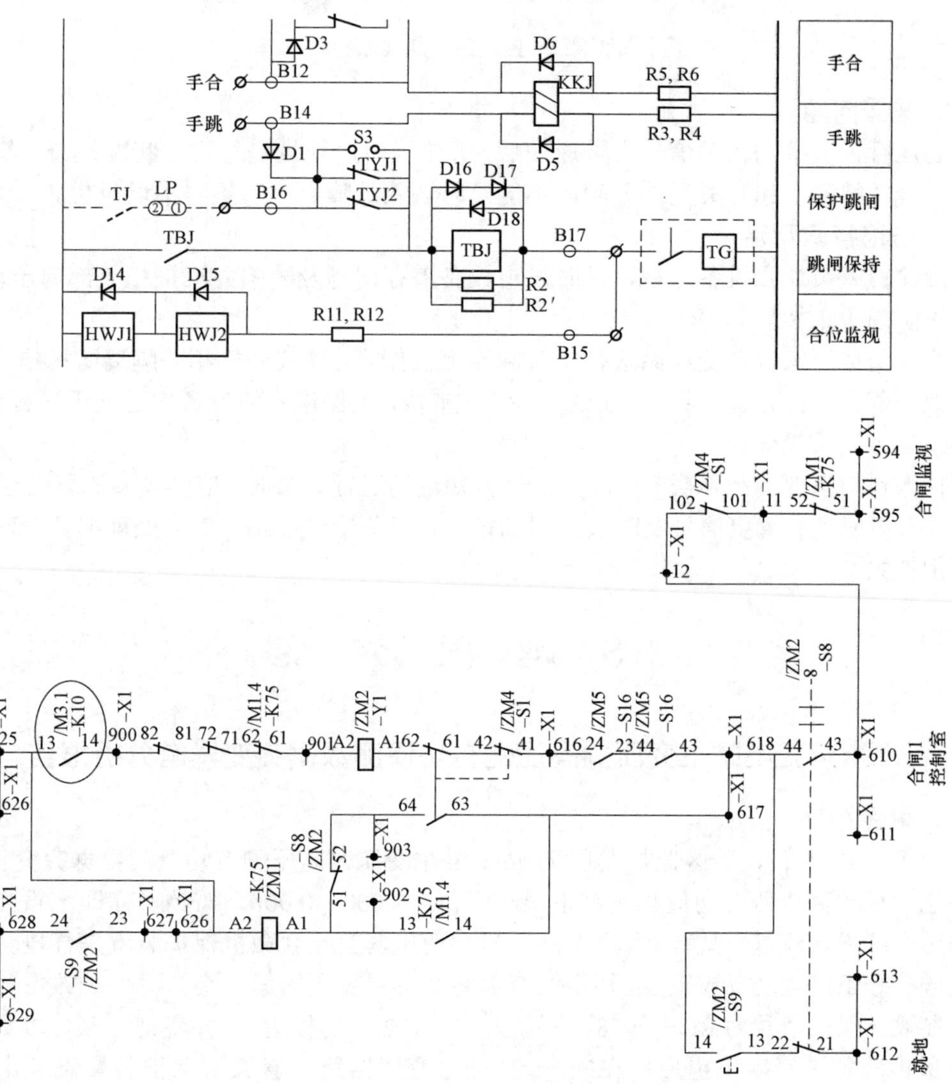

图 3－22　110kV 甲线控制回路图

如图 3－22 所示，当线路正常运行时，断路器操动机构合闸回路导通，由电路的导通路径可知，在该路径上，出现任何一处断开，将会导致“控回断线”。当 SF_6 闭锁回路正电源端子松动时，SF_6总闭锁继电器K10失电动作，K10（常通电闭合）接点13－14断开，HWJ失电。

“控制回路断线”由合位继电器与跳位继电器的两个动断触点串联而成，此时合位继电器与跳位继电器同时失电，HWJ2－1与TWJ2－1两个动断触点闭合，回路导通，发出“控制回路断线”信号（控制回路断线原理图如图3－23所示）。同时，跳闸线圈失电，导致开关无法遥控分闸，必须在现场断路器操作机构箱上，对断路器进行“拍停”操作，将110kV甲线改为冷备用处理。

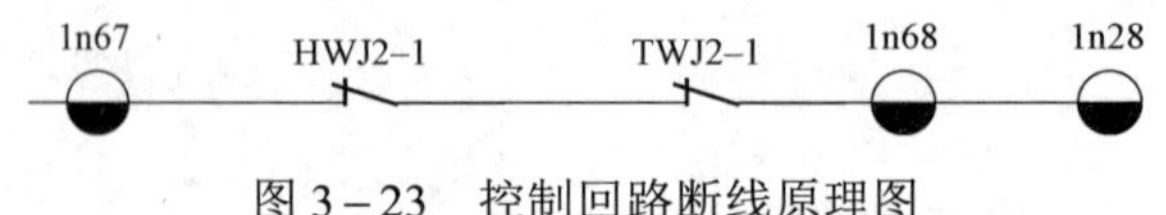

图3－23　控制回路断线原理图

三、暴露问题

现场运行人员接到相关信号告警通知后，并未及时赴现场进行设备状况检查，若是故障跳闸，因开关缺陷引起开关无法分闸，不能及时切除故障点，后果将不堪设想。

四、防范措施及建议

运维检修人员加强设备巡视，及时发现设备潜存问题及缺陷并汇报相关部门予以处理，做到隐患防患于未然。

检修人员或厂家等在变电站进行二次回路上工作时，建议做好相关隔离防护措施，防止误碰其他相邻设备；工作结束后，应认真检查、审核，确保检修的设备均已处于良好的状态，方可交予运维人员投运。

监控人员对重要的故障类、异常类信号告知现场运行人员时，应强调事态紧急性和重要性；运行人员应当对重要信号及时赶赴现场检查，以免错过故障、信号处理的黄金时期，将故障范围扩大。

3.3　越　限　突　变

3.3.1　220kV变电站主变压器高压侧有功遥测数据突变异常分析报告

一、事件经过

2017年6月5日，地区监控发现A站2号主变压器高压侧有功遥测数据突变告警：A站2号主变压器高压侧有功值越正常下限，限值：2.000　0.000。监控员立即汇报当值调度并通知运维站现场检查。现场反馈“A站2号主变压器第一套微机保护装置采样校验出错”，立即安排检修工区赴现场检查。经初步检查需将2号主变压器第一套微机保护改信号状态重新设置参数（保护型号为RCS－978，厂家为甲厂，2年前投运），并咨询厂家，参数设置后需要对保护装置进行断电重启，在断开 2 号主变压器第一套微机保护装置直流电源空开1－1DK时，2号主变压器保护屏上电压切换装置同时失电，2号主变压器220kV及110kV测控装置交流电压突变为零，引起有功遥测数据突变。

二、事件原因

现场将A站2号主变压器保护配置与1号主变压器保护配置进行比对，并进一步检查发现2号主变压器保护配置与甲厂早期投运的1号主变压器组屏方式略有不同，如图3-24和图3-25所示。

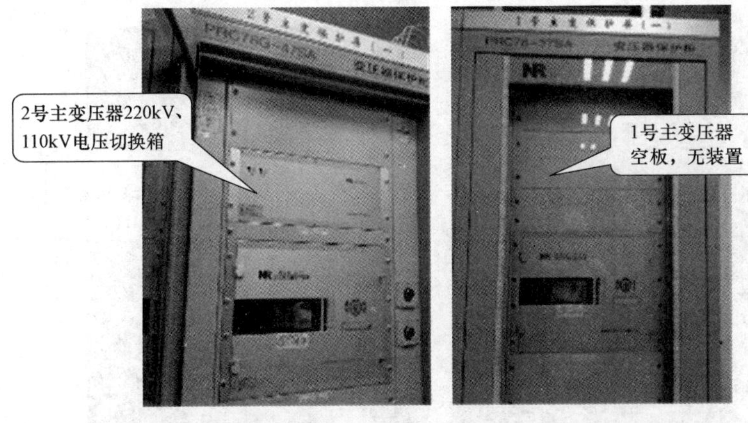

图3-24 A站2号主变压器A屏与1号主变压器A屏配置

图3-25 A站2号主变压器C屏与1号主变压器C屏配置

查看图纸A站2号主变压器220kV、110kV保护电压均通过本屏上的电压切换装置切换后给本保护装置，而主变压器测控装置220kV、110kV测量电压均取自主变压器保护A屏的切换后电压；1号主变压器保护A屏、B屏与测控装置测量电压均取至C屏切换箱后电压。2号主变压器保护、测量电压回路图如图3-26和图3-27所示。

主变压器保护A屏和B屏均只配置了一个直流空气开关，2号主变压器第一套微机保护装置直流电源空气开关命名如下：

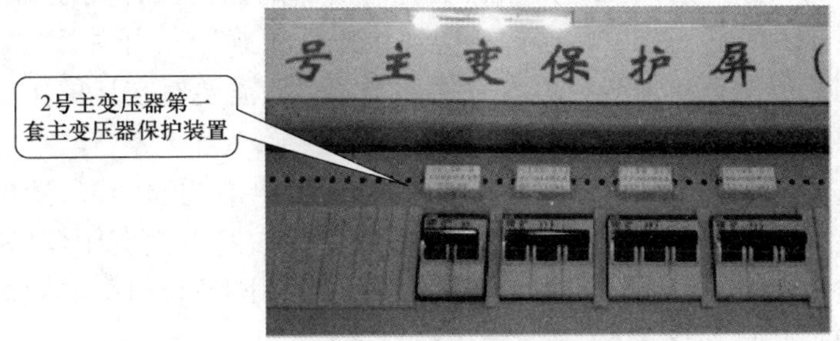

图3-26 2号主变压器第一套微机保护装置直流电源空气开关

而电压切换箱直流电源取自 1－1DK 的下桩头与微机保护装置合并用一个直流空气开关，如图 3－27 所示。

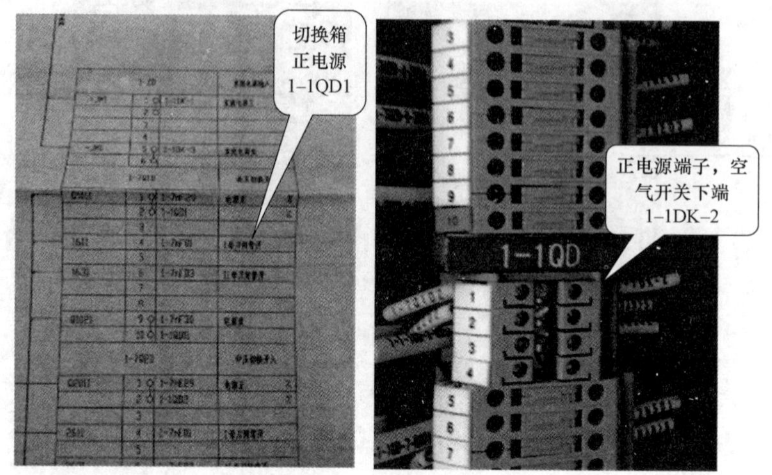

图 3－27　电压切换箱正电源

三、暴露问题

Q/GDW－11－220—2009《浙江电网 220kV 继电保护标准化设计典型二次回路规范》5.3 条规定："交流电压回路：主变压器保护 A、B 柜各配置 1 个高、中压侧电压切换箱，两套保护高、中压侧电压输入与两个电压切换箱相关回路一一对应。电压切换继电器采用单位置继电器，隔离开关辅助接点采用断路器动合接点单接点输入方式，电压切换回路和保护装置采用同一直流电源。"

Q/GDW－11－220—2009 仅要求电压切换箱与保护装置采用同一直流电源，而 A 站 2 号主变压器存在两个问题：① 直流电源空气开关如何配置与命名？② 测控装置测量电压如何取？另外，对运行维护和检修也带来一些问题，如发生主变压器保护装置电源插件故障，需要停用主变压器保护时（需断开主变压器保护直流电源）；直流接地查找需要短时断开电源开关等。

四、防范措施和建议

根据以上分析，未改接线之前提出如下整改及防范措施：

（1）按照 Q/GDW－11－220—2009 设计的基建、技改主变压器保护屏，凡在 A 屏、B 屏上既有主变压器保护装置，又有电压切换装置，应核查屏后直流电源空气开关。如两个装置共用一个空气开关，应检查其空气开关命名，需要明确该空气开关控制的装置名称。A 站 2 号主变压器 A 屏、B 屏空气开关已通知变电运维工区更换空气开关标志。如已经分别设置独立空气开关的则无需更改。为避免再次发生此类事件，需要对在运的主变压器保护屏进行排查，并及时整改。

（2）根据《关于规范 220kV 继电保护设备停复役申请的通知》（浙电调字〔2010〕89 号）要求，保护装置的"停用"状态一般由现场掌握。如发生主变压器保护电源插件故障，直流接地查找等需要断开主变压器保护直流电源，必须确认是否可能导致测量数据突变的可能性，并及时通知主站自动化人员。

（3）对二次检修人员进行技术交底，开展对 Q/GDW－11－220—2009 的宣贯学习、对厂站自动化数据相关规定规范的宣贯，明确主变压器保护电压切换回路相关技术要求。特别是在操作二次设备直流电源时应核查空气开关命名和实际功能，在可能对厂站自动化数据产生影响时应首先通知自动化主站告知相关情况，确认后方可进行操作。

建议如下：

（1）按照 Q/GDW－11－220—2009 要求：电压切换回路和保护装置采用同一直流电源。将电压切换箱直流电源与微机保护装置电源同时接入本屏端子排＋JM（1－ZD2）、－JM（1－ZD6），而直流空气开关分开。

（2）测控装置测量电压对对标有重要影响，可以将测控装置电压单独加装电压切换回路。

（3）Q/GDW－11－220—2009 发布前投运的该类型保护与发布后保护装置电源接线和空气开关配置尽量统一。

3.3.2　220kV 变电站主变压器中压侧电流越限异常分析报告

一、事件经过

220kV A 站：2 号主变压器中压侧接 110kV 副母运行，110kV 甲Ⅰ线、110kV 甲Ⅱ线、110kV 甲Ⅲ线、110kV 甲Ⅳ线接 110kV 副母运行，110kV 甲Ⅴ线 110kV 副母热备用，110kV 甲Ⅵ线、110kV 甲Ⅶ线接 110kV 正母运行，110kV 母联断路器热备用。110kV 甲Ⅱ线供 110kV B 站 2 号主变压器（19.38MW、99.19A），110kV 甲Ⅲ线供 110kV C 站 1 号主变压器（11.36MW、59.09A），110kV 甲Ⅳ线供 110kV D 站 1 号主变压器（34.22MW、186.6A）和 110kV E 站 2 号主变压器（19.52MW、103.06A）。

110kV F 站：110kV 甲Ⅰ线供 2 号主变压器（18.71MW、98.13A），110kV 甲Ⅶ线供 1 号（37.69MW、188.88A）、3 号主变压器。（10:15 分数据）

2017 年 6 月 29 日 10 时 12 分，当值监控员发现 A 站 2 号主变压器中压侧电流值频繁越正常上限，限值 740.000 740.987。监控员立即告知值班调度员处理，最终发现是线路停役操作，负荷转供引起。

二、原因分析

A 站 2 号主变压器中压侧电流越限告警信息见表 3－5。

表 3－5　A 站 2 号主变压器中压侧电流越限告警信息表

序号	时间	告警
1	10:12	2 号主变压器中压侧电流值越正常上限
2	10:12	2 号主变压器中压侧电流值正常
3	10:13	2 号主变压器中压侧电流值越正常上限
4	10:14	2 号主变压器中压侧电流值正常
5	10:14	2 号主变压器中压侧电流值越正常上限
6	10:15	2 号主变压器中压侧电流值正常
7	10:15	2 号主变压器中压侧电流值越正常上限
8	10:15	2 号主变压器中压侧电流值正常

续表

序号	时间	告警
9	10:16	2 号主变压器中压侧电流值越正常上限
10	10:16	2 号主变压器中压侧电流值正常
11	10:17	2 号主变压器中压侧电流值越正常上限
12	10:17	2 号主变压器中压侧电流值正常
13	10:18	2 号主变压器中压侧电流值越正常上限
14	10:18	2 号主变压器中压侧电流值正常
15	10:18	2 号主变压器中压侧电流值越正常上限
16	10:19	2 号主变压器中压侧电流值正常
17	10:19	2 号主变压器中压侧电流值越正常上限
18	10:19	2 号主变压器中压侧电流值正常
19	10:19	2 号主变压器中压侧电流值越正常上限
20	10:21	2 号主变压器中压侧电流值正常
21	10:21	2 号主变压器中压侧电流值越正常上限
22	10:21	2 号主变压器中压侧电流值正常
23	10:22	2 号主变压器中压侧电流值越正常上限
24	10:24	2 号主变压器中压侧电流值正常
25	10:25	2 号主变压器中压侧电流值越正常上限
26	10:30	2 号主变压器中压侧电流值正常
27	10:30	2 号主变压器中压侧电流值越正常上限
28	10:33	2 号主变压器中压侧电流值正常
29	10:33	2 号主变压器中压侧电流值越正常上限
30	10:34	2 号主变压器中压侧电流值正常
31	10:34	2 号主变压器中压侧电流值越正常上限
32	10:45	2 号主变压器中压侧电流值正常
33	10:45	2 号主变压器中压侧电流值越正常上限
34	10:48	2 号主变压器中压侧电流值正常
35	10:48	2 号主变压器中压侧电流值越正常上限
36	10:48	2 号主变压器中压侧电流值正常
37	10:49	2 号主变压器中压侧电流值越正常上限
38	10:49	2 号主变压器中压侧电流值正常
39	10:49	2 号主变压器中压侧电流值越正常上限
40	10:49	2 号主变压器中压侧电流值正常

从表 3－5 中可以看出，2 号主变压器中压侧电流值频繁越上限。信号分析师继续利用智能调度控制系统查询 A 站 2 号主变压器中压侧电流、110kV 甲Ⅰ线、甲Ⅱ线、甲Ⅲ线、甲Ⅳ线、甲Ⅶ线电流值，结果分别如图 3－28～图 3－33 所示。

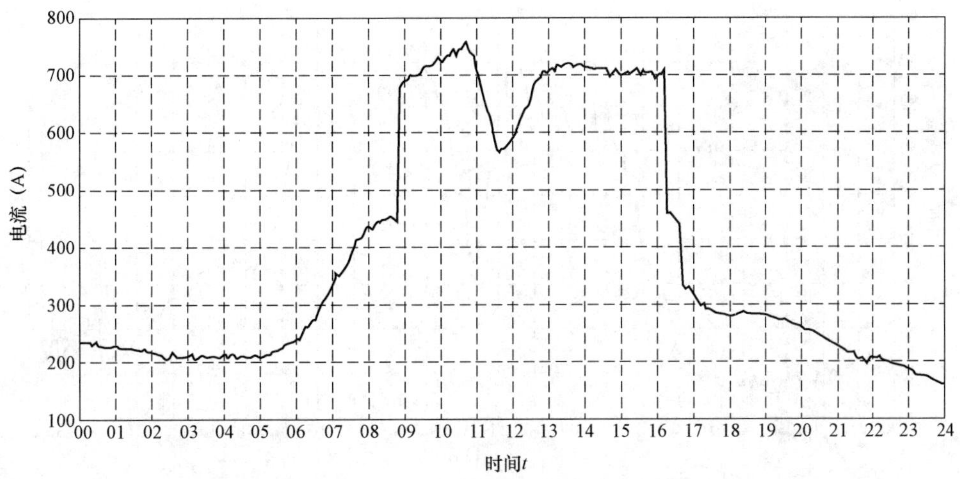

图 3-28　220kV A 站 2 号主变压器中压侧电流值

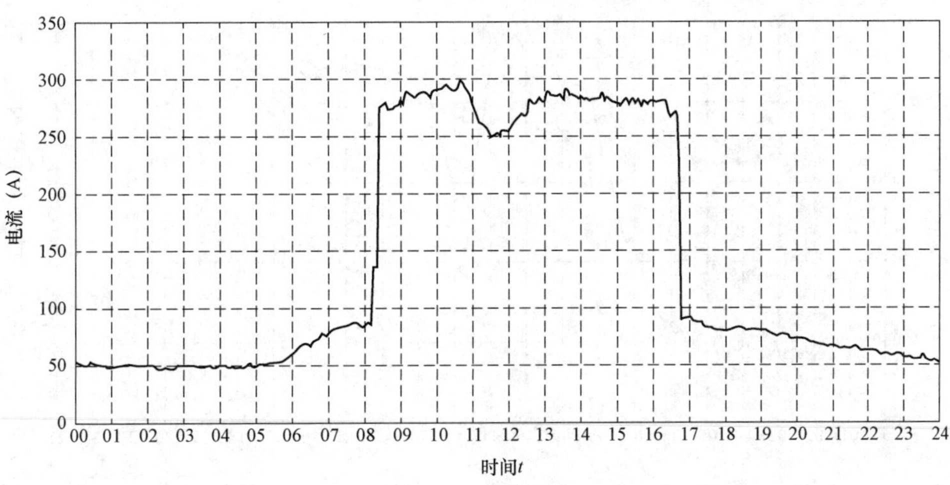

图 3-29　110kV 甲Ⅰ线电流值

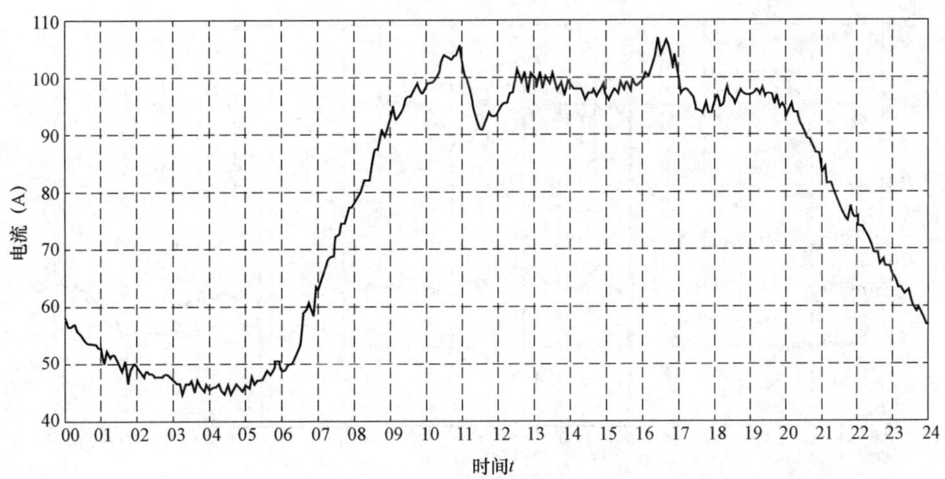

图 3-30　110kV 甲Ⅱ线电流值

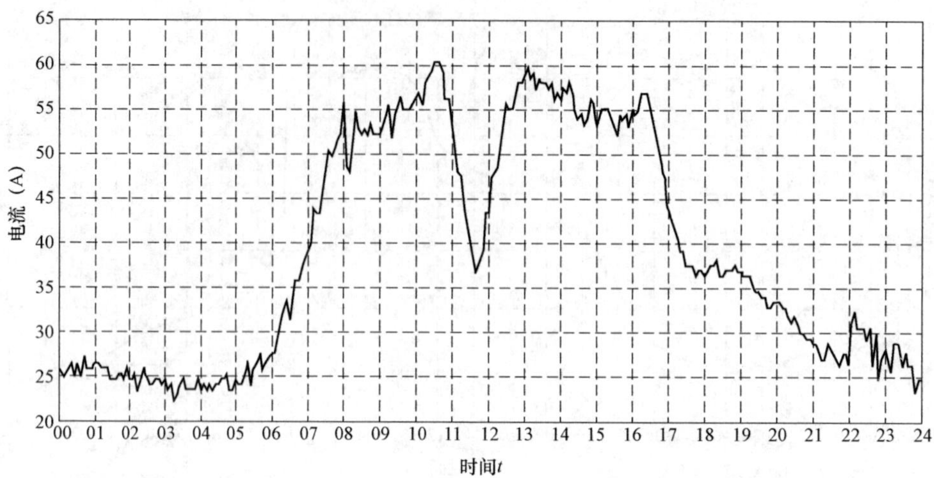

图 3-31　110kV 甲Ⅲ线电流值

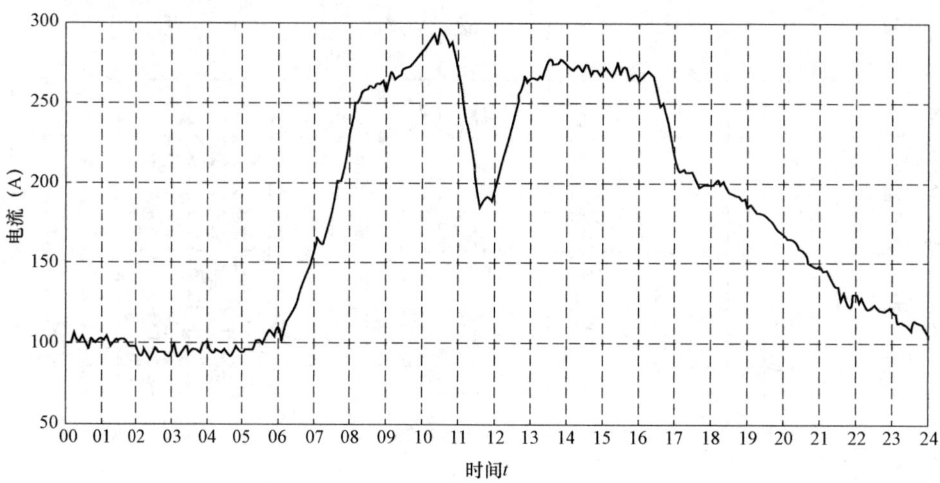

图 3-32　110kV 甲Ⅳ线电流值

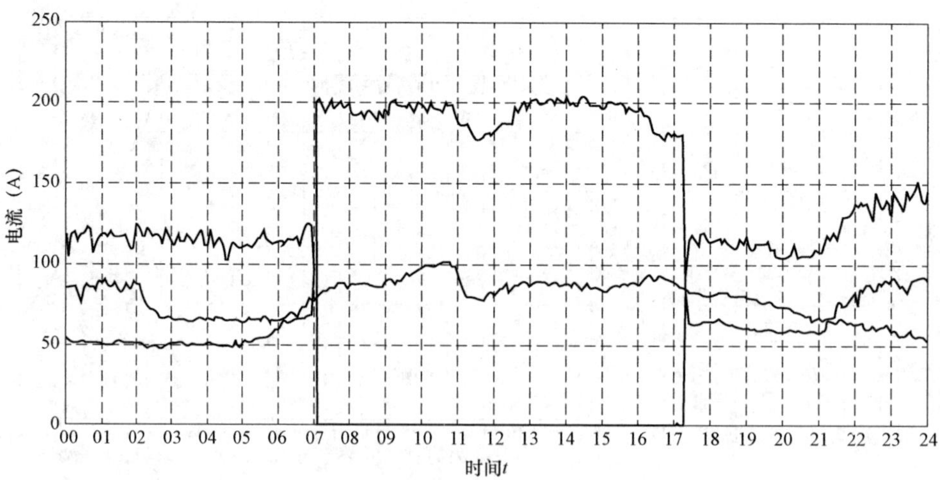

图 3-33　110kV 甲Ⅶ线

结果分析如下：110kV 甲Ⅶ线停役操作，将 110kV 甲Ⅶ线所供的 1 号、3 号主变压器负荷转给 110kV 甲Ⅰ线供，导致 110kV 甲Ⅰ线负荷增大。

三、暴露问题

（1）早上负荷较轻，无法准确计算转移的负荷。

（2）220kV A 站配合其他工程投产，运行方式比较特殊，没有加强对 220kV A 站的监视。

（3）在调整运行方式后，没有对相关设备巡视。

四、防范措施和建议

（1）220kV A 站配合某变电站Ⅱ期投产，运行方式比较特殊，220kV A 站的负荷有所增加，应加强对 220kV A 站负荷的监视。

（2）在调整运行方式时，应考虑负荷高峰时，相关设备是否会过载。

（3）负荷高峰时，应加强监视。

（4）在调整运行方式时，如果某个设备的负荷增加比较大，可以设置相关的告警。

3.3.3 220kV 变电站 110kV 副母Ⅰ段电压越下限以及相关线路保护异常分析报告

一、事件经过

2018 年 5 月 3 日 18 时 11 分，地区当值监控员从智能调度控制系统告警窗上发现："110kV 甲线、110kV 乙线、110kV 丙线、110kV 丁线保护装置告警（普通、严重、过负荷、直流消失）""2 号主变压器保护 TA 断线或 TV 断线（二套合并）""2 号主变压器保护装置闭锁或装置告警（二套合并）""2 号主变压器保护装置高中低报警（二套合并）""110kV 副母Ⅰ段线电压（ab）越正常下限""2 号主变压器有功不平衡度越第三上限"动作告警。

地区当值监控员按照监控信息处置流程，汇报调控中心汇报地调当值调度员，通知运维人员现场检查，并电告自动化值班。

19 时 30 分，A 站 110kV 副母电压自动恢复正常，但"110kV 丙线、110kV 丁线保护装置告警（普通、严重、过负荷、直流消失）"线路保护告警现场仍无法手动复归，现场答复设备检查正常。

5 月 5 日，17 时 6 分，上述告警再次出现，当值监控汇报调控中心汇报地调当值调度员，通知运维人员现场检查。经现场检查，电压端子箱电压二次回路下桩头二次电压正常，初步判断可能是电压切换箱有断路故障，联系修试现场检查处理。二次检修人员针对现场缺陷现象，制定了初步消缺方案和现场二次安全措施，最终经检修人员现场排查原因系 110kV 母设屏端子排 A604 端子松动（A 相电压），紧固后 110kV 副母电压恢复正常，所有相关告警复归。

二、事件原因

对照主站端监控系统中的相关上送信息、现场后台信息，对异常告警信息进行分析。

地区监控查看智能调度控制系统一次接线图，110kV 副母Ⅰ段线电压 43kV。110kV 副母上的出线保护均出现异常。

现场检查：A 站当地监控显示 110kV 副母电压 A 相 28.6kV，B、C 相电压正常，相间电压 43kV；A 站 110kV 副母电压互感器一、二次设备检查正常，二次端子电压正常。最终发现是 110kV 母设屏端子排 A604 端子松动引起，如图 3－34 和图 3－35 所示。

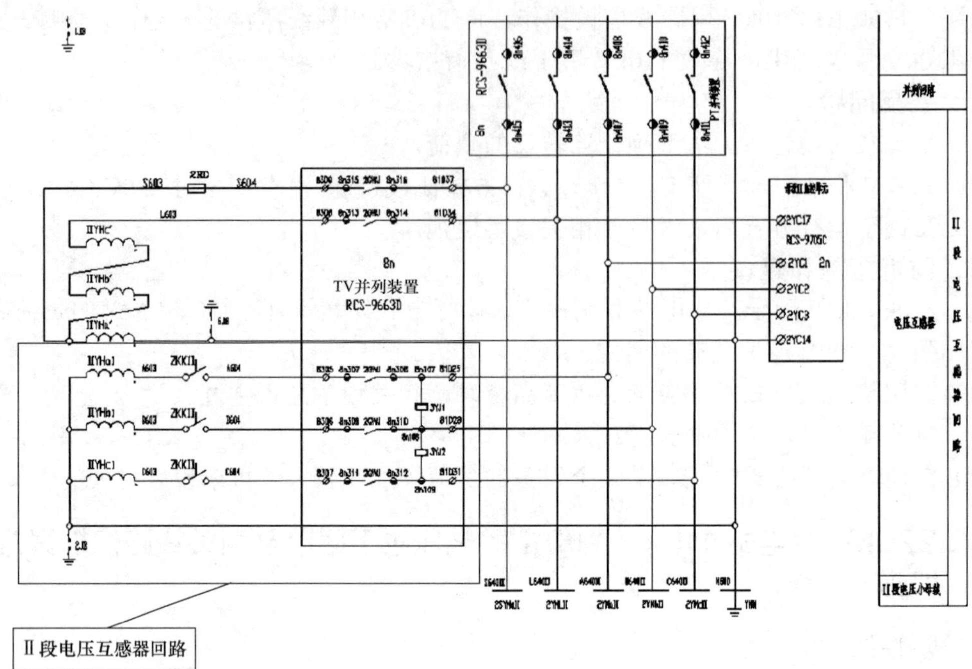

图 3－34　A 站 110kV 互感器接线图

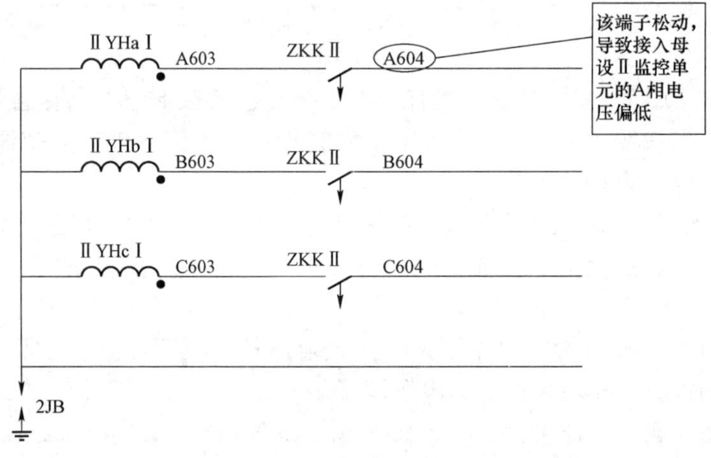

图 3－35　A 站 110kV 互感器接线图

三、暴露问题

线路保护装置告警（普通、严重、过负荷、直流消失）是一条归并信号，如图 3－36 所示。但其中普通/严重、过负荷/直流消失的轻重缓急程度明显差别很大，不应归并，而且容易影响监控人员对现场情况的判断。

5 月 3 日 19 时 30 分，A 站 110kV 副母电压自动恢复正常时，“110kV 丙线、110kV 丁线保护装置告警（普通、严重、过负荷、直流消失）”线路保护告警现场却无法手动复归（另两条线路告警复归），当时现场该现象又自动复归，二次专业人员当日就进行了故障电压波形分析（见图 3－37），因当日检修力量不足（处理其他主变压器差动保护缺陷）加之故障又自动复归并未安排检修人员现场检查。

四、防范措施和建议

建议对“线路保护装置告警（普通、严重、过负荷、直流消失）”内容进行拆分，如果线路保护直流消失期间一旦发生事故，很有可能出现越级跳闸、扩大事故范围的危险。

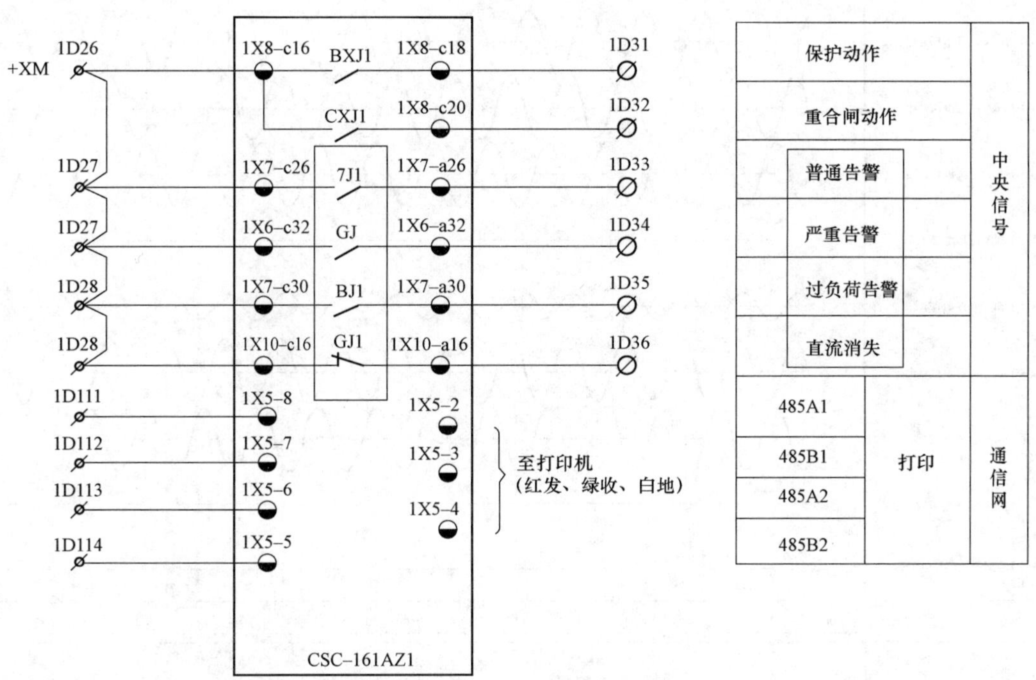

图 3－36　A 站 110kV 线路保护 CSC161A 原理图（关于归并的信号）

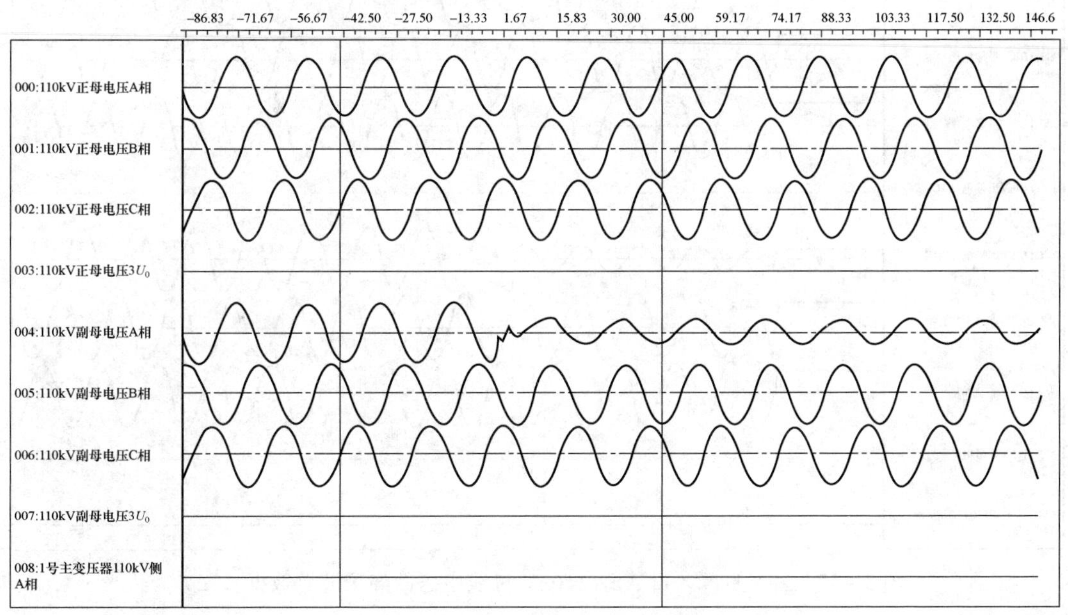

图 3－37　××月××日 A 站 110kV 母线电压故障录波器数据（一）

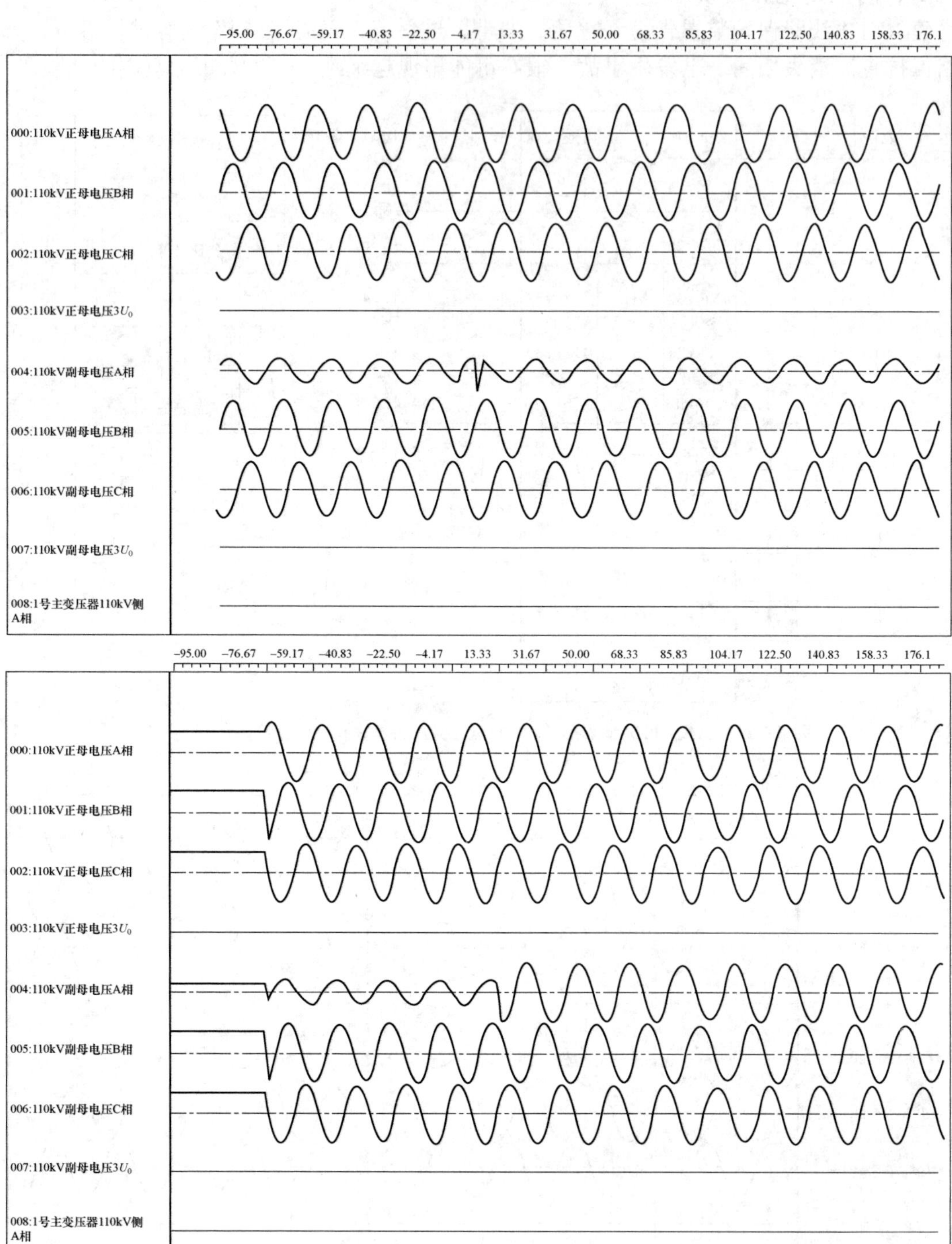

图 3－37　××月××日 A 站 110kV 母线电压故障录波器数据（二）

设备验收时，严把质量关。将可能出现的异常与缺陷从源头加以控制，同时加强注意设备日常的运行维护。

监控人员以及现场运维人员需要提高对异常信号的敏感度，增强业务水平，相互协作，才能既快又好的处理事故异常。

3.3.4 35kV变电站10kV站用变压器低压侧A相电压低异常告警分析报告

一、事件经过

2018年7月4日夜，第一次出现“A站站用电U_a实测值越正常下限”的告警信息，监控人员立即通知现场运维人员，进行检查处理。

自该缺陷报出以来，监控人员以及信号分析人员对此缺陷相关信号进行了持续监视和关注，并对此缺陷相关信号的数量和频率每日进行统计分析，记入监控日分析报告、周报以及年度信息分析报表中，并反馈给相关部门，督促尽快处理。

2019年1月23日，现场运维人员进行了A站10kV 2号站用变压器的检查与原因查找，在发现了负荷分布不均匀的缺陷后，进行了临时消缺工作。将站用电从10kV 2号站用变压器切换至三相平衡度较好的10kV 1号站用变压器，暂时解决了频繁越限的缺陷。后续的消缺工作将在检修工作计划中，整体体现。

二、事件原因

A站10kV 2号站用变压器低压侧A相电压低异常告警存在时间较长，已有数年时间。由于该信号在出现后，一般在几分钟到几十分钟的时间范围内自动复归，现场运维人员在到达现场检查后往往已经恢复正常，因而现场的简单检查与初步判断不能发现问题的原因，很难从根源上处理这个缺陷，因而在此之后的相当长的一段时间内，未找到有效的处理措施。

直到信号分析师对该信号进行了跨度长达3年的信号统计与分析，发现该越限告警信号在夏季与冬季出现次数较多，在春季与秋季出现次数相对较少，且一般在几分钟到几十分钟的范围内均能自动复归。初步怀疑该告警信息可能与现场空调类的季节性、间断启动打压型的空调类负荷有关。现场运维人员根据信号分析师的推断，在现场进行了站用变压器的监测与切换试验，确认该告警信息确实是由空调类负荷三相分布不均匀分布引起的，随即采取了临时措施，并将相关消缺任务纳入计划工作安排中，尽快进行该缺陷的消除。

信号分析师对A站3年中10kV 2号站用变压器低压侧A相电压越下限信号动作、复归情况按一年内的分布情况进行统计分析，其中横坐标为日期，纵坐标为信号动作、复归次数，结果如图3-38所示。

由此可知，A站10kV 2号站用变压器低压侧A相越限的次数与季节变化有关，在夏季与冬季出现次数较多，在春季与秋季出现次数相对较少。从信号动作持续时间来看，一般在几分钟到几十分钟的范围内，且均能自动复归。此情况的出现可能与现场空调类的季节性、间断启动打压型的空调类负荷有关。

三、暴露问题

变电站的站用变压器是变电站内的重要设备，承担着向当地继电保护、开关储能、监控系统计算机、远动设备、火灾报警系统、调度数据网通信、安防等重要系统的可靠供电任务，考虑到站用变压器的重要性，变电站一般配置两台站用变压器，从而构成双机冗余系统。当其中一台出现问题时退出运行时，另一台也能够维持所带负载的正常供电。

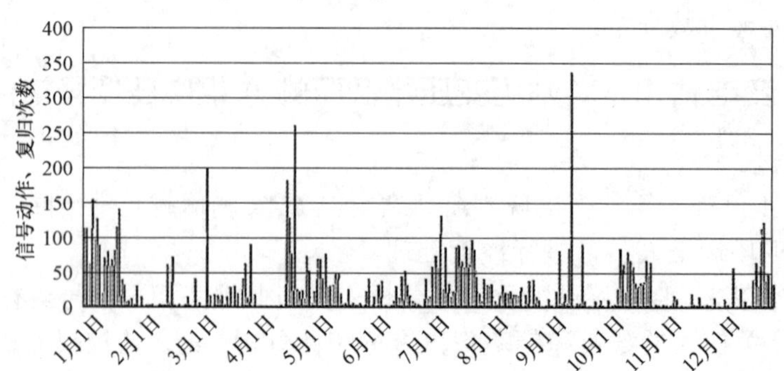

图 3－38　A 站 10kV 2 号站用变压器低压侧 A 相电压越下限信号统计

这次事件当中所用电屏厂家为 A 公司，10kV 1 号站用变压器厂家为 B 公司、10kV 2 号站用变压器厂家为 C 公司，站用变压器容量均为 50kVA。

现场检查 A 变电站的空调负荷均接至站用变压器 A 相，由于站用变压器容量小，空调启动负荷较大，造成全部开启时 A 相电压下降明显，造成越下限告警。

四、防范措施和建议

（1）关闭部分空调负荷（主控室、通信机房），保持站用变压器三相电压基本平衡。

（2）安排临修尽快对空调负荷进行再分配。

（3）对显示错误的电压、电流值，上报缺陷，督促尽快消缺。

（4）本缺陷时间维度较长，对监控工作长时间带来不利影响，所以今后应着重加强缺陷，特别是普通缺陷（消缺周期长，长时间不处理积少成多和缺陷更加严重）的跟踪并督促闭环，信号分析师和监控信息管理专职人员对缺陷情况要进行及时跟踪，对未报缺陷和已报缺陷未及时处理的事件，要协同和督促相关部门尽快处置，并全过程跟踪处置情况，做好缺陷闭环工作。

3.4　装　置　机　构

3.4.1　220kV 变电站 220kV 线路开关打压超时或电机启动异常分析报告

一、事件经过

2014 年 5 月 13 日，A 站 220kV 甲线开关打压超时或电机启动频繁动作、复归，该信息属于归并类信息，由“开关打压超时”与“开关电机启动”两个信息以“或”的逻辑关系归并后上传，引起该信息频繁动作、复归的原因可能有：

（1）“A 站 220kV 甲线开关打压超时”频繁动作、复归：

1）油泵故障损坏；

2）安全阀动作后未正常复位；

3）油泵内有气体；

4）油压节点 B1 粘连；

5）主储压氮气泄漏。

（2）“A 站 220kV 甲线开关电机启动”频繁动作、复归：

1）压力安全阀动作后未正常复归；

2）液压操作系统或储能油泵中有气体；

3）主储压筒氮气有泄漏现象；

4）液压油有杂质造成液压系统内漏。

以上 9 种可能的情况均会造成“A 站 220kV 甲线开关打压超时或电机启动”频繁动作、复归，需根据信息特点及相关记录，进一步分析造成该信息频发的原因。

二、事件原因

（1）统计情况概述如表 3－6 所示。

表 3－6　　A 站 220kV 甲线开关打压超时或电机启动动作、复归信息

统计对象	A 站 220kV 甲线开关打压超时或电机启动动作、复归信息
统计开始时间	2013 年 1 月 1 日 0 时 00 分 00 秒
统计结束时间	2014 年 3 月 15 日 23 时 59 分 59 秒
统计数据来源	监控信息分析师数据分析软件
总动作复归次数	642 条次

（2）每日动作、复归频次统计见图 3－39。

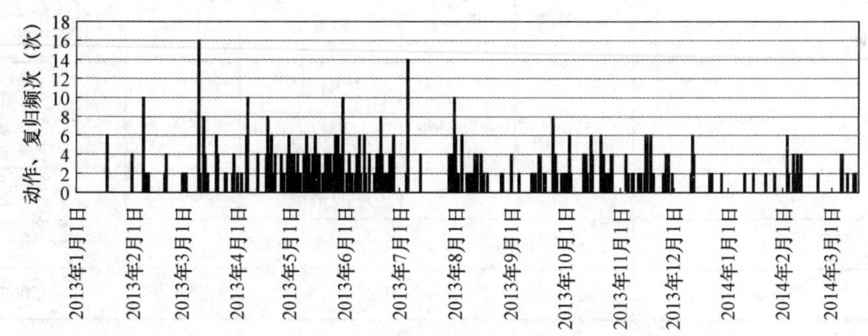

图 3－39　A 站 220kV 甲线开关打压超时或电机启动动作、复归信息每日次数统计

由图 3－39 可知，“A 站 220kV 甲线开关打压超时或电机启动”动作、复归的信息在时间轴上具有类似于“均匀分布”的特性，无明显的集聚现象，且该信息每天动作、复归的次数大部分在 6 次以内，没有某日大量信息频发刷屏的现象出现。

（3）动作复归时间间隔统计见图 3－40。

由图 3－40 可知大部分的信息在动作后几秒内复归，其中在 7s 以内动作、复归的信息共 614 条次，占总信号数的 95.63%，可见该信息具有明显的短时动作、复归的特点，也没有长时间动作不复归的情况出现。

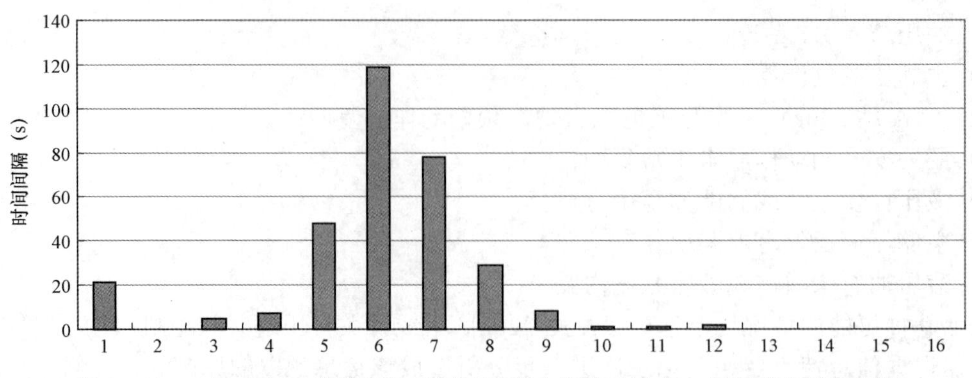

图 3－40　A 站 220kV 甲线开关打压超时或电机启动动作、复归信息时间间隔

三、周边信息收集

（1）A 站 1 号主变压器 220kV 开关相关告警查阅，未见其他异常告警信息。

（2）缺陷记录查阅，未见有关缺陷的缺陷及检修记录。

（3）开关设型号及参数查阅，如表 3－7 所示。

表 3－7　　开关设型号及参数查阅表

<table>
<tr><td>型号</td><td>3AQ1EE</td><td>操作机构</td><td>分相式</td><td>额定电流</td><td>4000A</td><td>额定雷电冲击耐压</td><td>1050kV</td></tr>
<tr><td>额定电压</td><td>252kV</td><td>额定频率</td><td>50Hz</td><td>额定工频耐受电压</td><td>460kV</td><td>额定短路开断电流</td><td>50kA</td></tr>
<tr><td>额定工频耐压</td><td>460kV</td><td>额定短路持续时间</td><td>4s</td><td>额定失步开断电流</td><td>12.5kA</td><td>首相开断系数</td><td>1.5</td></tr>
<tr><td>标准操作循环</td><td>0－0.3s－CO－3min－CO</td><td>SF_6 质量</td><td>20.0kg</td><td>总重量</td><td>3170kg</td><td>额定线路充电开断电流</td><td>160A</td></tr>
<tr><td rowspan="2">20℃时 SF_6 额定压力（表压）</td><td rowspan="2">7.0bar</td><td rowspan="3">操动机构</td><td rowspan="3">辅助电路电压</td><td>控制电压</td><td>DC220V</td><td rowspan="2">制造厂</td><td rowspan="2">SIEMENS</td></tr>
<tr><td>电动机电压</td><td>AC220V</td></tr>
<tr><td>温度范围</td><td>－25～＋40℃</td><td>加热器电压</td><td>380/220V</td><td rowspan="2">金额</td><td rowspan="2"></td></tr>
<tr><td>制造日期</td><td></td><td colspan="2">符合标准</td><td colspan="2">IEC56</td></tr>
<tr><td>运行单位</td><td>220kV A 变电站</td><td>安装地点</td><td colspan="2">甲线</td><td>投产日期</td><td colspan="2">2007.12.02</td></tr>
</table>

（4）液压压力监控。

1）安全阀动作值：37.5MPa；

2）N_2 泄漏动作值：35.5MPa；

3）液压泵“合”（油泵启动）：32.0MPa；

4）自动重合闸闭锁值：30.8MPa；

5）合闸闭锁值：27.3MPa；

6）总闭锁值：25.3MPa。

（5）二次回路如图 3－41 所示，二次回路行为分析如下：

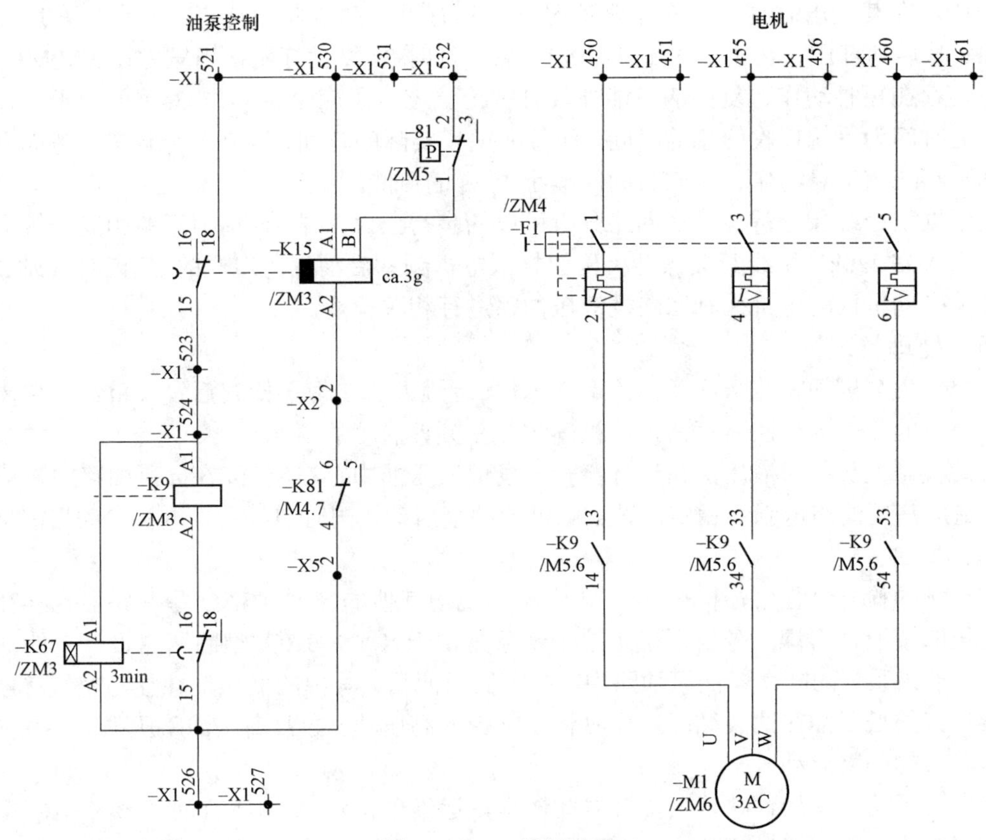

图 3–41 二次回路图

当断路器操动机构的液压小于 32.0MPa 时，压力继电器 P 的 B1 触点闭合，使继电器 K15 带电；继电器 K15 的动合接点闭合，使继电器 K15 的 15 与 18 触点接通，使继电器 K9 带电；此时串联在打压电机回路里的动合接点闭合，电机开始打压，并发出“电机启动”的信号；同时时间继电器 K67 开始计时。

当液压上升到 32.0MPa 时，压力继电器的 B1 触点断开，继电器 K15 失电，其动合触点延时 3s 后断开，继电器 K9 失电，电机停止打压。如果由于某些原因，触点 B1 长时间未返回造成继电器 K9 与 K67 长时间带电，则时间继电器 K67 在 3min 后动作，其串联在继电器 K9 中的动断触点断开，继电器 K9 失电，电机停止打压，并报“打压超时”的信息。

由于此信息为归并类信息，其频发的原因存在两种可能性：① 断路器打压超时频繁动作、复归，造成该信息的频发；② 开关电机启动频繁动作、复归，造成该信息的频发。

由信号统计情况可以发现该信息具有明显的短时动作复归的特点，大部分在动作后几秒内自动复归，未出现长时间动作不复归的情况。

但是通过二次回路的查阅可以发现：当压力继电器 P 的 B1 触点因某种原因，长时间闭合且超过 3min 后，时间继电器 K67 将动作，此时电机停止打压并发“电机打压超时”的信息。正常情况下，由于电机不再打压，故压力继电器 P 不可能再次动作使 B1 触点断开，故此信号无法自动复归，需人工手动复归。正常情况下，“电机打压超时”信息应为一直动作，直到现场运维人员手动按下复归按钮“S4”才会复归。而“电机启动信息”在继电器 K9 带电时动作，在其失电时复归，在正常情况下，具有可自动复归的特点；且电机在压力小于32.0MPa时启动打压，在压力大于32.0MPa后，延时3s停止打压，当压力在32.0MPa附近波动时，存在短时动作、复归的可能性，且理论上该信息应至少动作 3s，但由于监控数据中显示的时间为系统接收信息的时间，而并非现场实际的时间，存在部分误差，考虑到此误差时间，存在该信息动作、复归时间间隔小于3s的可能性。

故根据信号统计分析与二次回路分析可以初步得出以下结论：该信息的频发有较大的可能是由于A站220kV甲线开关操动机构的打压电机频繁启动打压造成的。建议对A站220kV甲线开关操动机构的电机控制回路及液压油路进行相关检查。

四、处理情况

监控信息分析师将此情况反馈给运维单位，运维人员在现场检查后发现甲线开关操动机构打压电机的二次控制回路正常，电机确实存在频繁启动的情况。

最后检修人员在对液压油路进行检查时发现液压油中存在空气，在高压油路中形成气液混相，造成高压油路压强不稳定，导致电机的频繁启动，同时也导致“电机启动”信息的频繁动作、复归。

在现场的检查过程中，检修人员发现A站现场其他的×××3AQ型断路器也存在类似频繁打压的情况，再深入分析后确定这一现象是由于×××3AQ 型断路器设计上的缺陷造成的：由于该系列的断路器油泵油路中，存在低压油箱，其中的低压油往往与空气接触，混有微量空气的低压油在油泵循环工作时将空气带入高压油，导致高压油路压强的不稳定，引起打压电机的频繁启动。

在发现了这一家族性缺陷后，针对此情况，运维单位对A站所有的×××3AQ 型断路器加装了低压油路智能排气装置，自动将低压油路中的空气排出，避免了因空气进入液压油导致打压电机频繁启动的情况，提高了断路器的安全性、可靠性，也提高了运维人员的劳动生产率和生产安全，并逐步在其他变电站同类型的断路器进行推广运用。

五、处理效果跟踪

检修人员在A站220kV甲线断路器操动机构安装了低压油路智能排气装置后，取大约6个月的时间间隔，重新对A站220kV甲线断路器打压超时或电机启动的信号进行了其每日动作、复归次数的统计（见图3－42），由统计结果可以发现：在安装了低压油路智能排气装置后，该信息不再频繁动作、复归，取得了良好的应用效果，成功地消除了这一缺陷。

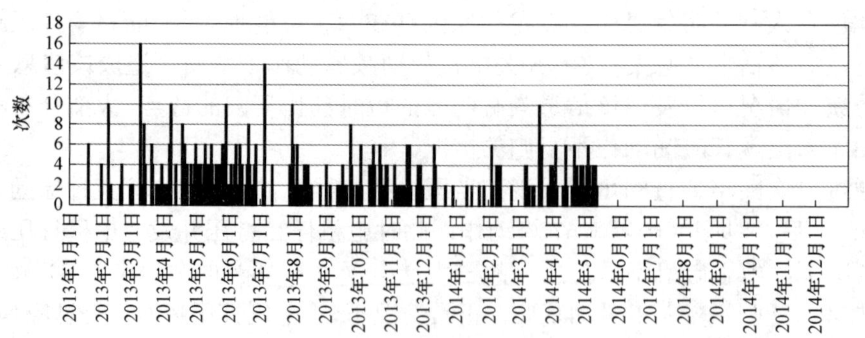

图3－42　A站220kV甲线断路器打压超时或电机启动动作、复归每日次数统计

六、防范措施和建议

“A 变电站 220kV 甲线开关打压超时或电机启动”这一信息由于其每天动作、复归的次数不多（大部分在 6 次以内）且不是集中出现，在每天每值中的次数很少，而且短时动作后立即复归，因而此信息对于当值监控人员来说具有偶尔出现，且短时动作、复归的特性。在较短的监视周期内具有很强的迷惑性，容易被当成误发信息而忽略，导致这一家族性缺陷无法被及时发现，危及电网的安全运行。

监控信息分析师在对此信息在一年多的时间跨度里，进行集中分析，通过数据统计并以图表的形式进行直观地显示，发现了其具有频繁动作、复归且持续时间很短的特点，与二次回路图对比分析后，初步判断该缺陷由打压电机控制回路或打压油路的缺陷引起。检修人员根据这一结论进行了现场检查，成功找到了信息频发的原因，并发现了×××3AQ 型断路器的家族性缺陷，通过加装低压油路智能排气装置成功解决了这一设计缺陷，确保了该系列 220kV 断路器的正常运行，切实提高了电网的安全运行水平，取得了巨大的安全收益。

3.4.2 220kV 变电站 110kV 线路保护装置故障光字常亮异常分析报告

一、事件经过

2018 年 7 月 13 日 5 时 56 分 29 秒，地区当值监控员从智能调度控制系统告警窗上发现“110kV 乙线 CSL 保护动作”，当值监控员按照监控信息处置流程，马上通知运维站派人去现场查看，随后汇报地调当值调度员。

现场汇报：装置无保护动作信息，已手动复归。

2018 年 7 月 13 日 6 时 28 分 20 秒，地区当值监控员在智能调度控制系统告警窗上发现“110kV 乙线 CSL 保护复归”。

2018 年 12 月 30 日 15 时 38 分 58 秒，地区当值监控员从智能调度控制系统告警窗上发现“110kV 乙线 CSL 保护动作”，当值监控员按照监控信息处置流程，马上通知运维站派人去现场查看，随后汇报地调当值调度员。

现场汇报：保护装置上没有该信号，但后台监控画面上该光字牌亮起。

地区当值监控员立即联系保护专职，现场重启装置后信号仍在，保护装置联系检修部门处理。

后续调整方式消缺，110kV 乙线从运行改为冷备用，检修人员到现场更换乙线操作箱中信号继电器，智能调度控制系统告警窗和后台监控画面的“110kV 乙线 CSL 保护动作”信号复归。

二、事件原因

“110kV 乙线 CSL 保护动作”信号并非由保护装置 CSL164B 发出，而是从操作箱 SCX－11J 发出。SCX－11J 操作箱跳闸回路的信号继电器有 3 个辅助接点，信号辅助接点和遥信辅助接点各 1 个，另 1 个是指示灯辅助接点。在正常情况下，操作箱 SCX－11J 接收到保护装置 CSL164B 发出的高电平（出口动作）时，信号继电器线圈通电，导致 3 个辅助接点导通，一方面操作箱的出口指示灯亮起，另一方面测控装置接收到高电平，最终后台监控画面和远方调控中心画面“110kV 乙线 CSL 保护动作”光字牌亮起。由于信号继电器是双位置继电器，导通后将自保持，必须人工进行复归。

由图 3－43 和图 3－44 可见，当信号继电器 TXJ 接往测控装置的辅助接点发生粘连导通

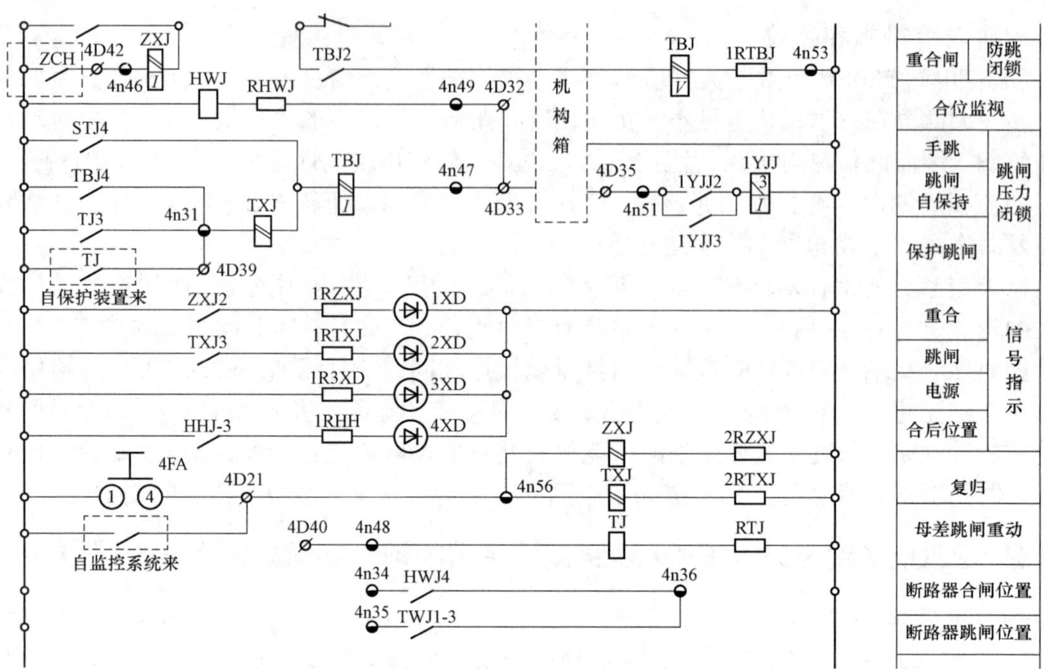

图 3－43 SCX－11 装置接点联系图

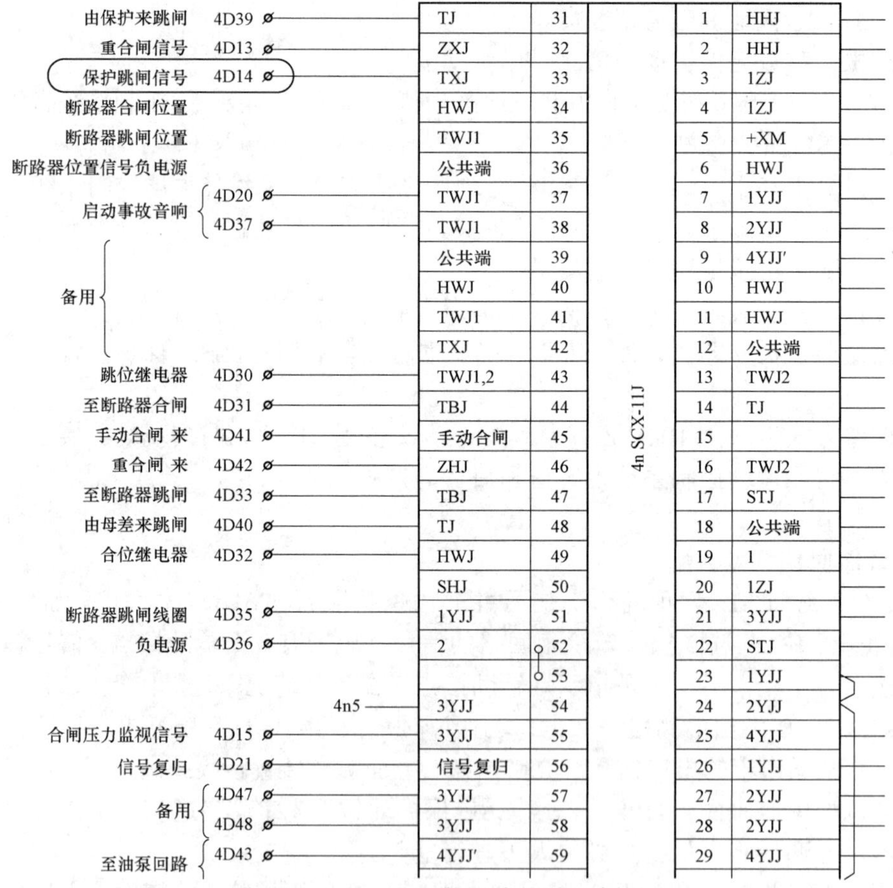

图 3－44 SCX－11 装置端子原理连接图

后，测控装置对应开入点电平变化，发出保护跳闸信号，测控装置将该信号送往监控后台和远动机，最终监控后台画面和调控中心的“110kV 乙线 CSL 保护动作”光字牌亮起。

由于保护装置CSL164B不是该信号的源头，所以保护装置的指示灯不亮。因为SCX－11J操作箱的指示灯辅助接点没有导通，所以操作箱的指示灯也不亮。

三、暴露问题

110kV 乙线 SCX－11J 操作箱为 2006 年左右产品，运行时间较长，辅助接点长时间积灰后易发生误导通现象。

四、防范措施及建议

运维检修单位应做好保护装置等重要二次设备的备品备件工作。对于长时间运行的老设备（5 年以上）加强巡视工作，有条件的定期进行更换或集中检修。

3.5 通 信 传 输

3.5.1 220kV 变电站 220kV 线路保护装置通道告警异常分析报告

一、事件经过

2018 年 8 月 13 日 1 时 36 分，地区当值监控员从智能调度控制系统实时告警窗上发现：“A 站 220kV 乙线第一套保护装置通道告警动作”“B 站 220kV 乙线第一套保护装置通道告警动作”“A 站 220kV 甲线第一套保护装置通道告警动作”“B 站 220kV 甲线第一套保护装置通道告警动作”。

当值监控员按照监控信息处置流程，马上通知运维站派人去现场查看并汇报当值调度。

B 站现场检查后汇报：220kV 甲线、乙线第一套保护装置确有通道告警信号，属于通信通道问题。

当值调度员立即联系保护专职，专职要求现场检查保护复用通道装置（CSC186）有无告警。B 站现场检查为 220kV 甲线、乙线第一套保护装置 2M 复用接口装置电源电压过低引起。现场将装置电源由原第二路切至第一路后恢复正常。

二、事件原因

220kV 甲线、乙线第一套保护装置通道采用 2M 复用接口装置（与通信设备复用同一套装置），其电源为通信设备使用的 48V 电源，该电源由两路供电，正常情况下使用第二路。事件发生时，第二路输出电压低，达不到 2M 复用接口装置的要求，故装置无法正常工作，导致保护装置通道中断，出现“保护装置通道告警”的告警信号。

现场将装置电源由第二路切换至第一路后，装置恢复正常。

注：线路第二套保护装置通信接口采用专用装置，不存在复用的问题。

三、暴露问题

2M 复用接口装置作为保护装置配套通信设备，其电源供电未采用与保护装置相同的直流电源，而是从通信设备电源取电，可靠性低也不利于专业管理。虽然在接线上采用两路电源冗余供电，但两路电源无法自动切换，当一路电源故障后需要人工发现供电问题并手动切换，大大降低了冗余配置的实时性和可靠性，同时也降低了保护装置 2M 复用通道正常运行的可靠性。

通信电源故障，缺乏直接监视的手段。同时，在正常运行维护过程中，也缺乏相关机制，确保电源插件等易损部件的检查巡视。造成电源插件在发生缺陷初期，不能及时发现；只有缺陷发展到一定程度，通过“通道告警”等间接性手段才能发现电源板存在的问题。

四、防范措施和建议

（1）建议对已投运2M复用接口装置电源情况进行专项排查梳理，统计两路电源供电设备和电压情况，对电压异常的电源及时进行整治，同时将上述资料汇总作为继电保护设备运行资料存档。

（2）建议对2M复用装置电源模块进行重新设计，确保以后投运的设备可以采用与继电保护装置一样的直流供电，增加可靠性。

3.5.2 220kV变电站110kV线路间隔测控装置通信中断告警异常分析报告

一、事件经过

从2019年1月22日开始，220kV A站110kV甲线、乙线、丙线、丁线、110kV旁路开关测控装置通信中断，该异常影响遥测遥信数据传输以及设备的遥控功能，当日检修人员处理后告警复归，但未能彻底消缺。之后220kV A站110kV甲线、乙线、丙线、丁线、110kV旁路开关测控装置通信中断多次动作并无法自动复归，每次都需要运行人员现场重启设备才能复归告警，检修人员先后于24日、25日前去处理，仍未完全解决。事件完整经过如下：

（1）1月22日6点54分，220kV A站110kV甲线、乙线、丙线、丁线、110kV旁路开关测控装置通信中断，检修人员前往处理后告警复归。

（2）1月22日9点33分，当相关通信中断信号再次发出时，当值监控员通知现场检查，并将相关间隔交由现场监控。检修人员到达现场时，检查后，更换了A网数据转换装置电源后复归。

（3）1月23日12点03分，220kV A站110kV甲线、乙线、丙线、丁线、110kV旁路开关测控装置通信中断再次发出，现场重启串口服务器后复归。

（4）1月24日3点42分，再次动作，检修人员到达现场检查，怀疑是A网串口服务器NP5610电源板问题，但没有带配件去，故重启电源后复归。

（5）1月25日，检修人员去现场更换了110kV A网串口服务器NPORT5610#5装置电源板后复归。但1月26日、27日相关信号仍然出现。

（6）1月27日，厂家人员到现场将110kV A网串口服务器NPORT5610#5装置整个更换，并且更换了NSC60#5接入110kV B网串口服务器NPORT5610#6的水晶口，信号复归。

二、事件原因

（1）信号分析。

220kV A站110kV甲线、乙线、丙线、丁线、110kV旁路开关测控装置通信中断告警从1月22日起，每天都有动作一到两次，都需要现场手动重启NPORT5610装置才会复归。22～27日，信号一共告警176条次（见表3－9），平均每天29次，给集中监控运行和现场运维工作都带来了较大影响。

1月23日典型一天的告警信息如表3－8所示。

表 3-8　　A 站典型一天的告警信息

序号	时间	告警
1	12:03	乙线测控装置通信中断动作
2	12:03	丁线测控装置通信中断动作
3	12:03	甲线测控装置通信中断动作
4	12:03	110kV 旁路测控装置通信中断动作
5	12:03	丙线测控装置通信中断动作
6	12:46	丁线测控装置通信中断复归
7	12:46	丙线测控装置通信中断复归
8	12:46	乙线测控装置通信中断复归
9	12:46	甲线测控装置通信中断复归
10	12:46	110kV 旁路测控装置通信中断复归

（2）告警机理分析。A 站监控系统结构图如图 3-45 所示。

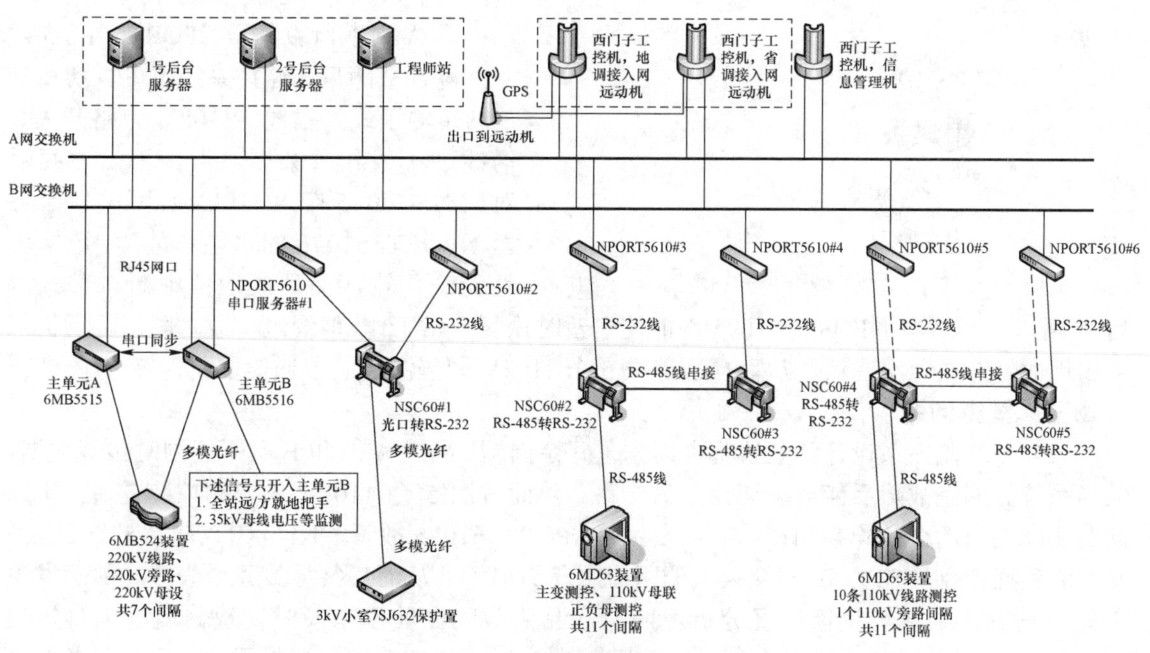

图 3-45　A 站监控系统结构图

110kV 一、二次设备数据由 110kV 测控装置采集，通过 RS-485 线传输到转换装置 NSC60，转为 RS-232 串口报文后接入串口服务器 NPORT5610，NPORT5610 再将传输过来的串口数据打包成可以在 TCP/IP 网络中传输的数据包，接入站控层网络。

远动机（后台服务器）根据是否定时收到测控装置上送通信报文判断装置通信是否中断，并发出相关告警。A 站监控系统虽然网络采用 A/B 双网冗余配置，分别通过 NPORT5610#5、NPORT5610#6 以及 NSC60#4、NSC60#5 与测控装置通信，但由于 110kV 部分测控装置的通信接口为 RS-485 方式，即在某一时刻只能通过一路通道传输数据，所以负责 110kV 部分数据传输的整条A网数据链路和B网数据链路实际上只有一路处于传输状态，当系统软件监测到正在通信的数据链路中断后，才会自动激活另一条数据链路进行数据传输。

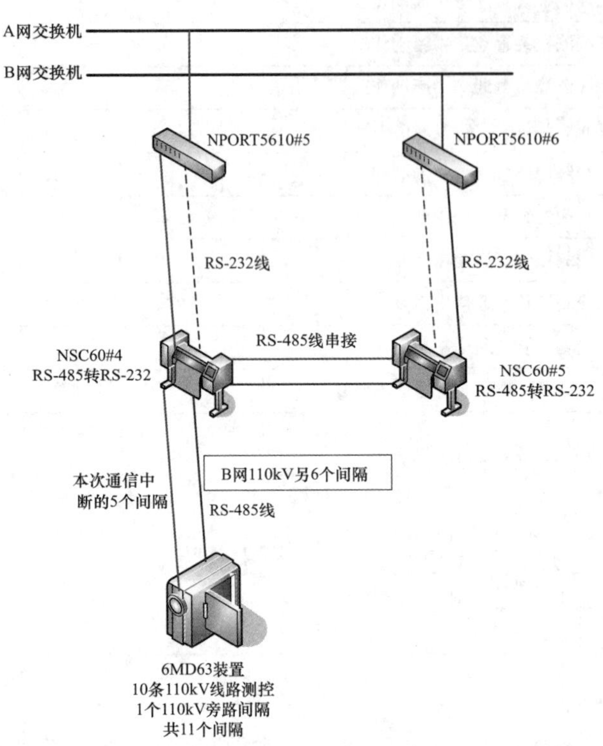

图3－46　110kV间隔数据传输图

故障发生前，A站110kV共11个间隔的测控数据上传到NSC60#4或NSC60#5装置，将485规约的数据装换成232数据，再经过相应的NPORT5610#5或NPORT5610#6将RS－232数据转换成网络传输的数据，最后接入相应的站控层A网或B网。根据故障前情况，本次通信中断的5个间隔（A站甲线、乙线、110kV旁路开关、丙线、丁线）的数据是经NSC60#4装置传输至A网（详见图3－46中红色实线走向）；而同时A站110kV另外6个间隔经NSC60#5装置传输至B网（详见图3－46中蓝色实线走向）。

当A网串口服务器NPORT5610#5发生间歇性故障后，监控系统本可以切换到B网传输甲线、乙线、110kV旁路开关、丙线、丁线相关数据，但由于上述间隔对应NSC60#5接入110kV B网串口服务器NPORT5610#6的水晶口故障，数据仍然无法传输从而造成通信中断。每次重启A网串口服务器NPORT5610#5都能使它暂时恢复正常工作，但经过一段时间运行后仍然会出现故障造成无法通信，从而再次造成5个110kV间隔测控装置通信中断告警。

三、暴露问题

（1）A站监控系设计和配置都考虑到了冗余问题，虽然A网和B网不能同时传输数据，但当系统监测到故障后能自动切换到另一路。然而本次5个110kV间隔测控装置通信中断问题实际上由两个故障叠加在一起而发生：NPORT5610#5故障、NPORRT#6上5个110kV测控装置连接到站控层B网交换机的网口水晶头损坏，从而最终导致冗余失效。故障发生必然有先后，从现场反馈情况分析，网口水晶头故障在前但未及时发现修复，当再发生NPORT5610#5故障后，网口水晶头已经损坏的5个110kV测控装置就无法与后台服务器及远动机通信传输数据了。

（2）虽然本次缺陷已由厂家人员处理完毕，但在通信中断期间将会影响设备的正常运行，对监控工作也会造成一定的影响，事故状态下需紧急停役时可能无法远方遥控。

（3）A站测控装置老旧，数据需要经过两次转换才能在网络中传输，过多的中间环节对信号的传输不利，任意环节的故障都将对设备的监控产生影响，建议尽快改造升级。

四、防范措施和建议

（1）监控系统虽然有冗余配置，但当多重故障发生时仍然会导致系统功能故障，务必未雨绸缪，及时发现问题及时消缺，将隐患消灭在萌芽状态。

（2）A 站测控装置老旧，数据需要经过两次转换才能在网络中传输，过多的中间环节对信号的传输不利，任意环节的故障和异常都会引起监控信号的异常，条件允许的话可以进行改造，防患于未然。

（3）监控人员要加强对 A 站的监视，当通信中断又无法短时恢复时，可将监控权移交给运维，从而避免设备失去监视的情况。

五、附件资料

表 3－9　　告警信号表

序号	时间	告警
1	1－27 3:22:38	110kV 旁路测控装置通信中断　动作
2	1－27 3:22:38	甲线测控装置通信中断　动作
3	1－27 3:22:36	乙线测控装置通信中断　动作
4	1－27 3:22:36	丁线测控装置通信中断　动作
5	1－27 3:22:36	丙线测控装置通信中断　动作
6	1－26 21:07:05	丁线测控装置通信中断　复归
7	1－26 21:07:05	乙线测控装置通信中断　复归
8	1－26 21:07:05	甲线测控装置通信中断　复归
9	1－26 21:07:05	110kV 旁路测控装置通信中断　复归
10	1－26 21:07:05	丙线测控装置通信中断　复归
11	1－26 20:56:06	110kV 旁路测控装置通信中断　动作
12	1－26 20:56:06	甲线测控装置通信中断　动作
13	1－26 20:56:06	乙线测控装置通信中断　动作
14	1－26 20:56:04	丁线测控装置通信中断　动作
15	1－26 20:56:04	丙线测控装置通信中断　动作
16	1－26 17:38:20	110kV 旁路测控装置通信中断　复归
17	1－26 17:38:13	乙线测控装置通信中断　复归
18	1－26 17:38:13	甲线测控装置通信中断　复归
19	1－26 17:38:13	丁线测控装置通信中断　复归
20	1－26 17:38:13	丙线测控装置通信中断　复归
21	1－26 17:16:19	110kV 旁路测控装置通信中断　动作
22	1－26 17:16:19	甲线测控装置通信中断　动作
23	1－26 17:16:19	丁线测控装置通信中断　动作
24	1－26 17:16:19	丙线测控装置通信中断　动作
25	1－26 17:16:19	乙线测控装置通信中断　动作
26	1－25 12:36:06	110kV 母联测控装置通信中断　动作
27	1－25 12:36:06	110kV 母联测控装置通信中断　复归
28	1－25 11:08:59	110kV 母联测控装置通信中断　复归
29	1－25 11:08:47	110kV 母联测控装置通信中断　动作

续表

序号	时间	告警
30	1－25 10:30:31	110kV 旁路测控装置通信中断　复归
31	1－25 10:30:31	甲线测控装置通信中断　复归
32	1－25 10:30:31	丁线测控装置通信中断　复归
33	1－25 10:30:31	丙线测控装置通信中断　复归
34	1－25 10:30:31	乙线测控装置通信中断　复归
35	1－25 10:16:08	110kV 旁路测控装置通信中断　动作
36	1－25 10:16:08	甲线测控装置通信中断　动作
37	1－25 10:16:08	乙线测控装置通信中断　动作
38	1－25 10:16:08	丙线测控装置通信中断　动作
39	1－25 10:16:08	丁线测控装置通信中断　动作
40	1－25 10:12:50	35kV Ⅰ线保测装置通信中断　复归
41	1－25 10:07:24	35kV Ⅰ线保测装置通信中断　动作
42	1－25 7:43:07	110kV 旁路测控装置通信中断　复归
43	1－25 7:42:38	丙线测控装置通信中断　复归
44	1－25 7:42:38	乙线测控装置通信中断　复归
45	1－25 7:42:38	甲线测控装置通信中断　复归
46	1－25 7:42:31	丁线测控装置通信中断　复归
47	1－25 7:30:39	丙线测控装置通信中断　动作
48	1－25 7:30:39	乙线测控装置通信中断　动作
49	1－25 7:30:39	甲线测控装置通信中断　动作
50	1－25 7:30:39	110kV 旁路测控装置通信中断　动作
51	1－25 7:30:39	丁线测控装置通信中断　动作
52	1－25 6:33:07	甲线测控装置通信中断　复归
53	1－25 6:33:07	丁线测控装置通信中断　复归
54	1－25 6:33:07	乙线测控装置通信中断　复归
55	1－25 6:33:07	110kV 旁路测控装置通信中断　复归
56	1－25 6:33:07	丙线测控装置通信中断　复归
57	1－25 5:21:36	110kV 旁路测控装置通信中断　动作
58	1－25 5:21:36	甲线测控装置通信中断　动作
59	1－25 5:21:36	丁线测控装置通信中断　动作
60	1－25 5:21:36	丙线测控装置通信中断　动作
61	1－25 5:21:18	乙线测控装置通信中断　动作
62	1－25 0:35:03	110kV 旁路测控装置通信中断　复归
63	1－25 0:35:03	甲线测控装置通信中断　复归
64	1－25 0:35:01	乙线测控装置通信中断　复归

续表

序号	时间	告警
65	1－25 0:35:01	丁线测控装置通信中断　复归
66	1－25 0:35:01	丙线测控装置通信中断　复归
67	1－25 0:27:27	乙线测控装置通信中断　动作
68	1－25 0:27:10	丙线测控装置通信中断　动作
69	1－25 0:27:10	丁线测控装置通信中断　动作
70	1－25 0:27:10	甲线测控装置通信中断　动作
71	1－25 0:27:10	110kV 旁路测控装置通信中断　动作
72	1－24 21:40:04	丁线测控装置通信中断　复归
73	1－24 21:40:04	丙线测控装置通信中断　复归
74	1－24 21:40:04	甲线测控装置通信中断　复归
75	1－24 21:40:04	110kV 旁路测控装置通信中断　复归
76	1－24 21:40:04	乙线测控装置通信中断　复归
77	1－24 21:34:59	110kV 旁路测控装置通信中断　动作
78	1－24 21:34:45	丁线测控装置通信中断　动作
79	1－24 21:34:44	丙线测控装置通信中断　动作
80	1－24 21:34:44	甲线测控装置通信中断　动作
81	1－24 21:34:44	乙线测控装置通信中断　动作
82	1－24 21:17:50	110kV 母联测控装置通信中断　动作
83	1－24 21:17:50	110kV 母联测控装置通信中断　复归
84	1－24 20:42:48	110kV 母联测控装置通信中断　复归
85	1－24 20:42:35	110kV 母联测控装置通信中断　动作
86	1－24 18:40:46	甲线测控装置通信中断　复归
87	1－24 18:40:46	110kV 旁路测控装置通信中断　复归
88	1－24 18:40:43	丁线测控装置通信中断　复归
89	1－24 18:40:43	乙线测控装置通信中断　复归
90	1－24 18:40:43	丙线测控装置通信中断　复归
91	1－24 18:33:22	110kV 旁路测控装置通信中断　动作
92	1－24 18:33:22	甲线测控装置通信中断　动作
93	1－24 18:33:20	丙线测控装置通信中断　动作
94	1－24 18:33:20	丁线测控装置通信中断　动作
95	1－24 18:33:20	乙线测控装置通信中断　动作
96	1－24 14:53:15	110kV 旁路测控装置通信中断　复归
97	1－24 14:53:15	丙线测控装置通信中断　复归
98	1－24 14:53:15	乙线测控装置通信中断　复归
99	1－24 14:53:15	甲线测控装置通信中断　复归

续表

序号	时间	告警
100	1－24 14:53:08	丁线测控装置通信中断　复归
101	1－24 14:35:14	丁线测控装置通信中断　动作
102	1－24 14:35:14	乙线测控装置通信中断　动作
103	1－24 14:35:14	丙线测控装置通信中断　动作
104	1－24 14:35:14	甲线测控装置通信中断　动作
105	1－24 14:35:14	110kV 旁路测控装置通信中断　动作
106	1－24 14:15:51	110kV 旁路测控装置通信中断　复归
107	1－24 14:15:51	甲线测控装置通信中断　复归
108	1－24 14:15:51	乙线测控装置通信中断　复归
109	1－24 14:15:51	丙线测控装置通信中断　复归
110	1－24 14:15:45	丁线测控装置通信中断　复归
111	1－24 14:01:35	丙线测控装置通信中断　复归
112	1－24 14:01:35	丙线测控装置通信中断　动作
113	1－24 14:01:35	乙线测控装置通信中断　复归
114	1－24 14:01:35	乙线测控装置通信中断　动作
115	1－24 14:01:35	丁线测控装置通信中断　动作
116	1－24 14:01:35	甲线测控装置通信中断　复归
117	1－24 14:01:35	甲线测控装置通信中断　动作
118	1－24 14:01:35	110kV 旁路测控装置通信中断　复归
119	1－24 14:01:35	110kV 旁路测控装置通信中断　动作
120	1－24 14:01:35	110kV 母联测控装置通信中断　复归
121	1－24 14:01:35	110kV 母联测控装置通信中断　动作
122	1－24 14:01:35	丁线测控装置通信中断　复归
123	1－24 13:58:20	110kV 母联测控装置通信中断　复归
124	1－24 13:58:08	110kV 母联测控装置通信中断　动作
125	1－24 11:48:14	丁线测控装置通信中断　动作
126	1－24 11:48:14	110kV 旁路测控装置通信中断　动作
127	1－24 11:48:14	乙线测控装置通信中断　动作
128	1－24 11:48:14	丙线测控装置通信中断　动作
129	1－24 11:48:14	甲线测控装置通信中断　动作
130	1－24 8:44:46	丁线测控装置通信中断　复归
131	1－24 8:44:46	丙线测控装置通信中断　复归
132	1－24 8:44:44	110kV 旁路测控装置通信中断　复归
133	1－24 8:44:44	甲线测控装置通信中断　复归
134	1－24 8:44:44	乙线测控装置通信中断　复归

续表

序号	时间	告警
135	1－24 3:38:03	甲线测控装置通信中断　动作
136	1－24 3:38:03	丙线测控装置通信中断　动作
137	1－24 3:37:43	乙线测控装置通信中断　动作
138	1－24 3:37:43	丁线测控装置通信中断　动作
139	1－24 3:37:43	110kV 旁路测控装置通信中断　动作
140	1－23 14:08:45	110kV 母联测控装置通信中断　复归
141	1－23 14:08:31	110kV 母联测控装置通信中断　动作
142	1－23 12:46:33	丙线测控装置通信中断　复归
143	1－23 12:46:33	乙线测控装置通信中断　复归
144	1－23 12:46:33	甲线测控装置通信中断　复归
145	1－23 12:46:33	110kV 旁路测控装置通信中断　复归
146	1－23 12:46:30	丁线测控装置通信中断　复归
147	1－23 12:03:44	丙线测控装置通信中断　动作
148	1－23 12:03:26	乙线测控装置通信中断　动作
149	1－23 12:03:26	丁线测控装置通信中断　动作
150	1－23 12:03:26	甲线测控装置通信中断　动作
151	1－23 12:03:26	110kV 旁路测控装置通信中断　动作
152	1－22 16:58:09	乙线测控装置通信中断　复归
153	1－22 16:58:09	丁线测控装置通信中断　复归
154	1－22 16:58:09	甲线测控装置通信中断　复归
155	1－22 16:58:09	110kV 旁路测控装置通信中断　复归
156	1－22 16:58:09	丙线测控装置通信中断　复归
157	1－22 16:57:48	戊线测控装置通信中断　复归
158	1－22 16:57:48	己线测控装置通信中断　复归
159	1－22 16:55:04	庚线测控装置通信中断　复归
160	1－22 16:55:04	辛线测控装置通信中断　复归
161	1－22 16:55:04	壬线测控装置通信中断　复归
162	1－22 16:55:04	癸线测控装置通信中断　复归
163	1－22 16:54:22	戊线测控装置通信中断　动作
164	1－22 16:54:22	己线测控装置通信中断　动作
165	1－22 16:51:47	辛线测控装置通信中断　动作
166	1－22 16:51:47	庚线测控装置通信中断　动作
167	1－22 16:51:47	壬线测控装置通信中断　动作
168	1－22 16:51:47	癸线测控装置通信中断　动作
169	1－22 16:49:13	戊线测控装置通信中断　复归

续表

序号	时间	告警
170	1-22 16:49:13	己线测控装置通信中断　复归
171	1-22 16:45:23	戊线测控装置通信中断　动作
172	1-22 16:45:23	己线测控装置通信中断　动作
173	1-22 9:33:36	甲线测控装置通信中断　动作
174	1-22 9:33:36	丙线测控装置通信中断　动作
175	1-22 9:33:36	丁线测控装置通信中断　动作
176	1-22 9:33:17	110kV 旁路测控装置通信中断　动作
177	1-22 9:33:17	乙线测控装置通信中断　动作

3.6 其他异常

3.6.1 220kV 变电站主变压器 220kV 开关误遥信异常分析报告

一、事件经过

A 站：1 号主变压器 220kV 正母运行，2 号主变压器 220kV 副母运行，220kV 母联开关运行。220kV A 站厂站主接线图如图 3-47 所示。

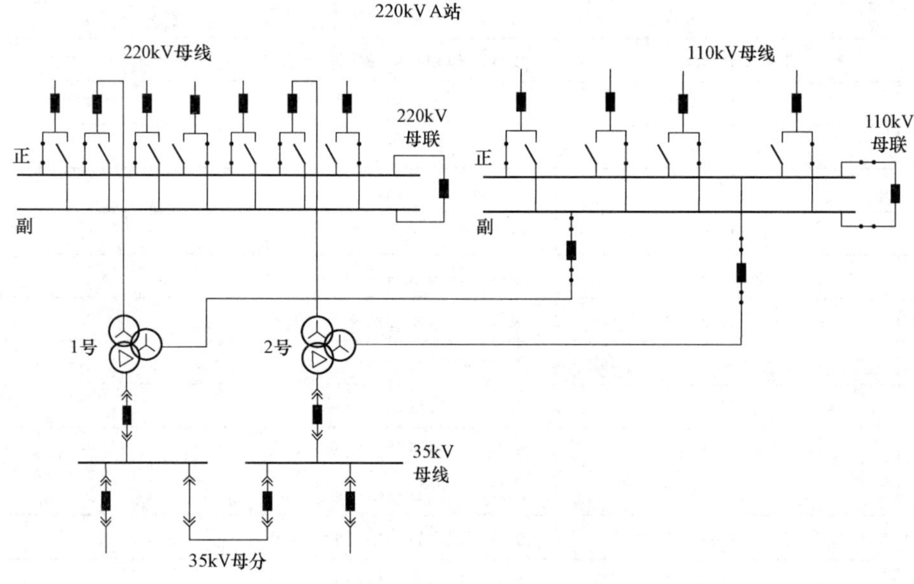

图 3-47　220kV A 站主接线图

2015 年 8 月 28 日 8 点 53 分，智能调度控制系统告警窗出现 A 站 1 号主变压器 220kV 开关分闸信号，2015 年 8 月 28 日 8:53:38 智能调度控制系统报警窗出现 A 站 1 号主变压器 220kV 开关合闸信号，无 SOE 信号，智能调度控制系统显示开关在合位，现场无操作，怀疑为误信号。

二、事件原因

采用长周期分析法，查询历史记录，发现从 2013 年开始 A 站有多个开关曾发生误遥信情况，相关信号简单记录如表 3–10 所示。

表 3–10　　A 站开关误遥信情况

序号	时间	告警
1	2013–11–5 8:36	1 号主变压器 110kV 开关合闸（SOE）
2	2013–11–5 8:37	1 号主变压器 110kV 开关分闸
3	2013–11–5 8:37	1 号主变压器 110kV 开关合闸
4	2014–5–26 16:26	110kV 母联开关分闸
5	2014–5–26 16:26	110kV 母联开关合闸
6	2015–1–26 1:09	1 号主变压器 110kV 开关分闸
7	2015–1–26 1:09	1 号主变压器 110kV 开关合闸
8	2015–3–4 4:27	乙线开关分闸
9	2015–3–4 4:27	乙线开关合闸
10	2015–3–11 23:04	乙线开关分闸
11	2015–3–11 23:04	乙线开关合闸
12	2015–3–11 23:16	乙线开关合闸（SOE）
13	2015–8–28 8:53	1 号主变压器 220kV 开关分闸
14	2015–8–28 8:53	1 号主变压器 220kV 开关合闸

其中，2014 年 5 月 26～28 日，A 站母联开关，正、副母线隔离开关频繁分合，SOE 中有信号，自动化及现场均无工作，监控把母联隔离开关人工遥信封锁，后自动化切换通道后恢复正常。

2014 年 10 月 29 日，A 站甲线开关分合一次，SOE 有信号，现场及自动化均无工作，在之前此开关无故多次发出分合信号，设备检查正常。

2015 年 3 月 12 日，A 站乙线开关合闸、分闸。有合闸 SOE 信息，无分闸 SOE 信息，同一秒信号，现场及自动化无工作。

资料表明，开关、隔离开关等设备发生误遥信的原因如下：

（1）触点抖动的影响。开关位置的遥信信号一般都是来自其辅助触点，由于开关长时间的动作引起辅助触点的物理动作部分出现裂痕和间隙，同时由于开关的开断与闭合的过程中的震动，引起辅助触点不对位或者物理接触不紧密；其二，由于触点受运行环境的原因，辅助触点变化氧化或者污垢等原因引起辅助触点的接触过程中时断时续，引起遥信信息量在短时间内不停地抖动。此外，由于信号继电器的直流电源出现波动，也会引起信号继电器二次回路的遥信信号发生误动或者抖动。

（2）强电磁干扰。变电站的强电磁运行环境也会干扰遥信回路，当干扰信号的幅值大于遥信门槛电位，就很容易产生误遥信。

（3）传输通道的影响。遥信信号需要经过沟道铺设的电缆线路传输，因此很容易造成外部环境的干扰。变电站的信息和数据是按照对应远动规约编成16进制码源，经过数据打包，经过远动通道，传到调度主站，解码后变成调度自动化系统需要的数据和信息。如果通信通道的误码率很高而使遥信变位，进而造成信号无法传输到调度主站，引起遥信误报，所以通道的好坏对调度自动化系统具有重要作用。

（4）其他诸如遥信回路接线松动，接线接错等原因也会引起电力系统的误遥信。

三、暴露问题

遥信误信号不仅影响监控的正常工作，而且如若发生在电网事故时还将会严重影响对事故过程的判断，进而影响电网事故的正常处理，造成不可估量的损失。

四、处理措施及建议

（1）鉴于A变电站多个不同断路器近期都出现过误遥信信号，不排除设备本身家族性缺陷的可能性，有待进一步验证。

（2）建议检修人员针对可能的现场设备误遥信原因，加强排查力度，及时修理更换有故障的一、二次设备。变电运维人员加强设备巡视力度，对设备异常做到早发现，早报告，早处理。

（3）自动化人员及时采取相应措施进行优化，保证遥信通道的可靠性，尽可能减少遥信过程中的干扰，误码率等。

（4）监控人员应加强此类信号的监视，及时跟踪处理。

3.6.2 220kV变电站220kV线路开关合闸异常分析报告

一、事件前运行方式

（1）C站：1号主变压器接220kV正母运行，2号主变压器及220kV开关检修，母联开关运行，辛线副母运行，壬线、癸线、甲线正母运行，庚线正母热备用。

（2）Ⅰ变：庚线副母Ⅱ段运行，接线图如图3－48所示。

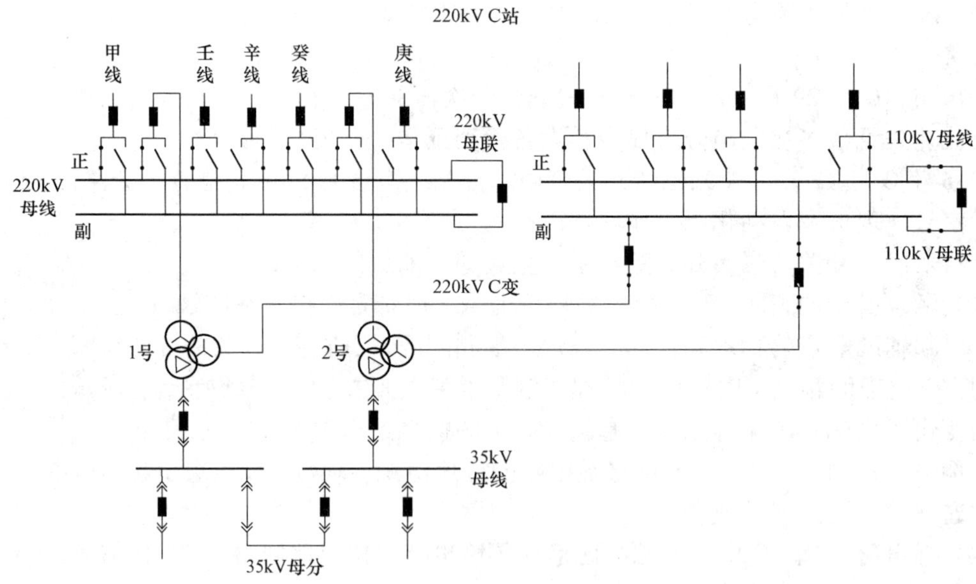

图3－48　220kV C站事件前运行方式

二、事件经过

2018 年 12 月 23 日 17 时 02 分，省调发令 C 站庚线遥控操作：庚线由正母热备用改为正母运行（合环）。

（1）监控操作在执行 C 站庚线开关合闸令后，开关没有变位，执行第二次时仍没有变位，电告 C 站要求现场操作。

（2）C 站：汇报，后台遥控操作后开关没有变位。要求现场在测控装置上操作。

（3）C 站：汇报，测控装置上操作后开关没有变位。

（4）汇报相关人员。

（5）C 站：汇报，在新伦检查后，怀疑是庚线电压互感器相序接错，导致庚线同期合闸装置不满足合环条件，无法合闸。

（6）现场将同期装置接入的相序更换后合闸成功。

三、事件原因

2018 年 11 月 23 日，C 站庚线一次专业现场工作（C 站庚线相关二次回路接线图如图 3－49 所示），工作内容为更换线路电压互感器，工作中重新对电压互感器二次回路进行接线，工作完成后线路复役。在对线路电压互感器电压开入测控装置部分接线重新连接过程中，线路电压的 A 和 N 接反。

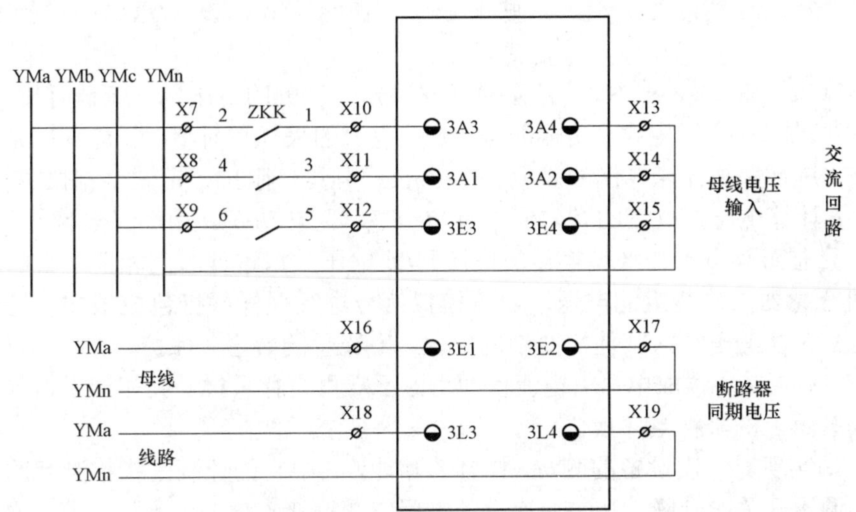

图 3－49 C 站庚线相关二次回路接线图

开关合闸分判检无压和检同期，庚线合闸时，线路两侧有电压，自动进入判检同期，判断开关两侧的电压是否满足同期合闸条件。接线方式如图 3－49 所示，X16 接 YMa（母线电压互感器电压 A 相），X17 接 YMn（母线中性点电压），X18 接 YMa（线路电压互感器电压 A 相），X19 接 YMn（线路中性点电压）。

现场将线路电压互感器的相序反，导致 X16－X17 与 X18－X19 的电压不满足同期合闸的条件，现场将 X18、X19 接点所接接线互换后，电压满足同期合闸条件，合闸成功。

四、事件暴露出来的问题

（1）现场对开关远方操作不够重视，对工作中可能影响远方操作的危险点未辨识和预控，工作完成后未做认真检查。

（2）现场工作专业管理不到位，一次专业根据运行情况更换线路电压互感器，二次专业在复役前未尽到管理职能，埋下隐患。

五、防范措施与建议

（1）加强对开关远方操作等电网应急保障能力相关工作要求宣贯。

（2）现场更换母线或线路电压互感器，应做好危险点辨识和预控。如涉及同期合闸功能，应检查接线是否正确，并做好测控装置开入电压核相工作。

3.6.3 智能变电站 GOOSE 异常告警专项分析报告

一、概述

在智能变电站时代，一次设备与保护、测控之间的电缆已被光缆取代，通过在网络中传输报文来取代电缆中传输的直流信号（正电压、负电压、地电压）和交流信号（TA、TV 二次电流、电压），并借用微机保护装置中的软件程序实现传统保护逻辑的继电器硬件回路。

在智能变电站内部，将“面向对象的通用变电站事件”称为 GOOSE。GOOSE 信息主要包括断路器/隔离开关位置、控制开关位置、异常/告警信号，闭锁信号等。GOOSE 链路相当于传统站中的直流控制和信号电缆，传输的是控制指令和信号，例如设备处于什么状态（正常/异常，分闸/合闸，动作/复归，联锁/解锁，使能/闭锁，投入/退出，非全相，SF_6压力降低等）。

采样值（Sample Value，SV）信息包括互感器二次侧的电压、电流瞬时值。SV 链路相当于传统站中的二次交流电缆，传输的是电压、电流的采样瞬时值。智能变电站的保护装置使用 SV 报文进行保护计算（例如差流、零序/负序分量、阻抗、谐波、相位等），测控装置使用 SV 报文计算电压、电流的有效值、有功功率、无功功率、功率因数等。

合并单元是对来自于二次转换器的电流和/或电压数据进行时间相关组合的物理单元。**合并单元对互感器二次绕组的电压、电流模拟信号进行采样并打包成报文，**等间隔地向其他装置发送。智能变电站内其他需要使用电压、电流量的装置（保护、测控）可直接从合并单元发送的 SV 报文中读取电压、电流值即可，不需再自行采样。其相当于常规变电站中的保护或测控装置上的采样组件板。

智能终端实现对一次设备的测量、控制等功能，其中它的控制**是指控制断路器与隔离开关的分合、调压开关的升降。**其与一次设备采用**电缆**连接，与保护、测控等二次设备则采用**光纤**连接。

根据统计，自 2014 年以来 D 供电公司多个智能变电站发生过 GOOSE 链路中断、SV 链路中断、合并单元装置异常等频繁告警信号，地调监控员和监控信息分析师通过认真巡视、深入分析，及时发现相关异常，并通知运维人员进行现场检查处置，消除了安全隐患。

二、事件回顾

到目前为止，D 供电公司共有 5 个变电站发生过 GOOSE 链路中断、SV 链路中断、合并单元装置异常等告警信号，分别为 B 站、E 站、F 站、G 站、H 站。统计情况分别如表 3－11～表 3－15 所示。事件发生时地调监控员通过深度巡视、关联分析发现相关异常，及时通知运维人员进行现场检查处置，消除了安全隐患。

表 3-11 B站告警统计简表

出现时间	告警内容	告警条数	当时告警处理方法
2014-8-18～2014-8-19	1 号主变压器 220kV 第二套合并单元装置异常；1 号主变压器 110kV 第二套合并单元装置异常；1 号主变压器 35kV 第一套合并单元装置异常；1 号主变压器 110kV 第二套合并单元 SV 链路中断；1 号主变压器 110kV 第一套合并单元 GOOSE 链路中断；1 号主变压器 110kV 第一套合并单元 SV 链路中断；1 号主变压器 110kV 第一套合并单元装置异常；1 号主变压器 220kV 第二套合并单元 SV 链路中断；1 号主变压器 220kV 第一套合并单元 SV 链路中断；1 号主变压器 220kV 第一套合并单元装置异常；1 号主变压器 35kV 第一套合并单元 SV 链路中断	1436	监控先将光字牌全部抑制，后考虑到 GOOSE 告警等信号为保护重要信号，不可长期抑制或封锁，解除封锁。 现场检查为合并单元交流采样板坏，更换后告警消失
2015-2-4	丙线测控装置 GOOSE 链路中断	4	自动复归
2015-3-5	丁线测控装置 GOOSE 链路中断	4	告现场查看，后自动复归
2015-3-30	220kV 母线第一套母差接收戊线第一套线路保护 GOOSE 链路中断	8	告现场查看，后自动复归
2015-8-16～2015-8-18	110kVⅡ母母设测控装置 GOOSE 总告警；2 号主变压器 110kV 第二套合并单元 SV 采样链路中断；2 号主变压器 110kV 第二套合并单元装置异常	96	现场告 110kVⅡ段母设测控接收母线合并单元面板数据均为 0，后告警复归
2016-10-20	丁线第一套保护 GOOSE 链路中断；220kV 母线第一套母差接收 2 号主变压器第一套保护 GOOSE 链路中断；220kV 母线第一套母差接收 220kV 正母合并单元 SV 采样链路中断；220kV 母线第一套母差接收己线第一套合并单元 SV 采样链路中断；220kV 母线第一套母差接收己线第一套线路保护 GOOSE 链路中断	267	现场答复 220kV 第一套母差保护工作引起，告现场自行关注，后告警复归

表 3-12 E站告警统计简表

出现时间	告警内容	告警条数	当时告警处理方法
2016-7-3～2016-7-4	220kV 母线第二套保护 GOOSE 链路中断；1 号主变压器第二套保护 GOOSE 链路中断；2 号主变压器公用测控装置 GOOSE 总告警动作	50	厂家检查为 220kV 母线汇控柜光纤接口松动引起，紧固后复归
2016-9-15	××线测控装置 GOOSE 总告警动作；××线测控装置 SV 总告警动作	2	更换备用接口后，告警消失
2016-12-2～2016-12-3	1 号主变压器 220kV 第一套合并单元 GOOSE 链路中断、1 号主变压器 220kV 第一套合并单元 GOOSE 数据异常、1 号主变压器 220kV 第一套合并单元 GOOSE 总告警；1 号主变压器 220kV 第一套合并单元 SV 总告警；1 号主变压器 220kV 第一套合并单元异常；1 号主变压器 220kV 第一套合并单元 SV 采样数据异常动作	1726	现场检查为光纤松动引起，更换光纤后，告警复归
2017-1-16	E 站 1 号主变压器、2 号主变压器 35kV 第一套智能终端 GOOSE 告警	12	通知现场查看，后信号复归
2017-1-29	1 号主变压器 220kV 第一套合并单元 GOOSE 链路中断 1 号主变压器 220kV 第一套合并单元 GOOSE 数据异常 1 号主变压器 220kV 第一套合并单元 GOOSE 总告警 1 号主变压器 220kV 第一套合并单元 SV 采样链路中断 1 号主变压器 220kV 第一套合并单元 SV 采样数据异常 1 号主变压器 220kV 第一套合并单元 SV 总告警 1 号主变压器 220kV 第一套合并单元异常	442	现场答复疑似交换机问题，工作人员更换了端口后，信号消失

表 3-13　　F 站告警统计简表

出现时间	告警内容	告警条数	当时告警处理方法
2016-9-8	己线智能终端过程网异常；己线智能终端接收 110kV 桥备自投装置 GOOSE 异常；110kV 备自投装置 GOOSE 异常	28	现场检查己线智能终端有个模块网络异常告警引起，信号复归
2016-9-23	己线智能终端过程网异常；己线智能终端接收 110kV 桥备自投装置 GOOSE 异常；110kV 备自投装置 GOOSE 异常	10	现场反馈 110kV 备自投装置告警灯亮，手动复归后正常
2016-10-11	己线测控装置 GOOSE 异常；己线智能终端过程网异常；己线智能终端接收 110kV 桥备自投装置 GOOSE 异常；110kV 备自投装置 GOOSE 异常	78	现场重启装置后复归
2016-10-31	己线智能终端异常；己线智能终端 GOOSE 数据异常；110kV 备自投装置 GOOSE 异常	94	现场检查由己线智能终端 GOOSE 数据异常引起，备自投告警需手动复归
2016-11-13	己线智能终端异常；己线测控装置 GOOSE 总告警；110kV 备自投装置 GOOSE 总告警	30	现场查看，信号复归
2017-1-23～2017-1-25	己线智能终端异常；己线测控装置 GOOSE 总告警；己线智能终端 GOOSE 数据异常；110kV 备自投装置 GOOSE 总告警	140	现场检查己线智能终端关口坏，厂家处理后，信号复归

表 3-14　　G 站告警统计简表

出现时间	告警内容	告警条数	当时告警处理方法
2015-12-19	110kV 内桥测控装置 GOOSE 总告警；110kV 备自投装置 GOOSE 总告警；110kV 内桥智能终端 GOOSE 总告警复归	40	现场重启终端后复归
2017-1-23	110kV 桥智能终端 GOOSE 总告警；110kV 备自投装置 GOOSE 总告警；110kV 桥测控装置 GOOSE 总告警复归	22	现场装置重启后复归

表 3-15　　H 站告警统计简表

出现时间	告警内容	告警条数	当时告警处理方法
2016-7-1	H 站 110kV 备自投装置 GOOSE 总告警；110kV 桥智能终端 GOOSE 链路中断；白滨 1065 线智能终端 GOOSE 链路中断；升河 1011 线智能终端异常；升河 1011 线智能终端 GOOSE 链路中断	40	现场答复可能是交换机 1 号主变压器接触不好，后信号复归

三、问题分析

（1）发生的告警信号频率高，影响监控员正常监控。

智能站在发生 GOOSE 链路中断、SV 链路中断、合并单元装置异常等告警信号时，都有在 1min 内发出几十条甚至上百条告警信号的现象，而智能站内类似 GOOSE 链路中断、SV 链路中断、合并单元装置异常等告警为重要的保护信号，不可能长期抑制或封锁。因此，给监控员正常监控带来挑战。

（2）引起信号告警的原因复杂，难以分析。

调控值班人员在发现智能站发出类似 GOOSE 链路中断、SV 链路中断、合并单元装置异常等告警信号时，第一时间通知现场运维人员去现场查看。除了信号自动复归外，运维人员一般通过采用装置重启、更换通信端口或通知厂家来处理的方式消除告警信号。引起信号告警的原因难以分析出来。

（3）各变电站内告警信号分布相对集中。

B 站告警信号主要分布在 1 号主变压器第一、二套合并单元、2 号主变压器 110kV 第二套合并单元和 220kV 母线第一套母差保护。

E 站告警信号主要分布在 1 号主变压器 220kV 第一套合并单元、2 号主变压器 110kV 第二套合并单元和 220kV 母线第一套母差保护。

F 站告警信号主要分布在己线智能终端。

G 站告警信号主要分布在 110kV 内桥测控装置、备自投装置和智能终端。

F 站告警信号主要分布在 110kV 内桥备自投装置和智能终端。

四、建议措施

对各变电站内告警信号分布相对集中的设备，安排运维人员进行重点检查，或通知厂家过来进行重点检修，排除设备故障给监控和电网运行造成的电网安全隐患。

3.6.4　220kV 变电站 220kV 线路保护 A、B、C 相跳闸出口告警异常分析报告

一、事件经过

2017 年 6 月 17 日 08:32:32，监控员按照省调正令执行远方操作，将 B 站戊线由正母运行改为正母热备用，调度技术支持系统实时告警窗显示 B 站戊线第二套保护 A、B、C 相跳闸出口。当值监控员检查操作结果发现断路器位置确已在分闸位置，有功、无功、电流等数据已变为零，按照双确认条件判定操作已经到位，并初步判断上述保护跳闸出口信号为误信号，通知现场检查，现场汇报戊线第二套保护装置上无任何告警或跳闸信息，当地监控后台戊线第二套保护 A、B、C 相跳闸出口未动作，220kV B 站厂站主接线图如图 3－50 所示。

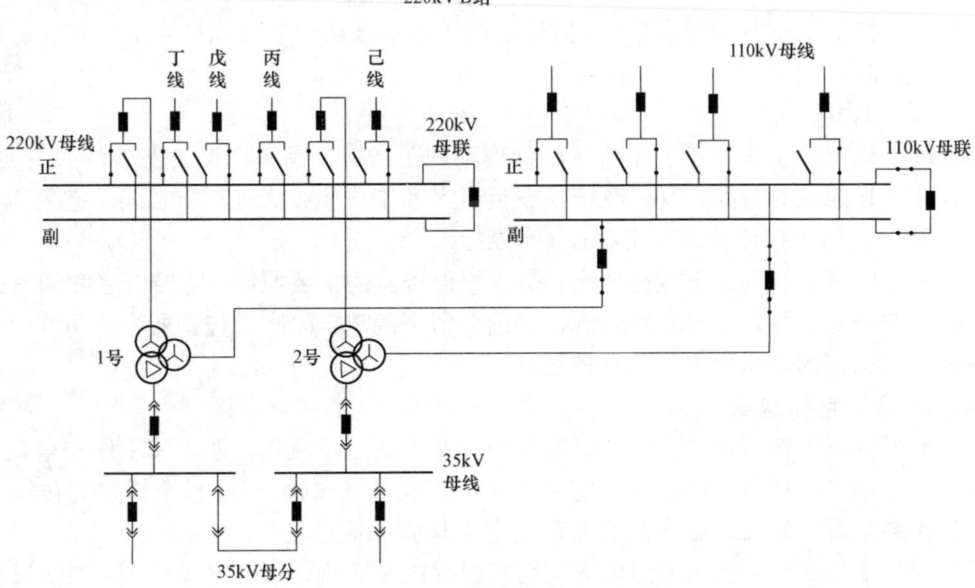

图 3－50　220kV B 站厂站主接线图

二、事件回顾

该问题立即被提交给后台信息分析师，信息分析师分析了当时的告警情况，如表 3－16 所示。

表 3－16　　戊线相关告警信号

序号	时间	告警	
1	8:32	戊开关 B 相分闸（SOE）	8 时 32 分 33 秒 203
2	8:32	戊开关 A 相分闸（SOE）	8 时 32 分 33 秒 203
3	8:32	戊开关 C 相分闸（SOE）	8 时 32 分 33 秒 202
4	8:32	戊线第一套智能终端闭锁重合闸复归	
5	8:32	戊线第二套保护 B 相跳闸出口动作（SOE）	8 时 32 分 33 秒 224
6	8:32	戊线第二套保护 A 相跳闸出口动作（SOE）	8 时 32 分 33 秒 224
7	8:32	戊线第二套保护 C 相跳闸出口动作	
8	8:32	戊线第二套保护 B 相跳闸出口动作	
9	8:32	戊线第二套保护 A 相跳闸出口动作	
10	8:32	戊线第二套保护 C 相跳闸出口动作（SOE）	8 时 32 分 33 秒 229
11	8:32	戊线第一套保护重合闸闭锁动作	

根据此前 D 站乙线开关机构三相不一致跳闸告警案例经验，信息分析师基本判定戊线第二套保护 A、B、C 相跳闸出口为误告警，协同自动化专业处理。

自动化主站人员对照 B 站监控信息表与 B 站系统数据库定义，未发现不一致。

2017 年 6 月 17 日 10:28，B 站内检修人员电话向监控员汇报，经查戊线第二套保护 A、B、C 相跳闸出口确为误告警，系 B 站远动机内将戊线开关 A、B、C 相分闸信号误定义为戊线第二套保护 A、B、C 相跳闸出口信号引起，已结合站内自动化检修工作修改远动机定义，缺陷已消除。

三、事件原因

现场远动机定义工作存在工作随意、管理不规范情况，是本次误告警事件的主要原因。厂家工程师未仔细核对数据定义，现场工作负责人和工作监护人未履行监督、把关职责，导致 B 站远动定义与监控信息表定义存在不一致。

监控信息联调验收存在不规范情况，是本次误告警的重要原因。监控信息联调是确保监控信息正确的关键手段，未认真完成所有联调会留下隐患，此次误告警即为典型案例，同时也暴露出验收工作的方法和手段也有待加强。

四、防范措施和建议

（1）加强现场工作规范。进一步规范现场作业人员工作流程，强化其工作安全意识，现场作业人员应该严格按照监控信息表定义远动机监控信息传输点号，杜绝错定义传输点号的现象，工作结束后做好核对工作，确保远动定义与监控信息表一致。

（2）加强现场安全管控。工作负责人切实履行工作职责，不仅对运行一、二次设备安全负责，也要对集中监控信息上送正确性负责。工作监护人要切实做好监护工作，严禁不按作业指导书随意作业，严禁随意变更远动数据库。

（3）提升检修人员工作技能。一方面检修人员应掌握远动定义相关工作方法及工作流程，更好地落实工作负责人和监护人工作职责，另一方面应完善不停电联调技术手段，遇到不停电工作时，在保证设备人身安全的前提下做好监控信息联调测试。

（4）切实落实监控信息回头看和“三核对”工作。通过相关工作确保主站和变电站的信号定义与监控信息表完全一致，及时消除安全隐患。

4 电网故障案例

4.1 线 路 故 障

4.1.1 220kV 线路故障跳闸分析报告 1

一、故障前运行方式

220kV A 站：220kV 甲线正母运行，A 站故障前运行方式如图 4－1 所示。

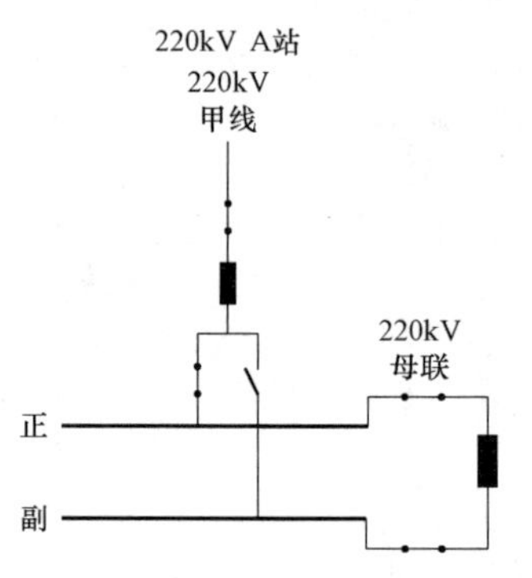

图 4－1 A 站故障前运行方式

二、故障概要

2017 年 11 月 13 日，12:50，××公司管辖 220kV 甲线双套纵联保护动作，C 相故障跳闸，重合失败后线路两侧均三相跳闸。

三、信息分析

B 电厂测距 19.3km，220kV A 站测距 3.46km，故障电流一次有效值约为 10 500A。故障录波图如图 4－2 所示。地调调控人员第一时间发现事故分闸信号，迅速进行故障研判并按事故处理流程汇报相关部门，同时核对系统潮流变化，监控相关线路电流限额。13:15 许可输电运检工区进行 220kV A 线线路巡线工作。

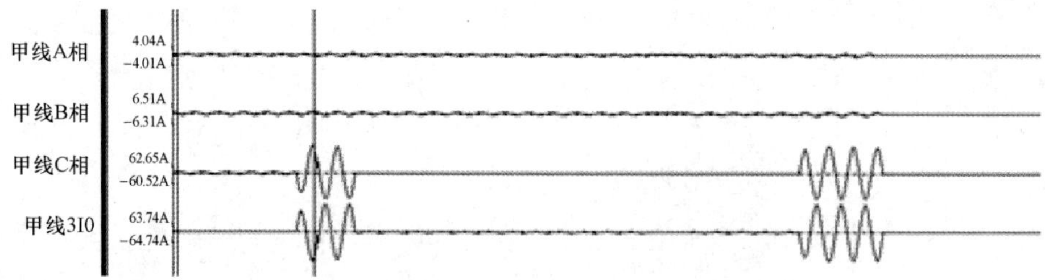

图 4－2 220kV A 站 220kV A 线故障录波图

四、故障处置过程

1. 故障特巡情况

2017 年 11 月 13 日 13 时 15 分，接到调度电话告知后，××公司输电运检工区立即针对 220kV A 线故障情况，通过继电保护测距确定线路故障范围在线路 40～42 号之间。由于当天××地区天气为晴天，排除线路遭受雷击和鸟害的可能；且线路故障区段为山区丘陵地带，通道内无长期施工作业点，故初步判断引起线路故障跳闸的原因为临时突发性的外力破坏。当天 13:30 时开始，××公司安排 3 组 9 人对线路故障区段（40～42 号）进行特巡。

图 4－3 线路发生故障跳闸路段照片

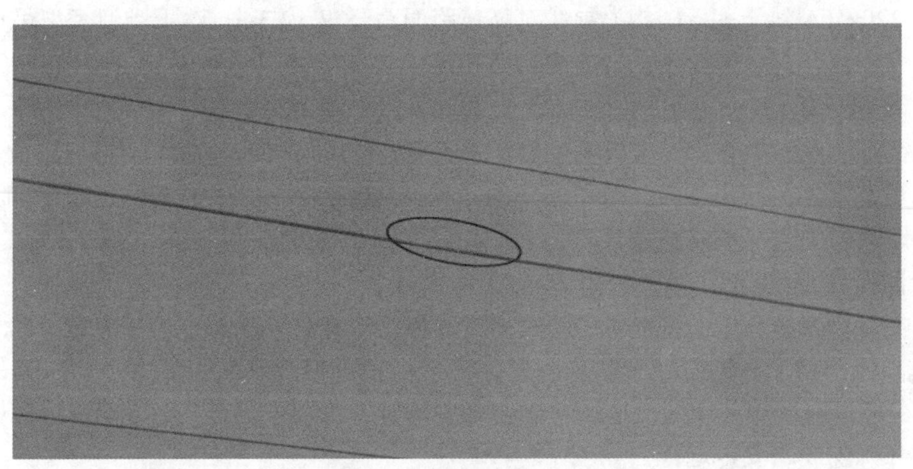

图 4－4 导线损伤情况照片

线路故障跳闸路段照片及导线损伤情况如图 4－3、图 4－4 所示，最终巡视发现 220kV A 线 41～42 号之间 C 相导线有明显放电灼伤痕迹，导线无断股，41～42 号之间交跨 G50（某高速公路），初步判断引起线路跳闸的原因为高速公路临时施工或超高大型机械施工造成，但高速公路已恢复通行，现场无停留肇事车辆。

2. 线路故障跳闸经过

经与某高速公路管理处取得联系，并得到核实，11 月 13 日中午时分，在某高速公路长兴往××方向一辆小型货车发生车祸。事故发生后，高速交警使用吊机对事故车辆进行施救，施救过程中由于吊车驾驶员操作不当，致使吊车的吊臂与 220kV A 线 41～42 号之间 C

相（边线）导线安全距离不足引起线路跳闸。16:36 申请线路停电检修，采用补修条对导线损伤部位及时进行补修处理，线路于下午 17:07 时恢复正常运行。

事发地点线路 GIS 截图见图 4－5。

图 4－5　事发地点线路 GIS 截图

注：GIS 系统中 Google 地图为 2004 年版本，早于高速公路通车日期，所以地图上显示还在施工建设阶段。

由于 220kV A 线下相（C 相）导线对高速路面距离仅 12.3m，对于类似大型吊车临时进入线路下方作业，其吊臂在未采取安全防范措施下引起线路故障跳闸的可能性较大。

五、原因分析

在某高速公路发生车祸。事故发生后，高速交警使用吊机对事故车辆进行施救，施救过程中由于吊车驾驶员操作不当，致使吊车的吊臂与 220kV A 线 41～42 号之间 C 相（边线）导线安全距离不足引起线路跳闸。

六、防范措施和建议

（1）在分析事故原因的基础上，已向某高速公路管理处及高速交警下发安全告知书，要求今后在高速公路上开展交通事故施救前，应事先查勘事故路段上方有无高压输电线路交跨。要求在事故施救前必须提前通知××公司安排专人进行现场监护，确保事故施救工作顺利进行，并确保线路安全运行。

（2）加强输电线路防外破管理，针对线路保护区内突发性、流动性的施工作业点，采取缩短线路巡视周期，加强危险点事前预控，安排巡视人员蹲守，发挥护线员的作用，继续做好电力设施保护宣传工作，防止类似事件发生。

（3）××公司在已掌握线路交跨等级公路、航道的基础上，再次针对管辖 110kV 及以上线路下方穿越的情况，以及针对线路对地安全距离较低的情况，立即开展排查梳理，深入了解掌握是否有大型机械施工，做好事故预想。将所有被跨越线路下方设置安全警示标志，对导线对地距离较近的区段装置在线监测装置，做好人防和技防措施，防止类似事故再次发生。

（4）针对本次高速公路交通事故施救过程中引起的线路故障跳闸，进一步进行排查梳理，对交跨高速公路的线路安装图像监控装置，加强值班监控，预防类似事件发生。

4.1.2　220kV 线路故障跳闸分析报告 2

一、故障前运行方式

故障前，无雷雨情况，现场无相关检修工作。

（1）A 站故障前运行方式。

1 号主变压器 220kV 开关、甲Ⅱ线、甲Ⅳ线正母运行，2 号主变压器 220kV 开关、甲Ⅰ线、甲Ⅲ线、甲Ⅵ线副母运行，220kV 母联开关运行。接线图如图 4－6 所示。

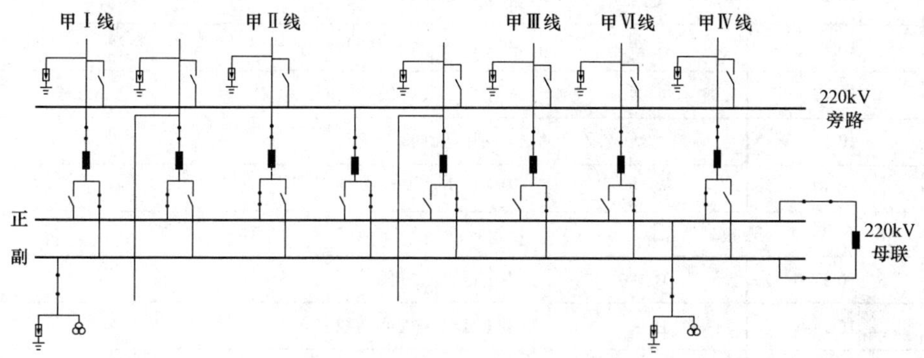

图 4－6　A 站故障前运行方式

（2）B 站故障前运行方式。

1 号主变压器 220kV 开关、甲Ⅱ线正母运行，2 号主变压器 220kV 开关、甲Ⅰ线、甲Ⅲ线、甲Ⅴ线副母运行，220kV 母联开关运行。接线图如图 4－7 所示。

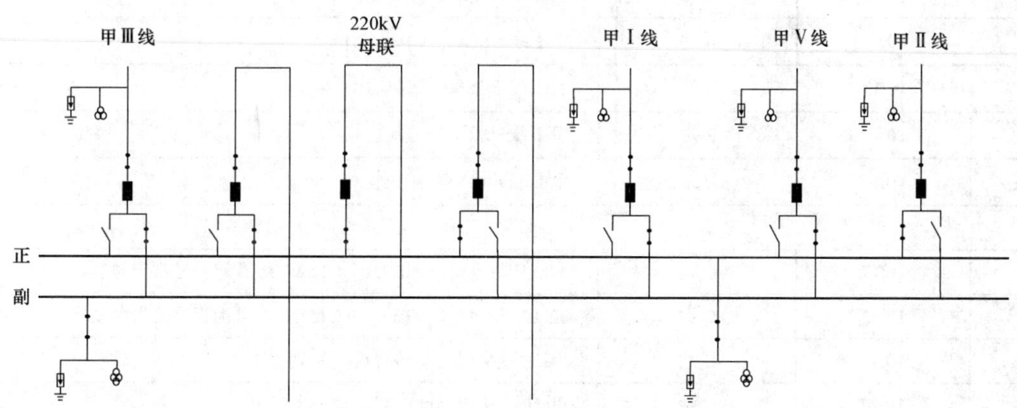

图 4－7　B 站故障前运行方式

二、故障概要

2016 年 9 月 3 日 10 时 17 分，A 站甲Ⅰ线线路 C 相故障，两侧纵联保护动作正确；11 时 20 分 A 站侧试送成功，19min 后线路再次跳闸，重合失败。

三、信号分析

（1）智能调度控制系统实时告警窗中的相关告警信号如表 4－1 所示。

表 4-1　　智能调度控制系统实时告警信号

序号	时间	变电站	告警
			A 站
1	10:17	A 站	甲Ⅰ线开关控回断线复归
2	10:17	A 站	甲Ⅰ线开关控回断线动作
3	10:17	A 站	甲Ⅰ线开关控回断线复归
4	10:17	A 站	甲Ⅰ线 101A 保护动作
5	10:17	A 站	甲Ⅰ线 901A 保护动作
6	10:17	A 站	甲Ⅰ线开关控回断线动作
7	10:17	A 站	A 站甲Ⅰ线开关控回断线复归
8	10:17	A 站	A 站甲Ⅰ线重合闸动作
9	10:17	A 站	甲Ⅰ线开关故障分闸
			B 站
1	10:17	B 站	甲Ⅰ线开关分闸
2	10:17	B 站	甲Ⅰ线开关控回断线复归
3	10:17	B 站	甲Ⅰ线重合闸复归
4	10:17	B 站	甲Ⅰ线三相不一致复归
5	10:17	B 站	甲Ⅰ线开关控回断线动作
6	10:17	B 站	甲Ⅰ线重合闸动作
7	10:17	B 站	220kV 母差保护开入变位动作
8	10:17	B 站	甲Ⅰ线 CSC101A 保护动作
9	10:17	B 站	甲Ⅰ线 RCS901 保护动作
10	10:17	B 站	甲Ⅰ线三相不一致动作
11	10:17	B 站	甲Ⅱ线 603A 呼唤动作
			C 站
1	10:17	C 站	220kV 母差（GSGB750-C15A）装置运行异常告警复归
2	10:17	C 站	220kV 母差（GSGB750-C15A）装置运行异常告警动作
3	10:17	C 站	甲 2P 线失灵启动装置启动失灵动作
4	10:17	C 站	甲 2P 线失灵启动装置启动失灵复归
5	10:17	C 站	220kV 母差（GSGB750-C15A）装置运行异常告警复归
6	10:17	C 站	220kV 母差（GSGB750-C15A）装置运行异常告警动作
7	10:17	C 站	甲 2P 线失灵启动装置启动失灵动作
8	10:17	C 站	甲 2P 线失灵启动装置启动失灵复归
			D 站
1	10:17	D 站	35kVⅡ母 TV 计量电压失电动作

实时告警信息中：A 站、B 站缺少保护动作后的分闸信息及重合闸动作后开关合闸信息，只有重合闸动作信息而无变位信息，对开关是否真的“重合”判断产生一定的影响。

1） 保护动作分析。故障电流为 37.73A（二次值），纵联保护动作出口，立即跳开故障相（C 相），故障相开关分闸后 1s，开关重合，重合失败，后加速动作跳开线路三相。整个保护及故障录波器动作情况正确，无保护误动及拒动的情况出现。

2） 告警信号分析。甲Ⅰ线 C 相接地短路造成与之电气距离较近的变电站 C 站、D 站出现波动及相关异常的报警。

（2）A 站侧甲Ⅰ线跳闸期间的 SOE 信息如表 4－2 所示。

表 4－2　　A 站侧甲Ⅰ线跳闸期间的 SOE 信息

序号	时间	变电站	告警
1	10 时 17 分 42 秒 454	A 站	甲Ⅰ线收发信机动作动作（SOE）
2	10 时 17 分 42 秒 472	A 站	220kV 故障录波器动作动作（SOE）
3	10 时 17 分 42 秒 486	A 站	甲Ⅱ线 CSY－102 装置动作动作（SOE）
4	10 时 17 分 42 秒 488	A 站	甲Ⅰ线 101A 保护动作（SOE）
5	10 时 17 分 42 秒 494	A 站	甲Ⅰ线 901A 保护动作（SOE）
6	10 时 17 分 42 秒 497	A 站	110kV 故障录波器动作动作（SOE）
7	10 时 17 分 42 秒 501	A 站	甲Ⅰ线开关控回断线动作（SOE）
8	10 时 17 分 42 秒 539	A 站	甲Ⅰ线开关控回断线复归（SOE）
9	10 时 17 分 43 秒 570	A 站	甲Ⅰ线重合闸动作（SOE）
10	10 时 17 分 43 秒 573	A 站	甲Ⅰ线重合闸动作（SOE）
11	10 时 17 分 43 秒 588	A 站	甲Ⅰ线开关控回断线动作（SOE）
12	10 时 17 分 43 秒 693	A 站	甲Ⅰ线开关合闸（SOE）
13	10 时 17 分 43 秒 695	A 站	甲Ⅰ线开关控回断线复归（SOE）
14	10 时 17 分 44 秒 089	A 站	甲Ⅰ线开关控回断线动作（SOE）
15	10 时 17 分 44 秒 131	A 站	甲Ⅰ线开关分闸（SOE）
16	10 时 17 分 44 秒 135	A 站	甲Ⅰ线开关控回断线复归（SOE）
17	10 时 17 分 44 秒 250	A 站	甲Ⅰ线开关油泵启动动作（SOE）
18	10 时 17 分 49 秒 408	A 站	110kV 故障录波器动作复归（SOE）
19	10 时 17 分 53 秒 423	A 站	220kV 故障录波器动作复归（SOE）
20	10 时 17 分 58 秒 288	A 站	甲Ⅰ线开关油泵启动复归（SOE）

由上述 SOE 信号可知 A 站侧，保护动作后开关跳闸的分位 SOE 信息没有上送，这可能与跳闸时为单相跳闸有关。

（3）B 站侧甲Ⅰ线跳闸期间的 SOE 信息如表 4－3 所示。

表 4-3　　B 站侧甲Ⅰ线跳闸期间的 SOE 信息

序号	时间	变电站	告警
1	10 时 20 分 36 秒 753	B 站	全站故障总信号动作（SOE）
2	10 时 21 分 42 秒 638	B 站	全站故障总信号复归（SOE）
3	10 时 22 分 00 秒 817	B 站	全站故障总信号动作（SOE）
4	10 时 22 分 23 秒 586	B 站	全站故障总信号复归（SOE）
5	10 时 23 分 26 秒 701	B 站	全站故障总信号动作（SOE）
6	10 时 23 分 31 秒 986	B 站	甲Ⅰ线 CSC101A 保护动作（SOE）
7	10 时 23 分 31 秒 993	B 站	甲Ⅰ线 RCS901 保护动作（SOE）
8	10 时 23 分 33 秒 052	B 站	甲Ⅰ线重合闸动作（SOE）
9	10 时 23 分 33 秒 179	B 站	甲Ⅰ线重合闸复归（SOE）
10	10 时 23 分 33 秒 631	B 站	甲Ⅰ线开关分闸（SOE）
11	10 时 23 分 49 秒 620	B 站	全所故障总信号复归（SOE）

上述 SOE 信号出现的情况与 A 站的相类似，保护动作后开关跳闸的分位 SOE 信息没有上送，同时重合闸动作后开关重合的合闸 SOE 信息也没有，这也对开关重合闸是否正确动作的判断产生一定的影响。

由于 SOE 中缺少相关开关变位的信息，对线路两侧开关位置的具体变化情况，只能通过故障录波器进行具体情况查询。

四、故障处置过程

2016 年 9 月 3 日 10 时 17 分，地区当值监控员从智能调度控制系统告警窗上发现："A 站甲Ⅰ线保护动作""A 站甲Ⅰ线开关故障分闸""A 站甲Ⅰ线重合闸动作""B 站甲Ⅰ线开关分闸"等一系列动作告警信号。

地区当值监控员按照监控信息处置流程，立即进入智能调度控制系统检查 A 站、B 站甲Ⅰ线间隔画面，开关均为分位，电流、有功等遥测量为零，并对 SOE 信息进行了查阅，确认该开关为：故障分闸，重合闸动作，重合失败。监控员将这一情况汇报地调、省调，并通知运维人员现场检查。调阅故障录波系统，故障录波图如图 4-8～图 4-11 所示。

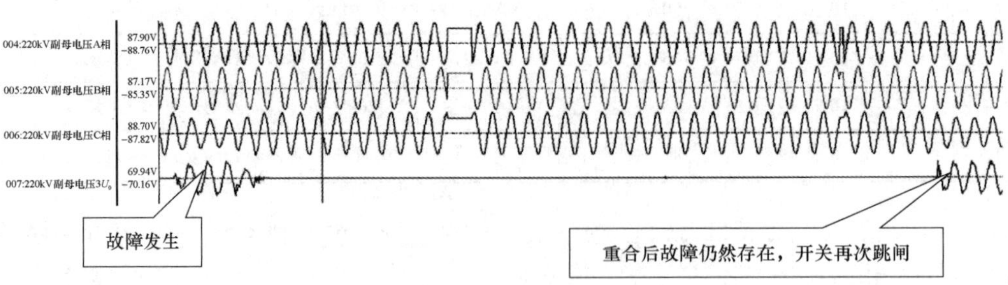

图 4-8　故障录波图

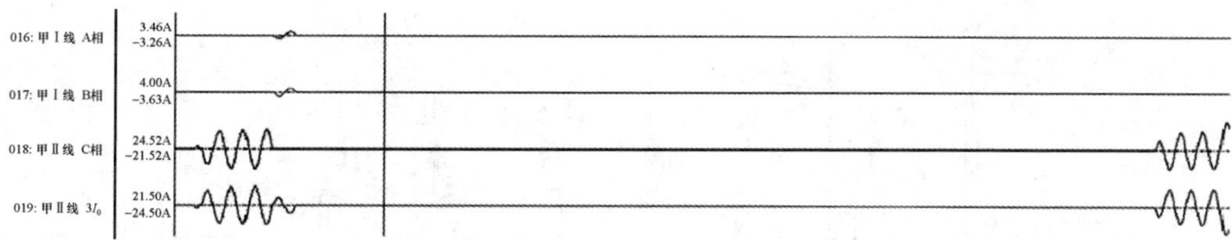

图 4－9 B 站侧甲Ⅰ线三相电流及零序电流波形

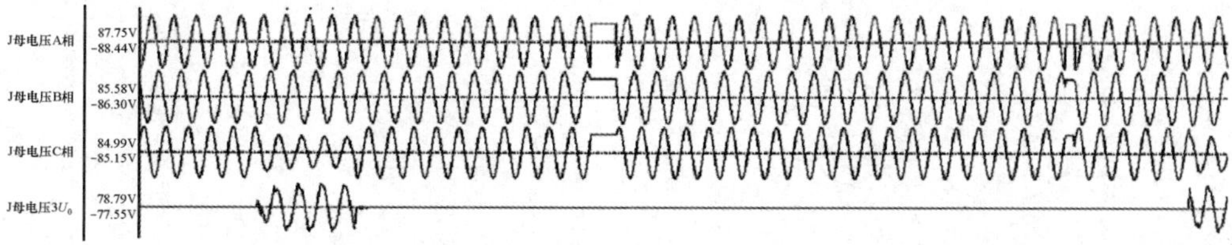

图 4－10 A 站 220kV 母线三相电压及零序电压波形

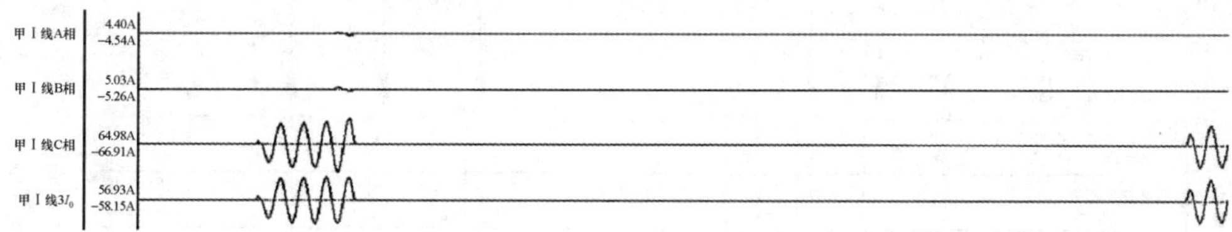

图 4－11 A 站甲Ⅰ线三相电流及零序电流波形

现场检查结果：甲Ⅰ线线路两侧纵联保护动作正确，故障相 C 相，保护测距：A 站侧 9.6km，B 站侧 26km。11:20，A 站侧试送成功；19min 后线路再次跳闸，重合失败。

现场检查结果：甲Ⅰ线纵联保护动作开关跳闸重合失败；故障相为C相，故障测距9.4km，保护动作电流 40.63A，设备检查正常。

巡线结果：甲Ⅰ线 63 号塔 C 相均压环有闪络痕迹，对运行无影响，地面发现一死蛇。

五、防范措施与建议

实时告警窗及 SOE 中缺少开关单相变位时的变位信息：排查相关 220kV 变电站中 220kV 线路开关的变位信息及 SOE 信息中对于单相跳闸时的告警情况，避免遗漏重要的变位信号。

4.1.3 220kV 线路故障跳闸分析报告 3

一、故障前运行方式

A 站故障前：1 号主变压器、220kV 甲Ⅰ线、220kV 甲Ⅱ线正母运行；220kV 甲Ⅲ线、220kV 甲Ⅳ线副母运行；220kV 甲Ⅴ线、220kV 甲Ⅵ线线路检修；如图 4－12 所示。

B 站故障前：220kV 乙Ⅰ线正母Ⅰ段运行，220kV 乙Ⅱ线正母Ⅰ段热备用，220kV 甲Ⅵ线线路检修；220kV 乙Ⅲ线副母Ⅰ段运行，220kV 乙Ⅳ线线路检修；220kV 甲Ⅳ线、220kV 乙Ⅴ线正母Ⅱ段运行，220kV 甲Ⅰ线、220kV 乙Ⅵ线副母Ⅱ段运行，如图 4－13 所示。

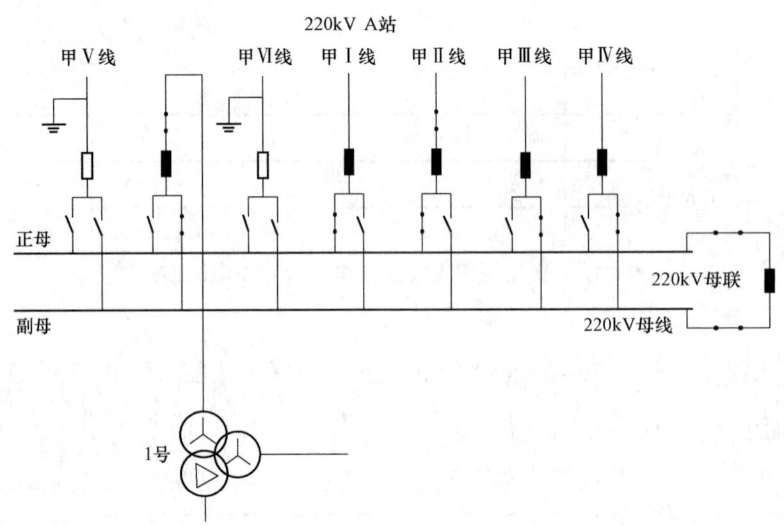

图 4－12　A 站故障前运行方式

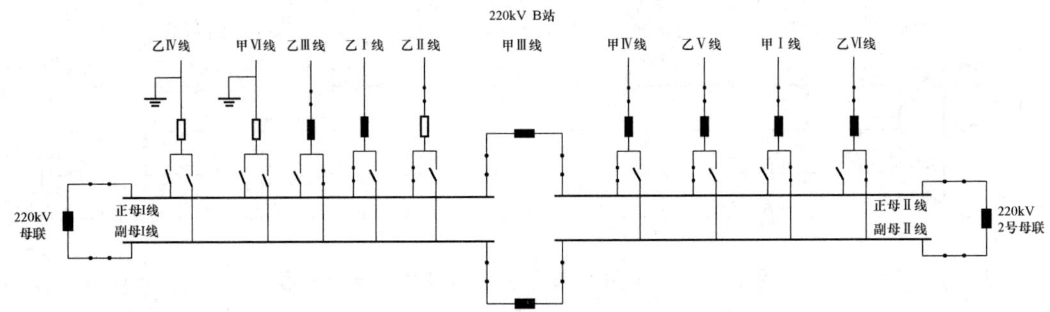

图 4－13　B 站故障前运行方式

二、故障概要

2018 年 10 月 23 日 15 时 19 分 47 秒，220kV 甲Ⅳ线保护动作，开关跳闸，重合闸闭锁。

三、信号分析

智能调度控制系统实时告警窗中的相关告警信号如表 4－4 所示。

表 4－4　　智能调度控制系统实时告警窗中的相关告警信号

序号	时间	告警
1	15:19	220kV 甲Ⅳ线开关第二组控制回路断线动作
2	15:19	220kV 甲Ⅳ线保护重合闸闭锁动作
3	15:19	220kV 甲Ⅳ线第二套保护动作动作
4	15:19	220kV 甲Ⅳ线第二套保护动作复归
5	15:19	220kV 甲Ⅳ线第一套线路保护动作动作
6	15:19	220kV 甲Ⅳ线开关间隔事故信号动作
7	15:19	220kV 甲Ⅳ线开关第二组控制回路断线复归
8	15:19	220kV 甲Ⅳ线开关第一组控制回路断线动作

续表

序号	时间	告警
9	15:19	220kV 甲Ⅳ线开关第一组控制回路断线复归
10	15:19	220kV 甲Ⅳ线开关机构弹簧未储能动作
11	15:19	220kV 甲Ⅳ线第一套线路保护动作复归
12	15:19	220kV 甲Ⅳ线线路侧无压动作
13	15:20	220kV 甲Ⅳ线保护重合闸闭锁复归
14	15:20	220kV 甲Ⅳ线开关机构弹簧未储能复归
15	19:18	220kV 第一套母线保护开关刀闸位置异常动作
16	19:18	220kV 甲Ⅳ线第一套线路保护装置异常动作
17	19:18	220kV 第二套母线保护开关刀闸位置异常复归
18	19:18	220kV 第二套母线保护开关刀闸位置异常动作
19	19:18	220kV 甲Ⅳ线第二套线路保护装置异常动作
20	19:21	220kV 甲Ⅳ线第一套线路保护装置异常复归
21	19:21	220kV 甲Ⅳ线第一套线路保护装置异常动作
22	19:21	220kV 第一套母线保护开关刀闸位置异常复归

四、故障处置过程

（1）地区当值监控员发现开关跳闸后，进入智能调度控制系统 A 站画面检查，发现 A 站 220kV 甲Ⅳ线开关分位并闪烁，查看 220kV 甲Ⅳ线线路电流、有功等遥测量，有明显的下降，根据保护动作情况，确认该开关事故分闸，上窗信息显示重合闸闭锁。监控员将这一情况汇报地调当值调度员，并通知运维人员现场检查。

（2）现场检查结果：220kV 甲Ⅳ线第一套 CSC103B 动作，A 相故障，故障测距：3.078km。第二套 PCS913GMM 保护动作，AC 相故障，故障测距 2.9km。零序电流：35.32A，差动电流：54.52A（TA 变比：1600/5）。允跳 30 次，跳闸 1 次。

（3）线路工区巡线结果：220kV 甲Ⅳ线 32－33 塔导线由断股熔斑现象，地面检查不能准确判断导线受损情况，要求申请线路改检修，进行登杆检查。

五、原因分析

220kV 甲Ⅳ线故障录波器波形如图 4－14 所示。

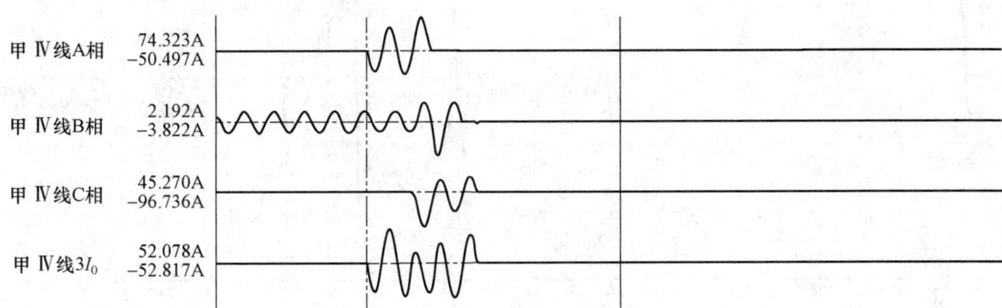

图 4－14 甲Ⅳ线故障录波器波形

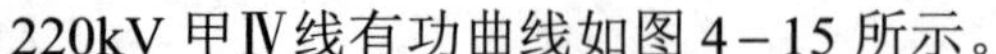
220kV 甲Ⅳ线有功曲线如图 4－15 所示。

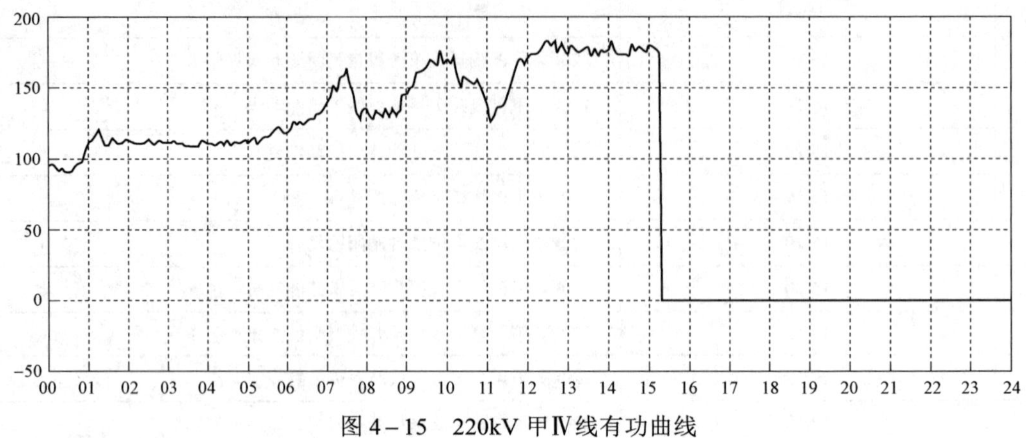

图 4－15　220kV 甲Ⅳ线有功曲线

A 站所供 110kV C 站 1 号主变压器低压侧有功曲线如图 4－16 所示。

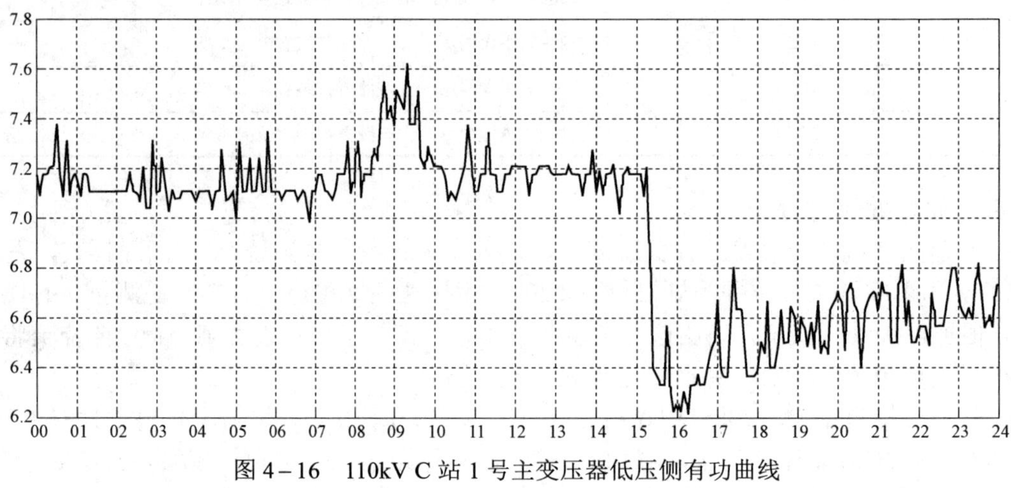

图 4－16　110kV C 站 1 号主变压器低压侧有功曲线

A 站所供 110kV D 站 1 号主变压器低压侧有功曲线如图 4－17 所示。

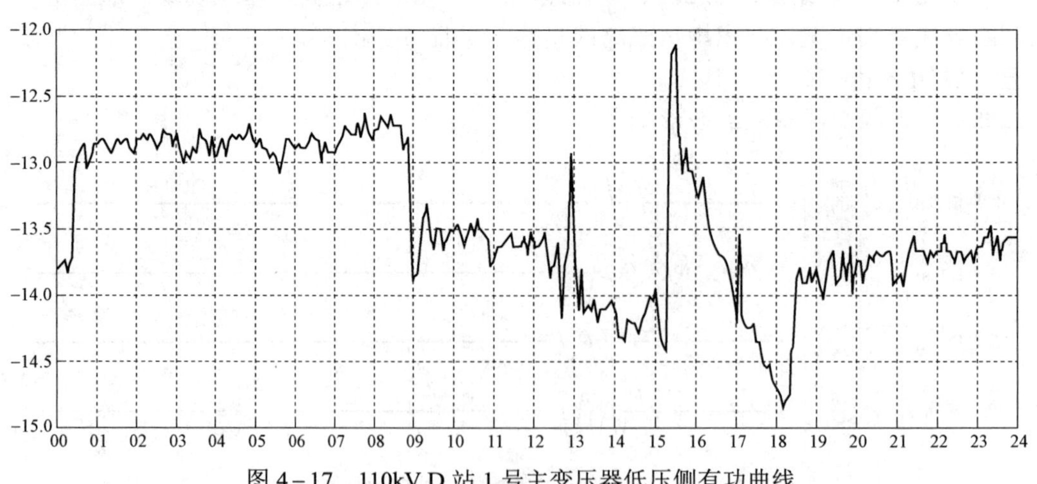

图 4－17　110kV D 站 1 号主变压器低压侧有功曲线

从保护动作准确性看：由故障录波器中，220kV 甲Ⅳ线故障电流可以看出，初始为 A 相故障，之后发展为 A、C 两相短路接地故障，后保护动作，220kV 甲Ⅳ线分闸，故障切除。220kV 甲Ⅳ线采用单相重合闸，相间故障后，保护跳开三相开关，重合闸不动作，故有重合闸闭锁信号。

从相关遥测曲线来看：220kV 甲Ⅳ线故障跳闸，有功值和电流值有明显下降；C 站、D 站在事故发生时有功和电流也受到故障影响，有所降低。

由于此次事故跳闸时为雷雨天气，因此雷电很可能是造成线路跳闸的诱因。但是雷电定位系统中没有此条线路的相关信息。

六、防范措施与建议

（1）加强对运行设备的监控，确保在故障发生后能及时处理。

（2）做好闭环工作，保持与现场工作人员的联系，跟踪设备缺陷的处理情况。

（3）进一步完善雷电定位系统，使其在故障分析时能提供相关的信息。

4.1.4 220kV 线路及 110kV 线路故障跳闸专项分析报告

一、故障前运行方式

220kV A 站 220kV 甲线 220kV 正母运行，220kV 母联开关合闸位置，110kV 乙线 110kV 正母运行，接线图如图 4－18 所示。

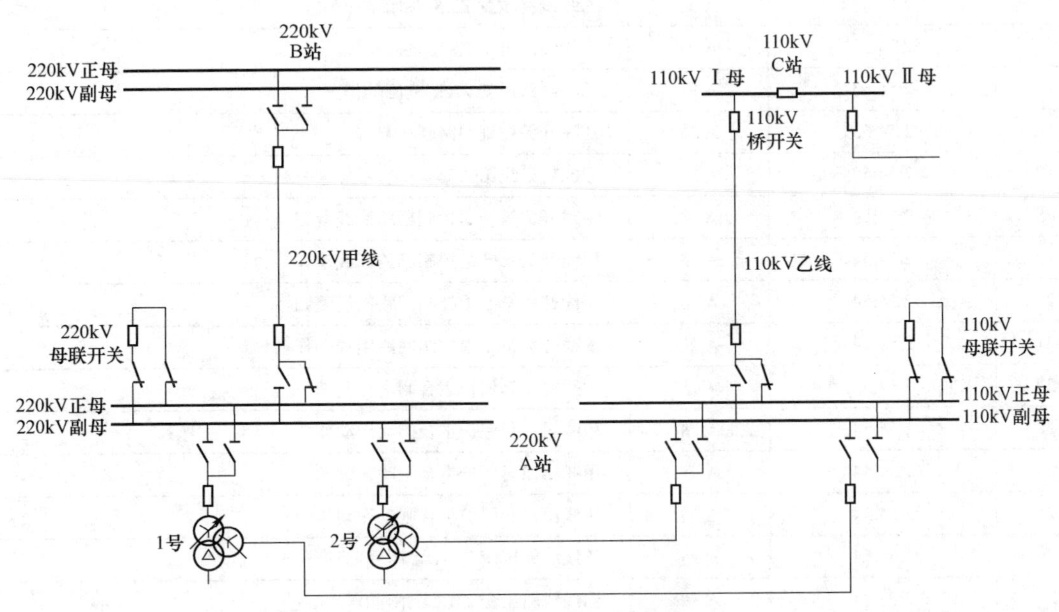

图 4－18 220kV A 站接线示意图

二、故障概要

2016 年 08 月 10 日，2 时 54 分，220kV A 站 110kV 乙线保护动作开关跳闸，重合闸动作，重合成功。2 时 54 分，220kV 甲线第二套保护动作，220kV 甲线两侧开关分闸（220kV A 站、220kV B 站），重合闸动作，两侧均重合成功。

三、信号分析

智能调度控制系统实时告警窗中的相关告警信号如表 4－5 所示。

表 4－5　　智能调度控制系统实时告警信息

序号	时间	变电站	告警
220kV A 站			
1	2:54:52	A 站	甲线开关第一组控制回路断线动作
2	2:54:52	A 站	甲线开关第二组控制回路断线动作
3	2:54:52	A 站	甲线第二套保护动作动作
4	2:54:52	A 站	乙线开关控制回路断线动作
5	2:54:52	A 站	乙线保护动作动作
6	2:54:52	A 站	220kV 母线第二套保护装置异常动作
7	2:54:52	A 站	110kV 正母母线 TV 失压复归
8	2:54:52	A 站	110kV 正母母线 TV 失压动作
9	2:54:53	A 站	甲线开关第一组控制回路断线复归
10	2:54:53	A 站	甲线开关第二组控制回路断线复归
11	2:54:53	A 站	甲线第二套保护动作复归
12	2:54:53	A 站	乙线线路压变 ZKK 跳闸复归
13	2:54:53	A 站	乙线线路压变 ZKK 跳闸复归
14	2:54:53	A 站	乙线线路压变 ZKK 跳闸动作
15	2:54:53	A 站	乙线线路压变 ZKK 跳闸动作
16	2:54:53	A 站	乙线开关控制回路断线复归
17	2:54:53	A 站	220kV 母线第二套保护装置异常复归
18	2:54:54	A 站	甲线开关第一组控制回路断线复归
19	2:54:54	A 站	甲线开关第一组控制回路断线动作
20	2:54:54	A 站	甲线开关第二组控制回路断线复归
21	2:54:54	A 站	甲线开关第二组控制回路断线动作
22	2:54:54	A 站	甲线第一套保护重合闸动作复归
23	2:54:54	A 站	甲线第一套保护重合闸动作动作
24	2:54:54	A 站	甲线第二套保护重合闸动作复归
25	2:54:54	A 站	甲线第二套保护重合闸动作动作
26	2:54:54	A 站	乙线线路压变 ZKK 跳闸复归
27	2:54:54	A 站	乙线线路压变 ZKK 跳闸动作
28	2:54:54	A 站	乙线开关控制回路断线复归
29	2:54:54	A 站	乙线开关控制回路断线动作
30	2:54:54	A 站	乙线开关合闸
31	2:54:54	A 站	乙线保护重合闸动作动作
32	2:54:55	A 站	甲线开关合闸

续表

序号	时间	变电站	告警
220kV B 站			
1	2:54:53	B 站	甲线第二套保护重合闸动作动作
2	2:54:53	B 站	甲线开关第一组控制回路断线动作
3	2:54:53	B 站	甲线第一套保护重合闸动作动作
4	2:54:53	B 站	甲线第二组开关出口跳闸动作
5	2:54:53	B 站	甲线第二套保护重合闸动作动作
6	2:54:53	B 站	甲线第二套保护动作复归
7	2:54:53	B 站	甲线第二套保护动作动作
8	2:54:54	B 站	甲线线路 TV 失压复归
9	2:54:54	B 站	甲线线路 TV 失压动作
10	2:54:55	B 站	甲线开关第一组控制回路断线复归
11	2:54:55	B 站	甲线第一套保护重合闸动作复归
12	2:54:55	B 站	甲线第二套保护重合闸动作复归

智能调度控制系统实时告警窗中未出现分闸信号，后在告警查询时发现分闸信号，如表 4－6 所示。

表 4－6　　　　分　闸　信　号

序号	时间	变电站	告警
1	2:54:52	A 站	甲线开关 A 相合位分闸
2	2:54:52	A 站	甲线开关 A 相合位故障分闸
3	2:54:53	A 站	甲线开关分闸
4	2:54:53	A 站	甲线开关故障分闸
5	2:54:53	A 站	乙线开关分闸
6	2:54:53	A 站	乙线开关故障分闸

由于上述信号未上监控实时窗，反馈相关专业处理。

四、故障处置过程

（1）2 时 54 分，监控报地调 220kV 甲线 220kV A 站、220kV B 站 A 相跳闸，重合成功；220kV A 站 110kV 乙线开关故障分闸，重合成功。地调告 ML 操作站前往 220kV A 站、220kV B 站检查，告 WK 操作站前往 110kV C 站检查。并短信汇报相关领导，通知线路工区并许可 110kV 乙线故障带电巡线工作。

（2）9 时 05 分，ML 操作站汇报：

1）220kV A 站 220kV 甲线跳闸情况：2 时 54 分，220kV 甲线 A 相跳闸，重合成功。现场检查结果：220kV A 站侧 A 相接地故障，显示区外故障，第一套保护显示为单相偷跳、第二套保护显示纵联差动保护动作。第一套保护显示故障测距 41.25km，故障电流 7.34A（二次）；第二套保护显示测距 9.71km，故障电流 7.29A（二次）。故障录波器显示 A 相故障，波形有尖波，区外故障，无测距。220kV B 站侧 A 相接地故障，显示区外故障，第一套保护显示为单相偷跳、第二套保护显示纵联差动保护动作。第二套纵联差动保护动作。第一套保护显示故障测距 54.25km，故障电流 5.5A（二次）；第二套保护显示测距 0km，故障电流 5.4A（二次）。故障录波器无测距显示。

2）2 时 54 分，110kV 乙线开关故障分闸，重合成功。故障录波器故障测距 0.98km。汇报相关领导。查询故障录波图形如图 4－19～图 4－21 所示。

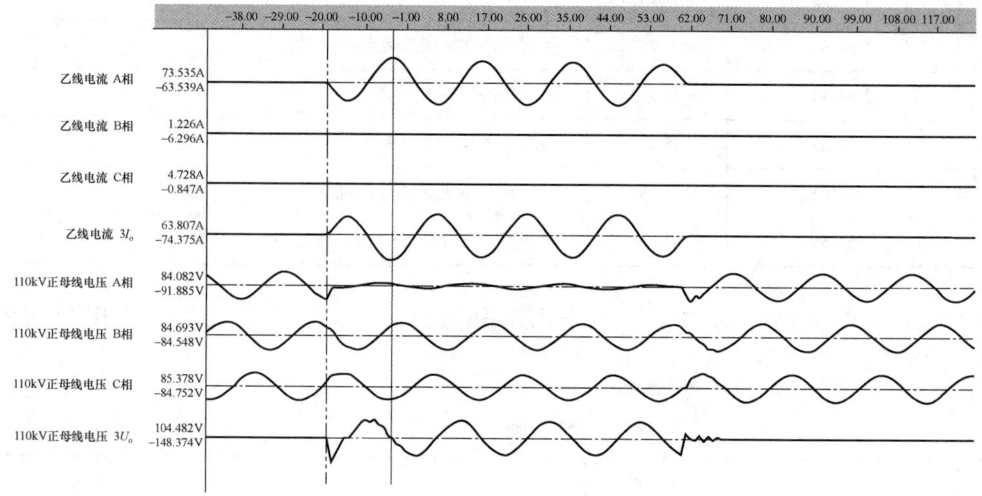

图 4－19　220kV A 站 110kV 乙线

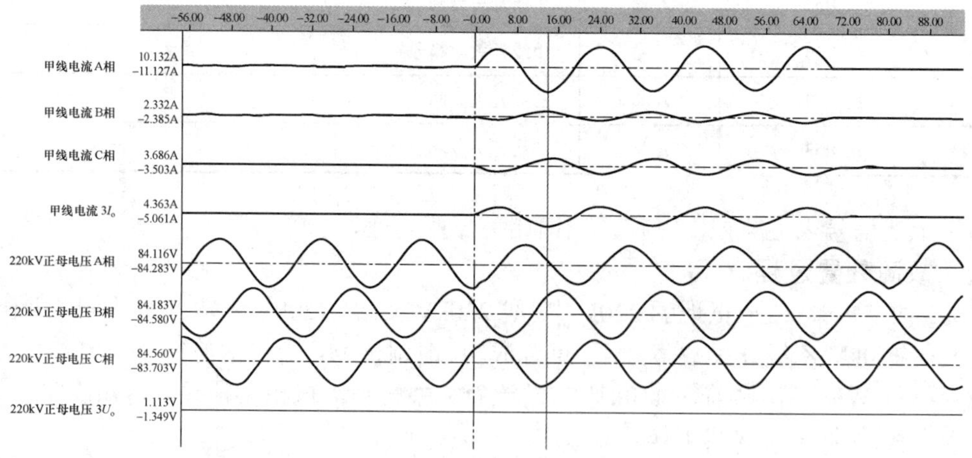

图 4－20　220kV A 站 220kV 甲线

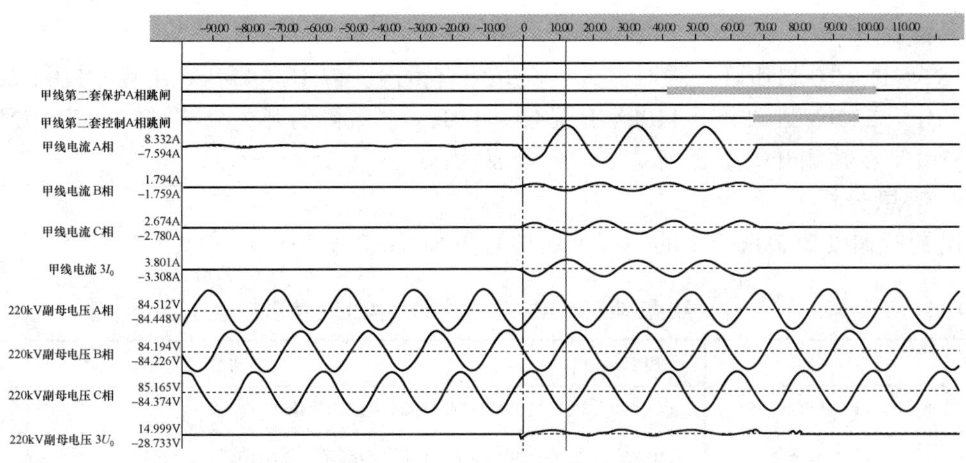

图 4－21 220kV B 站 220kV 甲线

（3）8 月 11 日 16 时 37 分，线路工区汇报：110kV 乙线故障带电巡线结果显示 110kV 乙线 5 号塔 A 相合成绝缘子和均压环有闪络痕迹，塔下有死蛇一条，判断为蛇上塔觅食过程中沿 A 相合成绝缘子下行放电所致，对运行无影响。

五、原因分析

故障由小动物破坏引起的线路跳闸。

六、防范措施与建议

强化输变电设备的防小动物技术措施，降低小动物破坏导致故障概率。

4.1.5 110kV 线路故障跳闸分析报告 1

一、故障前运行方式

故障前运行方式如图 4－22 所示。

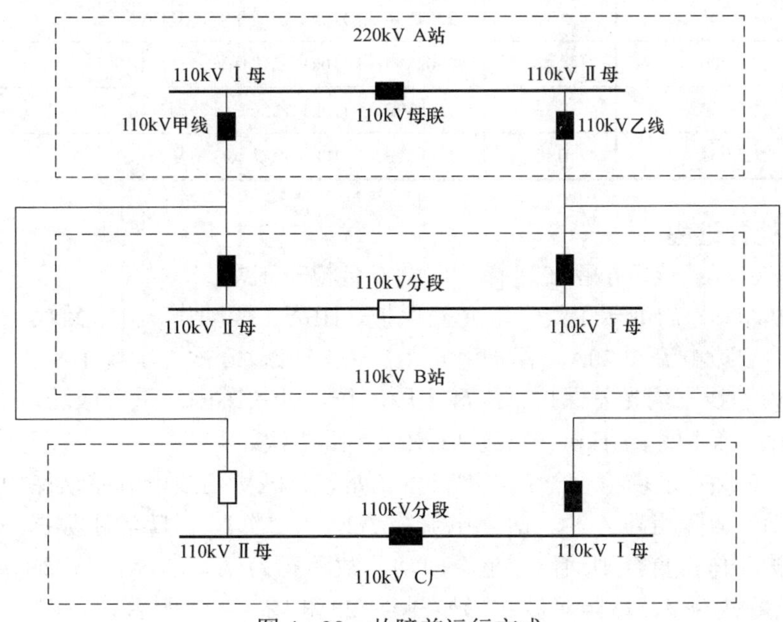

图 4－22 故障前运行方式

二、故障概要

2018 年 11 月 9 日傍晚，强对流天气，并伴有雷雨。17:18，110kV 乙线、110kV 甲线光纤差动动作，220kV A 站侧、110kV B 站侧、110kV C 厂侧的开关全部跳闸，其中 220kV A 站侧、110kV B 站侧开关重合闸动作，重合成功。

三、信息分析

导出智能调度控制系统中的相关上送信息见表 4－7。

表 4－7　　导出智能调度控制系统中的相关上送信息

序号	时间	变电站	告警
1	17:18:07	B 站	110kV B 站 110kV 乙线控回断线动作
2	17:18:08	B 站	110kV B 站 110kV 乙线光纤差动动作
3	17:18:08	B 站	110kV B 站 110kV 乙线控回断线复归
4	17:18:09	B 站	110kV B 站 110kV 乙线重合闸动作
5	17:18:09	A 站	220kV A 站 110kV 乙线保护差动动作动作
6	17:18:09	A 站	220kV A 站 110kV 乙线控回断线动作
7	17:18:12	B 站	110kV B 站 110kV 乙线开关合闸
8	17:18:12	A 站	220kV A 站 110kV 乙线线路 TV 失压动作
9	17:18:12	A 站	220kV A 站 110kV 乙线重合闸动作
10	17:18:15	A 站	220kV A 站 110kV 乙线线路 TV 失压复归
11	17:18:15	A 站	220kV A 站 110kV 乙线开关合闸
12	17:18:16	A 站	220kV A 站 110kV 乙线控回断线复归
13	17:18:16	A 站	220kV A 站 110kV 乙线开关合闸
14	18:36:05	A 站	220kV A 站 110kV 乙线重合闸复归
15	18:36:06	A 站	220kV A 站 110kV 乙线保护差动动作复归
16	21:28:34	B 站	110kV B 站 110kV 乙线光纤差动复归
17	21:28:34	B 站	110kV B 站 110kV 乙线重合闸复归

四、故障处置过程

（1）110kV C 厂：该厂小系统运行，厂站设备检查正常。

（2）220kV A 站：110kV 甲线三端光差保护、距离Ⅰ段动作，开关跳闸，重合成功，故障相 A、C 相，故障电流 6120A，保护测距 1.1km。允跳 30 次，实跳 1 次。

（3）110kV 乙线三端光差保护、距离Ⅰ段动作，开关跳闸，重合成功，故障相 A 相，故障电流 5760A，保护测距 1km。允跳 30 次，实跳 1 次。

（4）110kV B 站：现场检查一、二次设备正常，110kV 乙线电流差动保护动作，重合闸动作，重合成功，故障相为 A 相，故障电流 36.32A（二次），故障测距数据不对。110kV 甲线电流差动保护动作，重合闸动作，重合成功，故障相为 A、C 相，故障电流 38.52A（二次），故障测距数据为零。故障录波波形如图 4－23 和图 4－24 所示。

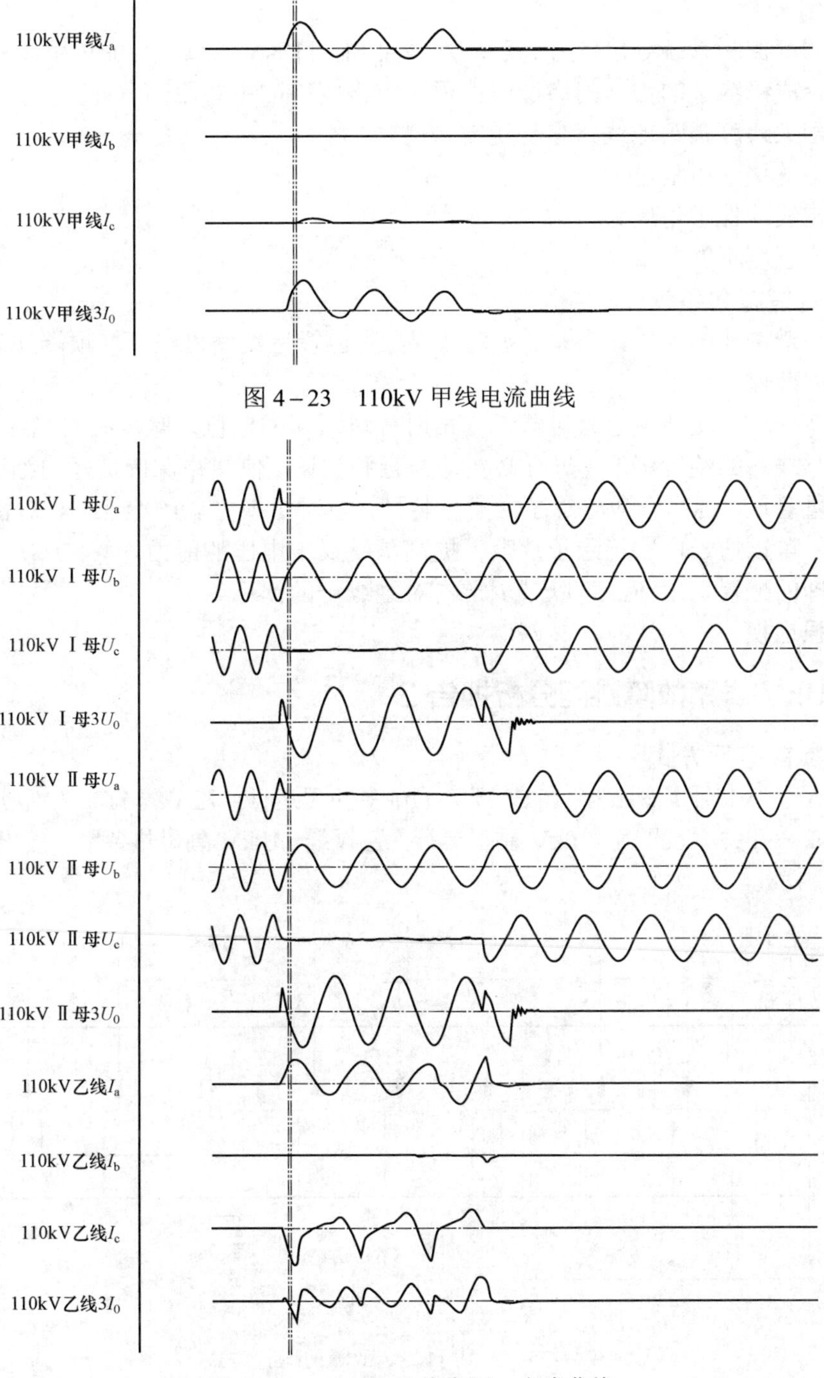

图 4－23　110kV 甲线电流曲线

图 4－24　110kV 乙线电压、电流曲线

（5）线路工区：110kV 乙线事故后带电巡线工作，110kV 甲线事故后带电巡线工作。

（6）线路事故带电巡线结果：

1）110kV 甲线 3 号塔 A 相（上相）、C 相（中相）合成绝缘子有雷击闪络，均压环有熔斑。

2）110kV 乙线 3 号塔 A 相（中相）合成绝缘子有雷击闪络。

五、原因分析

由智能调度控制系统导出信号和现场巡线可知，110kV 乙线、110kV 甲线跳闸主要是由于雷击引起合成绝缘子的雷击闪络造成，引起雷击闪络的主要原因有：

（1）电网大跨度档距地线路容易受雷击侵害；

（2）杆塔的接地电阻过大；

（3）避雷线的保护角过大；

（4）绝缘强度不够。

六、防范措施和建议

（1）减小避雷线的保护角，提高遮蔽效果，对已投运线路可在杆塔顶端加装屏蔽针，以加强塔头的屏蔽保护作用。

（2）降低杆塔的接地电阻，可降低雷击时杆塔顶端的电位，减少线路绝缘的反击。

（3）加强线路的绝缘强度，进行必要地检查和测试，使线路保持良好的绝缘性能，加强绝缘子的质量管理，提高合成绝缘子的耐雷特性，及时更换劣质的绝缘子，对雷电活动比较频繁的杆塔，可以适当增加绝缘子片数，提高承受反击电压的能力。

（4）合理的配置均压环，可以减少雷击对绝缘子的损坏。

（5）加强巡视。

4.1.6 110kV 线路故障跳闸分析报告 2

一、故障前运行方式

220kV A 站：1 号主变压器 110kV 开关 110kV 正母运行，乙Ⅰ线 110kV 正母热备用。2 号主变压器 110kV 开关、乙Ⅱ线 110kV 副母运行，乙Ⅳ线 110kV 副母热备用，接线图如图 4－25 所示。

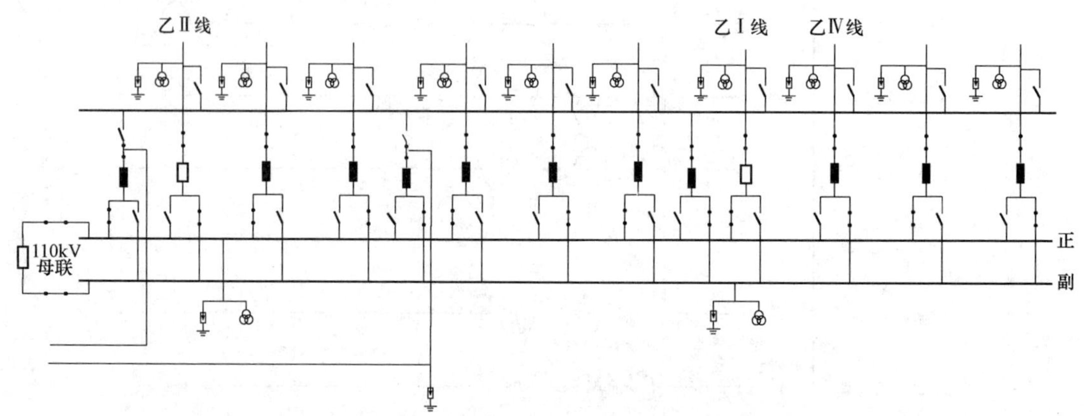

图 4－25 A 站 110kV 故障前运行方式

B 站、C 站与 A 站 110kV 接线关系，如图 4－26 所示。

二、故障概要

2017 年 8 月 17 日 12 时 37 分，乙Ⅱ线 B 相故障接地，A 站乙Ⅱ线零序Ⅰ段保护动作开关跳闸，重合成功。

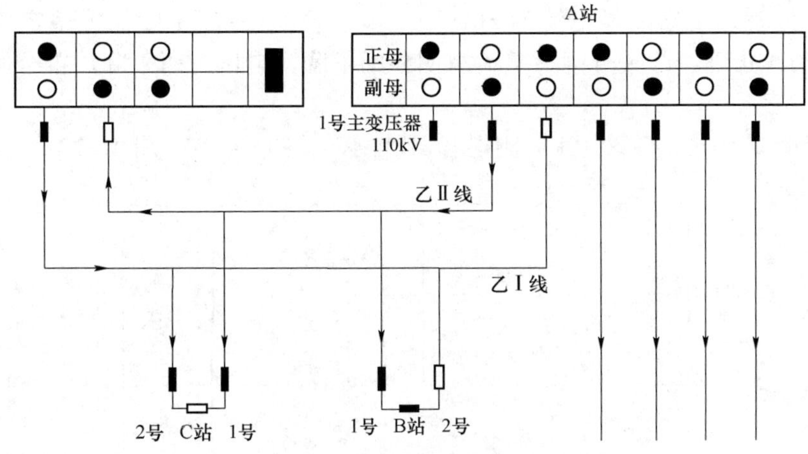

图 4-26 110kV 潮流图

三、信息分析

智能调度控制系统实时告警窗中的相关告警信号见表 4-8。

表 4-8 智能调度控制系统实时告警窗中的相关告警信号

序号	时间	变电站	告警
1	12 时 37 分 24 秒	A 站	LFP941A 保护动作
2	12 时 37 分 24 秒	B 站	公用屏信号所用电失压动作
3	12 时 37 分 27 秒	A 站	开关合闸
4	12 时 37 分 27 秒	A 站	重合闸动作
5	12 时 37 分 28 秒	B 站	公用屏信号所用电失压复归
6	12 时 37 分 30 秒	C 站	所用电相电压 U_a 实测值越正常下限，限值：198.000 48.872
7	12 时 37 分 30 秒	C 站	所用电相电压 U_b 实测值越正常下限，限值：198.000 49.673
8	12 时 37 分 30 秒	C 站	所用电相电压 U_c 实测值越正常下限，限值：198.000 50.274
9	12 时 37 分 34 秒	B 站	110kV 备自投序列充电异常总（计算转）动作（计算）
10	12 时 37 分 40 秒	C 站	站用电相电压 U_a 实测值正常 223.727
11	12 时 37 分 40 秒	C 站	站用电相电压 U_b 实测值正常 224.328
12	12 时 37 分 40 秒	C 站	站用电相电压 U_c 实测值正常 224.128
13	12 时 37 分 44 秒	B 站	110kV 备自投序列充电异常总（计算转）复归（计算）
14	12 时 42 分 25 秒	A 站	LFP941A 保护复归
15	12 时 42 分 25 秒	A 站	重合闸复归

保护配置如表 4-9 所示，表中整定值为二次值。

表 4-9 A 站乙Ⅱ线保护配置表

	整定值	整定时间
零序Ⅰ段保护	28A	0s
零序Ⅱ段保护	3A	0.3s
重合闸		1s

告警信号分析：A 站故障电流为 30.13A（二次值），零序 I 段保护整定值为 28A（二次值），保护动作正确。开关分闸后负荷有明显的下降，电压有所下降，重合闸动作，重合成功。

电压下降造成 B 站、C 站 10kV 侧电容器跳闸，如图 4－27～图 4－29 所示。

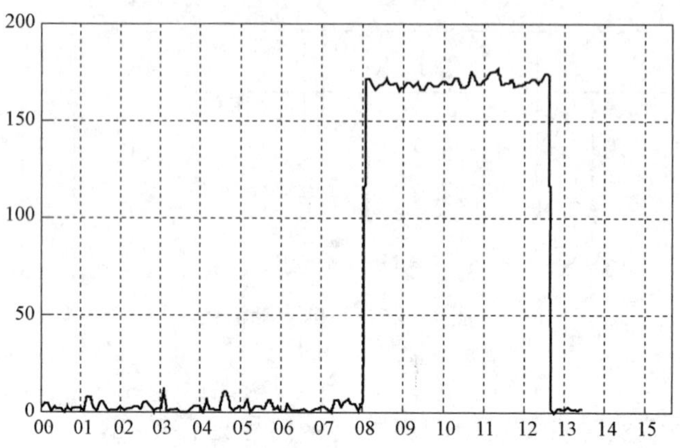

图 4－27　B 站 10kV 1 号电容器电流值

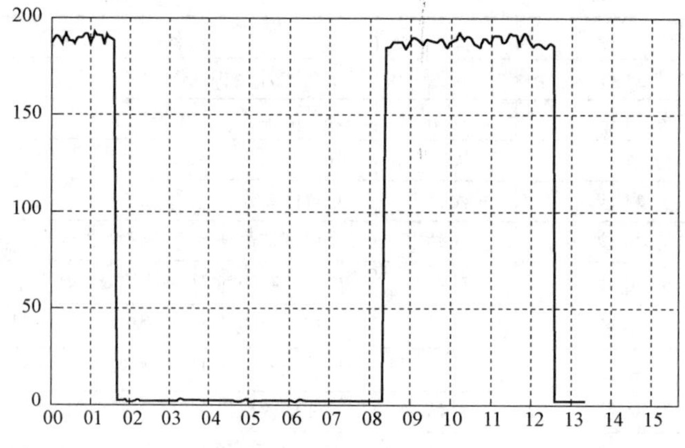

图 4－28　B 站 10kV 2 号电容器电流

四、故障处置过程

2017 年 8 月 17 日 12 时 37 分，地区当值监控员从智能调度控制系统告警窗上发现“A 站乙Ⅱ线 LFP941A 保护动作”“A 站乙Ⅱ线开关故障分闸”“A 站乙Ⅱ线重合闸动作”“A 站乙Ⅱ线开关合闸”等一系列动作告警信号。

地区当值监控员按照监控信息处置流程，立即进入智能调度控制系统检查 A 站间隔画面，开关当前显示为合位，电流、有功等遥测量不为零，并对 SOE 信息进行了查阅，负荷有明显下降，配网有电容器跳闸信号，监控员将这一情况汇报地调当值调度员，并通知运维人员现场检查。确认该开关为故障分闸且重合成功。

现场检查结果：A 站乙Ⅱ线开关跳闸，重合成功。零序 I 段保护动作，故障距离 5.8km，故障相为 B 相，故障电流 7231A，二次故障电流为 30.13A。

巡线结果：乙Ⅱ线 3～24 号塔导线下方河道疏浚过程中挖机对 B 相安全距离不足放电

所致，初步观察导线有轻微熔斑，对运行无影响。

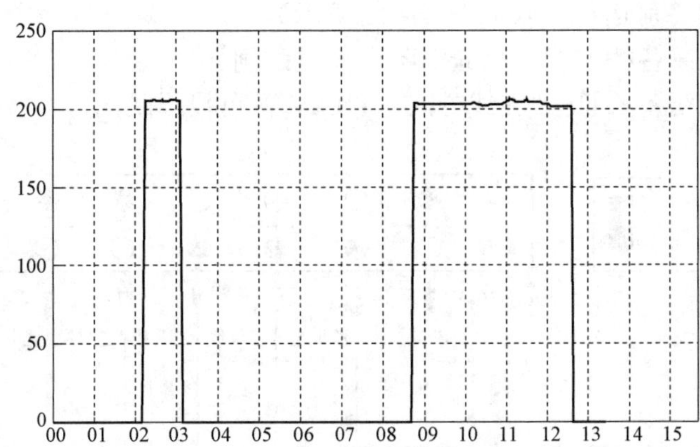

图 4－29　C 站 10kV 3 号电容器电流

五、暴露问题

地区调度两席智能调度控制系统中无“开关分闸”的信号。告警查询中也无此信号。调度大厅故障录波器中无故障波形，如图 4－30 所示。故障跳闸、重合后开关没有闪烁。

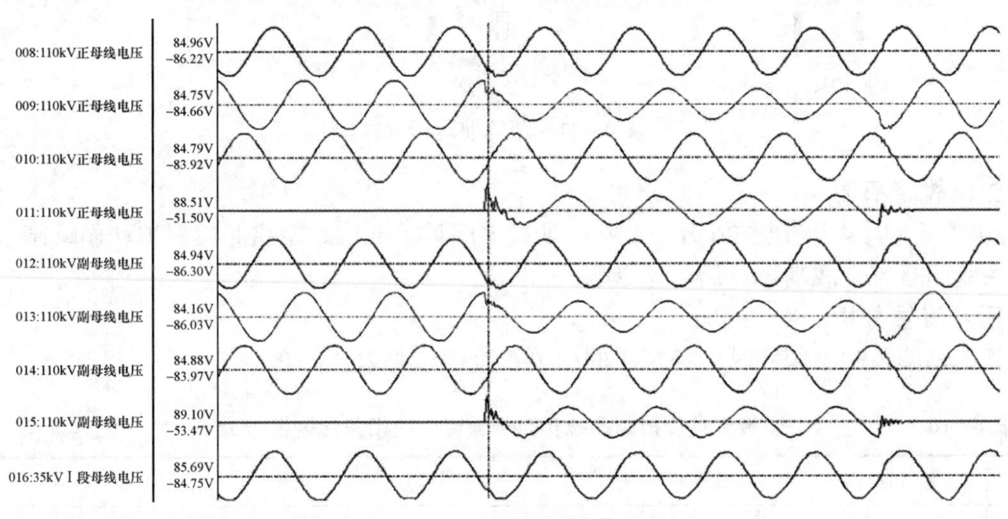

图 4－30　A 站故障录波图形

六、防范措施及建议

（1）加强重视故障录波器的运维，对已有的缺陷尽快处理；

（2）加强对运行设备的监控，确保在故障发生后能及时处理；

（3）完善智能调度控制系统的告警信号，保证在故障情况的告警信号的完整性；

（4）做好闭环工作，保持与现场工作人员的联系，跟踪设备缺陷的处理情况。

4.1.7　110kV 线路故障跳闸分析报告 3

一、故障前运行方式

A 站：1 号主变压器、乙Ⅰ线、乙Ⅱ线正母运行、110kV 母联运行，乙Ⅲ线、乙Ⅴ线副母运行，乙Ⅳ线副母热备用，乙Ⅵ线正母热备用。乙Ⅲ线供B站1号主变压器并作为C站110kV备用电源（故障前运行方式如图4－31所示）。

B站：110kV系统备桥方式，110kV备自投投跳闸。

C站：110kV系统备乙Ⅲ C支线方式，110kV备自投投跳闸。

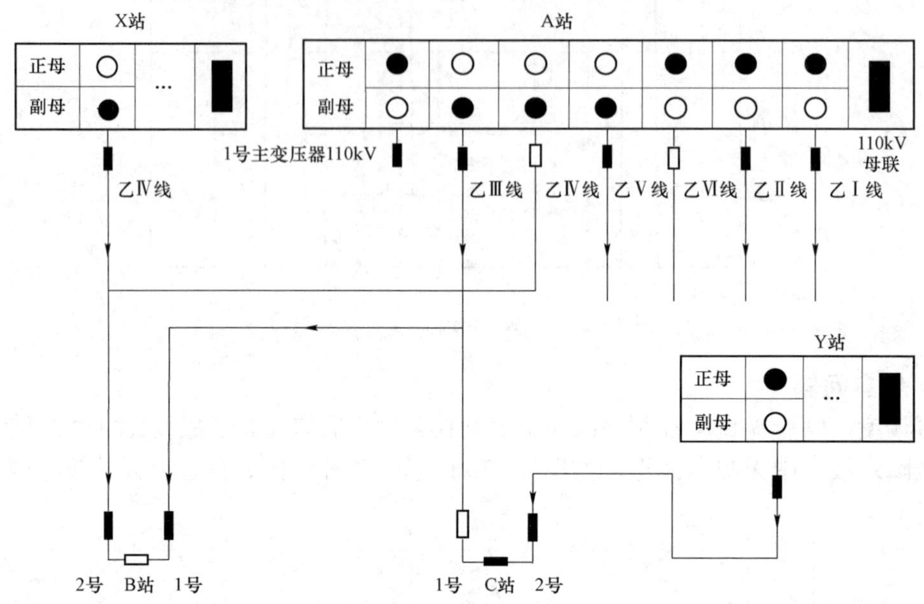

图4－31　故障前运行方式

二、故障概要

2017年8月4日1时26分，A站乙Ⅲ线零序过流Ⅱ段、距离Ⅱ段保护动作跳闸，乙Ⅲ线开关跳闸且重合成功，对运行无影响。

三、信号分析

智能调度控制系统实时告警窗中的相关告警信号见表4－10。

表4－10　　智能调度控制系统实时告警窗中的相关告警信号

序号	时间	变电站	告警
1	1时26分57秒	A站	1号站用变压器35kV侧空气开关跳闸/加热器回路断线动作
2	1时26分57秒	A站	1号站用变压器35kV侧空气开关跳闸/加热器回路断线复归
3	1时26分57秒	A站	1号主变压器35kV开关交流空气开关跳闸及加热器失电动作
4	1时26分57秒	A站	1号主变压器35kV开关交流空气开关跳闸及加热器失电复归
5	1时26分57秒	A站	2号站用变压器35kV侧空气开关跳闸/加热器回路断线动作
6	1时26分57秒	A站	2号站用变压器35kV侧空气开关跳闸/加热器回路断线复归
7	1时26分57秒	A站	35kV 1号电容器空气开关跳闸/加热器回路断线动作
8	1时26分57秒	A站	35kV 1号电容器空气开关跳闸/加热器回路断线复归
9	1时26分57秒	A站	35kV 2号电容器空气开关跳闸/加热器回路断线动作

续表

序号	时间	变电站	告警
10	1时26分57秒	A站	35kV 2号电容器空气开关跳闸/加热器回路断线复归
11	1时26分57秒	A站	35kV Ⅰ－Ⅱ母分空气开关跳闸/加热器回路断线动作
12	1时26分57秒	A站	35kV Ⅰ－Ⅱ母分空气开关跳闸/加热器回路断线复归
13	1时26分57秒	A站	35kV Ⅱ母空气开关跳闸或加热器故障动作
14	1时26分57秒	A站	35kV Ⅰ母空气开关跳闸或加热器故障动作
15	1时26分57秒	A站	35kV Ⅰ母空气开关跳闸或加热器故障复归
16	1时26分57秒	A站	35kV线路TV断线（归并）动作
17	1时26分57秒	A站	乙Ⅲ线保护动作动作
18	1时26分58秒	D站	UPS电源故障动作
19	1时26分58秒	E站	直流屏故障（监控故障）动作
20	1时26分59秒	A站	乙Ⅲ线重合闸动作动作
21	1时27分00秒	A站	乙Ⅲ线开关合闸
22	1时27分00秒	B站	直流屏异常动作
23	1时27分××秒	B站	直流屏异常复归
24	1时27分23秒	E站	直流屏故障（监控故障）复归
25	1时27分50秒	A站	35kV线路TV断线（归并）复归（全数据判定）
26	1时27分52秒	A站	35kV Ⅱ母空气开关跳闸或加热器故障复归（全数据判定）

SOE中A站信号见表4－11。

表4－11　SOE中A站信号

序号	时间	变电站	告警
1	1时27分51秒782	A站	35kV Ⅰ－Ⅱ母分空气开关跳闸/加热器回路断线动作（SOE）（接收时间××年××月××日01时26分58秒）
2	1时27分51秒776	A站	2号站用变压器35kV侧空气开关跳闸/加热器回路断线动作（SOE）（接收时间××年××月××日01时27分00秒）
3	1时27分52秒025	A站	35kV Ⅰ－Ⅱ母分空气开关跳闸/加热器回路断线复归（SOE）（接收时间××年××月××日01时27分01秒）
4	1时27分51秒815	A站	35kV 1号电容器空气开关跳闸/加热器回路断线动作（SOE）（接收时间××年××月××日01时27分02秒）
5	1时27分52秒017	A站	35kV 2号电容器空气开关跳闸/加热器回路断线复归（SOE）（接收时间××年××月××日01时27分03秒）

续表

序号	时间	变电站	告警
6	1时27分××秒538	A站	乙Ⅲ线开关弹簧未储能复归（SOE）（接收时间××年××月××日01时27分08秒）
7	1时28分04秒250	A站	35kV线路TV断线（归并）复归（SOE）（接收时间××年××月××日01时27分09秒）
8	1时55分01秒907	A站	35kV 1号电容器弹簧未储能动作（SOE）（接收时间××年××月××日01时54分07秒）
9	1时55分07秒217	A站	35kV 1号电容器弹簧未储能复归（SOE）（接收时间××年××月××日01时54分12秒）

从实时告警信号及SOE信号可以判断：

实时告警信息未出现少报、漏报的情况，符合开关故障跳闸，重合成功的特征。此外，由于实时告警窗显示的信号时间为信号接收时间，不是现场装置发出告警信号的时间；同时，时间精度较小（最小时差为1s），不能准确的反应出实际的保护动作、开关变位顺序，因而实时告警窗中的信号可以作为开关跳闸的判断依据，但不能作为整个过程的推演证据。

SOE中信号未出现“A站乙Ⅲ线保护动作”“A站乙Ⅲ线开关故障分闸”“A站乙Ⅲ线重合闸动作”“A站乙Ⅲ线开关合闸”等信号，故当值人员当时怀疑是假信号。但SOE中有一条“乙Ⅲ线开关弹簧未储能复归”信号，值得引起注意，需确认更多。

四、故障处置过程

2017年8月4日1时26分，当值监控员从智能调度控制系统告警窗上发现：“A站乙Ⅲ线保护动作”“A站乙Ⅲ线开关事故分闸”“A站乙Ⅲ线重合闸动作”“A站乙Ⅲ线开关合闸”等一串信号动作告警。

地区当值监控员按照监控信息处置流程，查看实时告警窗确实有相关保护动作开关跳闸，重合闸动作开关合闸的信号，并检查“A站乙Ⅲ线开关”间隔画面，开关当前显示为合位，电流、有功等遥测量正常，开关未闪烁，同时查阅了SOE信号，发现没有相关保护动作开关跳闸、重合闸动作开关合闸的信号，立即通知运维人员现场检查。

五、原因分析

从保护动作情况看：整定单查询零序过流Ⅰ段定值为25A，时间0s，零序过流Ⅱ段整定值为1.9A，时间为0.3s，零序过流Ⅲ段定值为1.2A，时间为0.6s，接地距离Ⅱ段定值为2.85Ω，时间为0.3s。

现场检查：1:26，A站乙Ⅲ线开关跳闸且重合成功，A站乙Ⅲ线零序过流Ⅱ段、接地距离Ⅱ段保护动作跳闸，重合成功。故障相别C相，故障电流3213A，变比1200/5，二次侧电流13.39A，零序过流Ⅱ段正确动作出口，实跳3次，允跳30次。故障测距：18km。故障录波图如图4－32和图4－33所示。

线路巡线结果：现场无雷击。乙Ⅲ线4号塔C相导线有熔斑，绝缘子有闪络痕迹，确定为鸟害，对运行无影响。

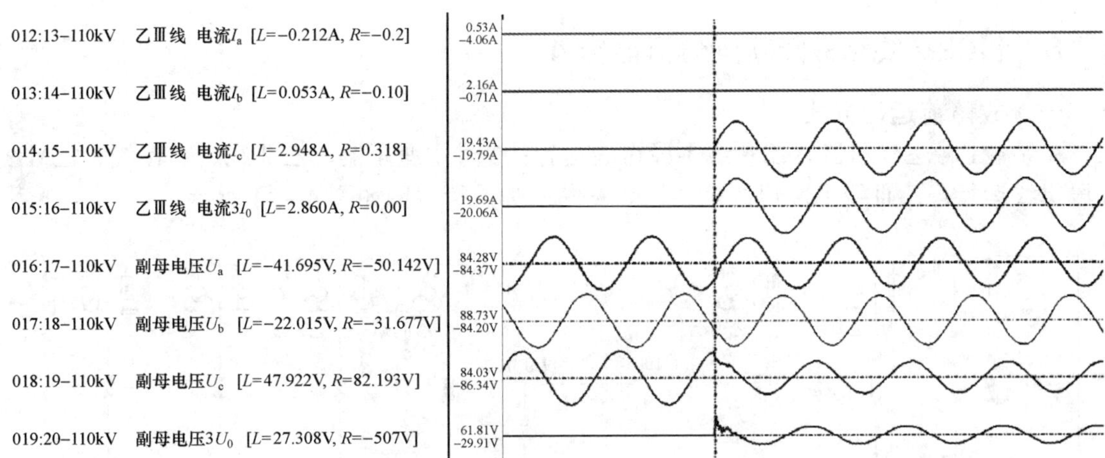

图 4-32 A 站乙Ⅲ线故障后电流及 110kV 副母三相电压及零序电压波形

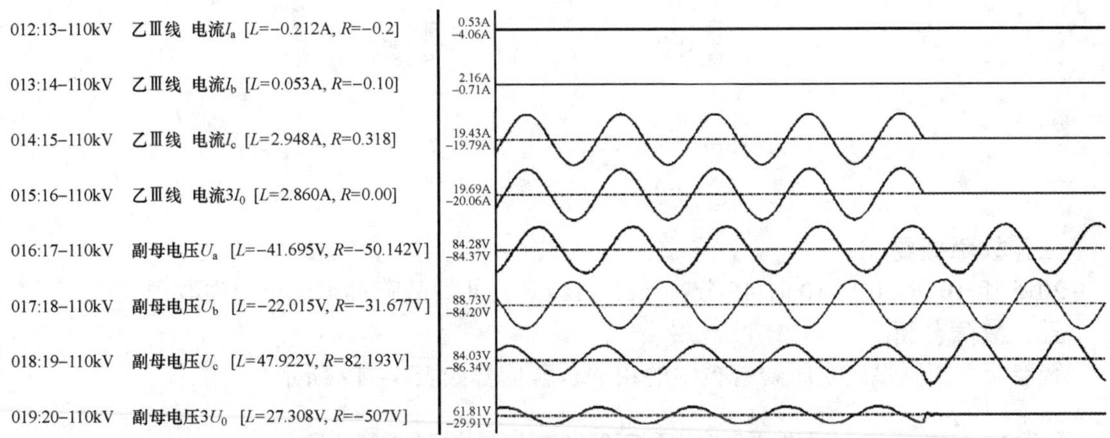

图 4-33 A 站乙Ⅲ线跳闸重合后电流及 110kV 副母三相电压及零序电压波形

六、防范措施与建议

SOE 中信号未出现“A 站乙Ⅲ线保护动作”“A 站乙Ⅲ线开关故障分闸”“A 站乙Ⅲ线重合闸动作”“A 站乙Ⅲ线开关合闸”等信号。说明上送信号还是存在一定问题。

当值人员检查，智能调度控制系统乙Ⅲ线开关未有变位，开关不闪，有功曲线由于是5min 采一个点，不能及时确认是否失去负荷。

当值人员发现线路跳闸信号首先应第一时间通知现场操作站检查，通知调度值班，调度值班人员通知现场检查，对明确是真的线路跳闸情况后可同时通知线路专职，待现场检查回复后再跟线路专职详细说明。

（1）加强对运行设备的监控，确保在故障发生后能及时处理。

（2）完善智能调度控制系统的告警信号，保证在故障情况的告警信号的完整性。

（3）对跳闸信号查询后发现不完善的，应及时进行多角度的查询确认，例如电容器变位、开关遥信、遥测曲线等方面入手，以便及时定性信号真假。

（4）做好闭环工作，保持与现场工作人员的联系，跟踪设备缺陷的处理情况。

4.1.8 110kV 线路故障跳闸分析报告 4

一、故障前运行方式

A 站：1 号主变压器、乙Ⅰ线Ⅰ段母线运行；2 号主变压器、乙Ⅱ线、乙Ⅳ线、乙Ⅵ线Ⅱ段母线运行；乙Ⅲ线Ⅰ段母线热备用。A 站故障前接线图如图 4－34 所示。

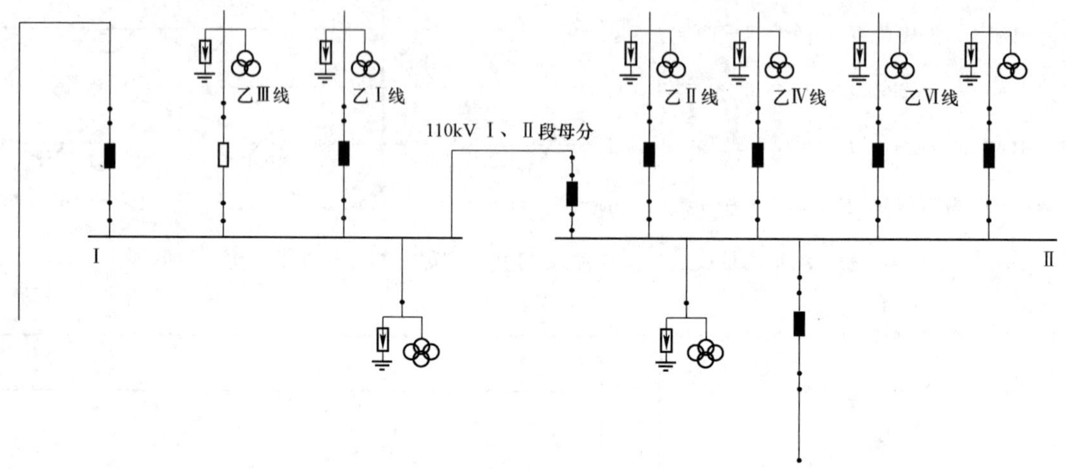

图 4－34　A 站故障前运行方式

二、故障概要

2015 年 10 月 30 日 10 时 45 分，A 站 110kV 乙Ⅱ线故障跳闸，重合失败。

三、故障分析

智能调度控制系统实时告警窗中的相关告警信号如表 4－12 所示。

表 4－12　　智能调度控制系统实时告警窗中的相关告警信号

序号	时间	告警
1	10:45:43	乙Ⅱ线保护动作动作
2	10:45:43	乙Ⅱ线开关故障分闸
3	10:45:43	乙Ⅱ线线路侧无压动作
4	10:45:43	乙Ⅱ线保护动作复归
5	10:45:43	乙Ⅱ线带电显示装置显示线路无压动作
6	10:45:43	乙Ⅱ线带电显示装置故障动作
7	10:45:43	乙Ⅱ线带电显示装置故障复归
8	10:45:45	乙Ⅱ线重合闸动作动作
9	10:45:45	乙Ⅱ线开关合闸
10	10:45:45	乙Ⅱ线带电显示装置显示线路无压复归
11	10:45:45	乙Ⅱ线重合闸动作复归

续表

序号	时间	告警
12	10:45:45	乙Ⅱ线线路侧无压复归
13	10:45:45	乙Ⅱ线保护动作动作
14	10:45:45	乙Ⅱ线开关故障分闸
15	10:45:45	乙Ⅱ线线路侧无压动作
16	10:45:45	乙Ⅱ线保护动作复归
17	10:45:45	乙Ⅱ线带电显示装置显示线路无压动作
18	10:45:45	乙Ⅱ线带电显示装置故障动作
19	10:45:45	乙Ⅱ线带电显示装置故障复归

A站乙Ⅱ线保护整定如表4-13所示。

表4-13　A站乙Ⅱ线保护整定值

	整定值	整定时间
相间距离Ⅰ段	1.12Ω	0s
相间距离Ⅱ段	6.5Ω	0.3s
相间距离Ⅲ段	30Ω	2.3s
重合闸		2s

A站乙Ⅱ线有功曲线图如图4-35所示。

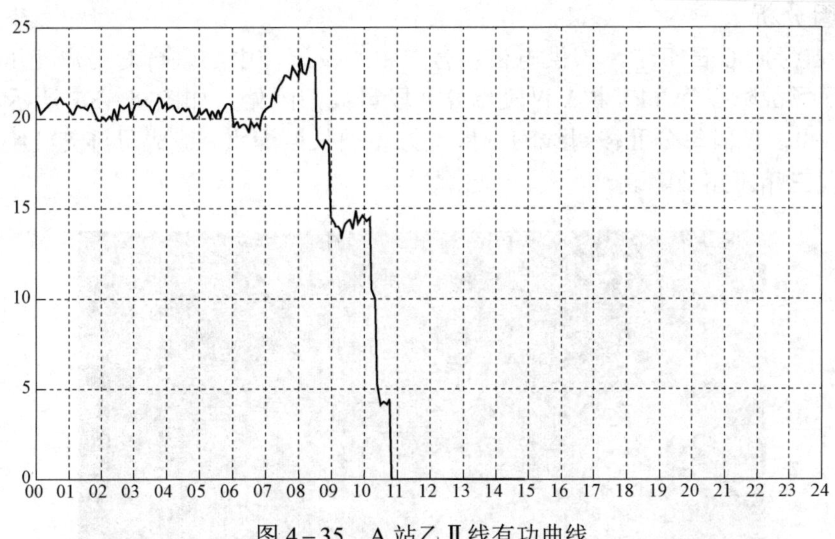

图4-35　A站乙Ⅱ线有功曲线

从保护动作准确性看：用户变压器6kVⅡ、Ⅳ段母分Ⅱ段母线闸刀母排上桩头三相短路。厂内变压器安装有中性点零序电流方向保护，另外厂内水泥余热发电厂配有低周低压解列保护，低压解列保护定值为77kV（电压取自110kV母线）、解列时间0.5s。6kVⅡ、Ⅳ段母分Ⅱ段母线闸刀发生三相短路后，110kV母线电压降低，两台余热发电机低压解列保护应动作，跳开发电机开关，但厂内相关保护未动作，设备均无开关跳闸。厂内保护无法正确动作切除故障，故造成越级跳闸：从故障录波线路电流波形可见，故障2.3s后（10:45:42:571）乙Ⅱ线相间距离保护Ⅲ段动作跳开A站乙Ⅱ线开关，开关分闸2s后（10:45:44:668）重合闸动作，三相重合不成功，保护动作（10:45:44:743）A站乙Ⅱ线开关再次跳开。

从告警信号上看："A站乙Ⅱ线线路侧无压动作"，在保护动作跳开A站乙Ⅱ线开关后，母线电压瞬时变0，导致接在母线上的线路压变监测到的电压为0，故报"线路侧无压动作"。重合闸动作开关合闸后，"线路侧无压动作复归"，重合不成功开关跳闸后，母线电压再次变0，故再报"线路侧无压动作"。

从有功曲线及电流曲线上看：乙Ⅱ线保护动作重合不成功，线路有功功率及电流均降为0。

四、故障处置过程

地区当值监控员从智能调度控制系统告警窗上发现："A站乙Ⅱ线保护跳闸动作""A站乙Ⅱ线重合闸动作""A站乙Ⅱ线保护跳闸动作"等一系列动作告警信号。

地区当值监控员按照监控信息处置流程，立即进入智能调度控制系统检查A站乙Ⅱ线间隔画面，开关确实存在变位且当前显示为分位，电流、有功等遥测量为零，确认该开关为故障分闸且重合不成功。监控员将这一情况汇报地调当值调度员，并通知运维人员及用户变相关人员进行现场检查。

现场检查结果：A站乙Ⅱ线距离保护Ⅲ段动作，故障相别为ABC三相，故障测距11.26km，故障电流3.21A（二次侧）1027.2A（一次侧），线路实跳2次（允许跳闸20次），A站现场一、二次设备检查正常。

用户变6kVⅡ、Ⅳ段母分Ⅱ段母线闸刀母排上桩头三相短路，厂内设备均无开关跳闸。

巡线结果：乙Ⅱ线故障带电巡线，线路无异常。

五、原因分析

2015年10月30日下午，该供电公司客户中心及调控中心联合对用户变压器现场进行检查，确定现场故障点为6kVⅡ、Ⅳ段母分Ⅱ段母线刀闸处，如图4－36所示。由于6kV开关小室6kVⅡ、Ⅳ段母分Ⅱ段母线刀闸柜上方屋顶长期漏水，造成母排支柱绝缘子绝缘性能下降，引发三相短路故障。

图4－36　6kVⅡ、Ⅳ段母分Ⅱ段母线刀闸故障点

查看现场继电保护装置及主变压器保护整定单情况，2 号主变压器高后备保护方向朝主变压器，复压闭锁由于装置设计缺陷只能取高压侧电压一侧，复压闭锁值按常规低电压 60V，负序电压 6V 整定，跳闸时间为 1.7s。由于低压侧有余热发电机组，2 号主变压器低后备保护不带方向，作为总后备考虑与上下两级电源配合，跳闸时间为 3.8s。

故障发生瞬间，6kVⅡ、Ⅳ段母分母线连接处三相故障（对称性故障），并未产生复序电压，而低电压闭锁只能取高压侧，而当时低压发生三相故障时，高压母线仍有较大残压，造成复压未开放，主变压器高压侧后备保护闭锁未动作，对侧 A 站乙Ⅱ线距离Ⅲ段 2.3s 动作跳开 A 站乙Ⅱ线。

六、防范措施与建议

（1）建议更换主变压器高压侧后备保护装置，复压闭锁应改为能够取高低压两侧电压，保证高低压母线故障时均能可靠动作。

（2）在主变压器低后备保护增设一段短时限电流速断保护，定值躲过反相 110kV 母线最大方式三相故障，并确保低压侧母线故障有足够灵敏度。

（3）排查其余变电站后备保护配置及复压闭锁情况。

故障录波图如图 4－37～图 4－39 所示。

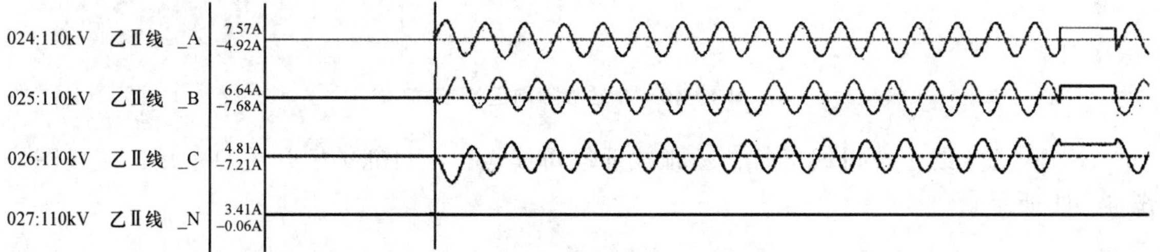

图 4－37 A 站乙Ⅱ线故障电流（故障开始时间 10:45:40:230）

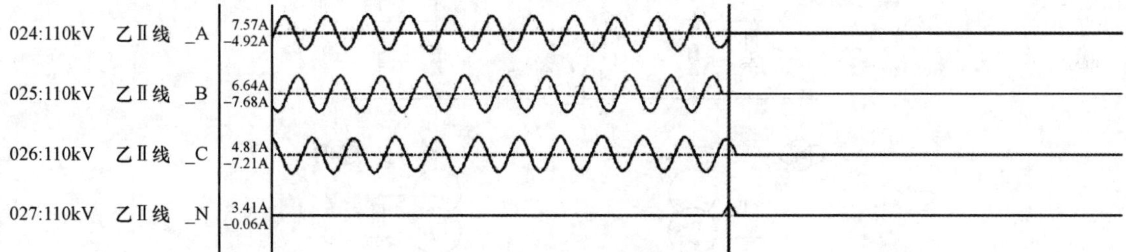

图 4－38 A 站乙Ⅱ线故障电流（故障切除时间 10:45:42:571）

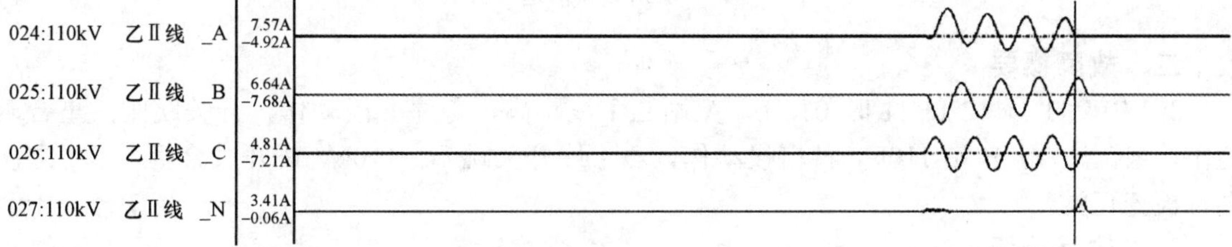

图 4－39 A 站乙Ⅱ线故障电流（重合时间 10:45:44:743）

4.1.9 110kV线路故障跳闸分析报告5

一、故障前运行方式

A站：1号主变压器、乙Ⅱ线、乙Ⅲ线、乙Ⅳ线Ⅰ段母线运行；2号主变压器、乙Ⅴ线、乙Ⅵ线、乙Ⅶ线、乙Ⅷ线Ⅱ段母线运行；乙Ⅸ线、乙Ⅹ线、乙Ⅰ线Ⅲ段母线运行，110kVⅠ、Ⅱ段母分开关、Ⅱ、Ⅲ段母分开关运行。接线图如图4－40所示。

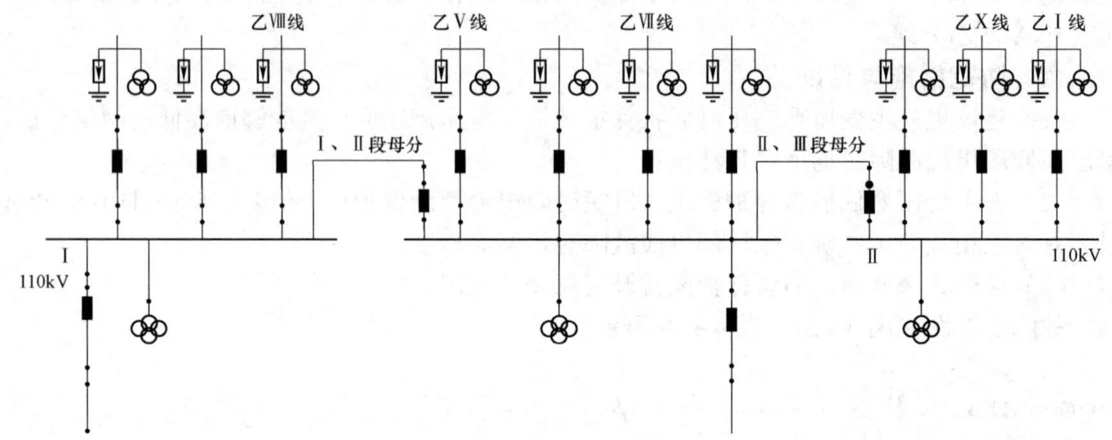

图4－40　A站故障前运行方式

B站：乙Ⅰ线Ⅰ段母线运行；乙Ⅷ线Ⅱ段母线运行；110kV桥开关热备用。接线图如图4－41所示。

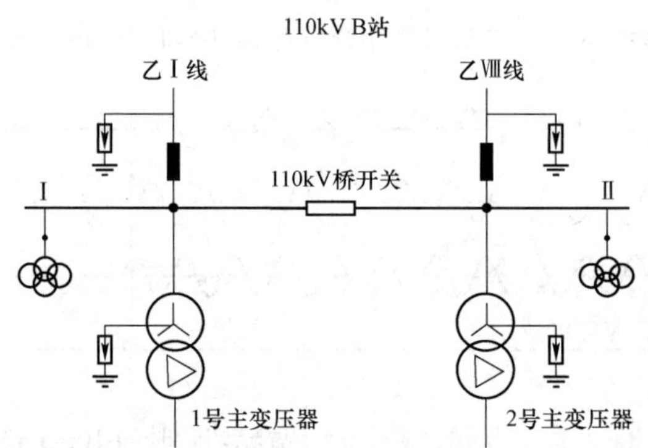

图4－41　B站故障前运行方式

二、故障概要

2017年11月12日11时01分，A站乙Ⅰ线距离、零序Ⅱ段动作，开关跳闸，重合闸动作，重合失败；B站110kV备自投动作，乙Ⅰ线开关跳闸，110kV桥开关合闸，一、二次设备检查正常。

三、信号分析

智能调度控制系统实时告警窗中的相关告警信号如表4－14所示。

表 4－14　　智能调度控制系统实时告警窗中的相关告警信号

序号	时间	变电站	告警
1	11:01:45	A 站	乙Ⅰ线保护出口动作
2	11:01:45	A 站	乙Ⅰ线开关故障分闸
3	11:01:45	A 站	乙Ⅰ线开关间隔故障信号动作
4	11:01:45	A 站	乙Ⅰ线保护出口复归
5	11:01:46	A 站	乙Ⅰ线开关间隔故障信号复归
6	11:01:46	A 站	乙Ⅰ线重合闸出口动作
7	11:01:46	A 站	乙Ⅰ线保护出口动作
8	11:01:46	A 站	乙Ⅰ线开关间隔故障信号复归
9	11:01:46	A 站	乙Ⅰ线重合闸出口复归
10	11:01:46	A 站	乙Ⅰ线保护出口复归
11	11:01:50	B 站	110kV 备自投动作动作
12	11:01:50	B 站	乙Ⅰ线开关故障分闸
13	11:01:51	B 站	110kV 备自投充电未完成动作
14	11:01:52	B 站	110kV 桥开关合闸

本次故障发生及处理过程中实时告警信息出现少报、漏报的情况：无重合闸时开关合闸信号，无重合失败保护动作开关跳闸信号。

保护动作分析："A 站乙Ⅰ线保护出口动作""A 站乙Ⅰ线开关故障分闸"，开关分闸，动作正确。"B 站 110kV 备自投动作动作""B 站 110kV 桥开关合闸"，开关合闸，动作正确。

四、故障处置过程

地区当值监控员从智能调度控制系统告警窗上发现"A 站乙Ⅰ线保护跳闸动作""A 站乙Ⅰ线重合闸动作""A 站乙Ⅰ线保护跳闸动作""B 站 110kV 备自投动作""B 站乙Ⅰ线开关故障分闸""B 站 110kV 桥开关合闸"等一系列动作告警信号。

地区当值监控员按照监控信息处置流程，立即进入智能调度控制系统检查 A 站乙Ⅰ线间隔画面，开关确实存在变位且当前显示为分位，电流、有功等遥测量为零，确认该开关为故障分闸且重合不成功；同时检查 B 站，乙Ⅰ线开关存在变位且当前显示为分位、110kV 桥开关存在变位且当前显示为合位，B 站 110kV 备自投动作正确。监控员将这一情况汇报地调当值调度员，并通知运维人员进行现场检查。

现场检查结果：A 站乙Ⅰ线距离、零序Ⅱ段动作，开关跳闸，重合闸动作，重合失败，保护测距 4km（A 相故障），故障录波器无数据，二次故障电流 28.48A，一、二次设备检查正常。B 站 110kV 备自投动作，乙Ⅰ线开关跳闸，110kV 桥开关合闸，一、二次设备检查正常。

巡线结果：乙Ⅰ线 14～15 号塔下吊机触碰导线，导线有断股，要求紧急停役处理。

处理过程：A 站、B 站乙Ⅰ线改为线路检修，许可乙Ⅰ线故障消缺工作，故障消除后，当日 16:02 乙Ⅰ线已复役。

五、原因分析

A 站乙Ⅰ线保护整定如表 4－15 所示。

表 4－15　A 站乙Ⅰ线保护整定值

	整定值	整定时间
接地距离Ⅰ段	0.21Ω	0s
接地距离Ⅱ段	3Ω	0.3s
接地距离Ⅲ段	15Ω	2.3s
零序过流Ⅰ段	52A	0s
零序过流Ⅱ段	2.3A	0.3s
零序过流Ⅲ段	0.95A	0.6s
重合闸		1s

110kV 侧设备的有功及电流曲线图如图 4－42～图 4－44 所示。

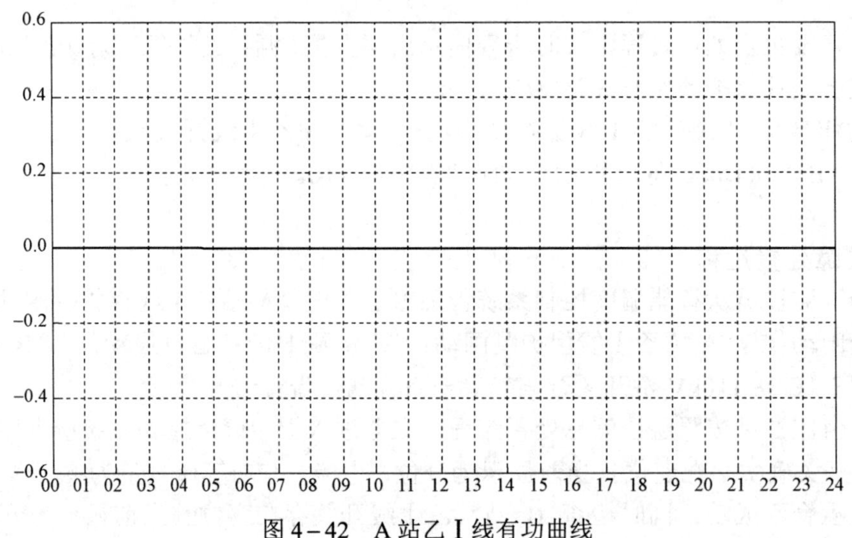

图 4－42　A 站乙Ⅰ线有功曲线

从保护动作准确性看：

110kV 乙Ⅰ线路长度 4.947km，杆塔 15 基，巡线结果显示故障原因为乙Ⅰ线 14～15 号塔下吊机触碰导线，导线有断股。故障相别为A相，故障存在零序电流，二次故障电流28.48A，在线路零序过流保护Ⅱ段保护范围内，故零序过流保护Ⅱ段动作。另外，故障发生在 14～

15 号塔下，在距离保护Ⅱ段的保护范围内，故接地距离Ⅱ段动作。故障发生后保护动作，A 站乙Ⅰ线开关分闸，重合闸动作不成功，开关重合后保护动作再次分闸，B 站侧备自投动作，跳开 B 站乙Ⅰ线开关，合上 110kV 桥开关。

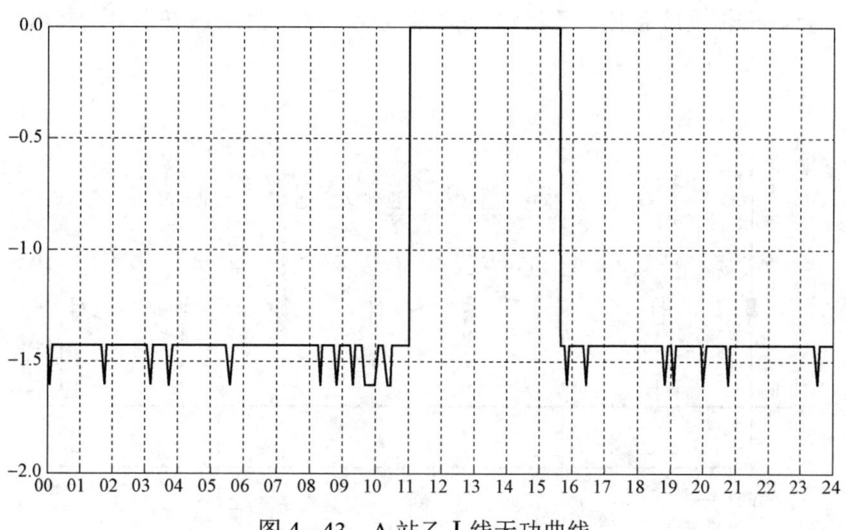

图 4－43　A 站乙Ⅰ线无功曲线

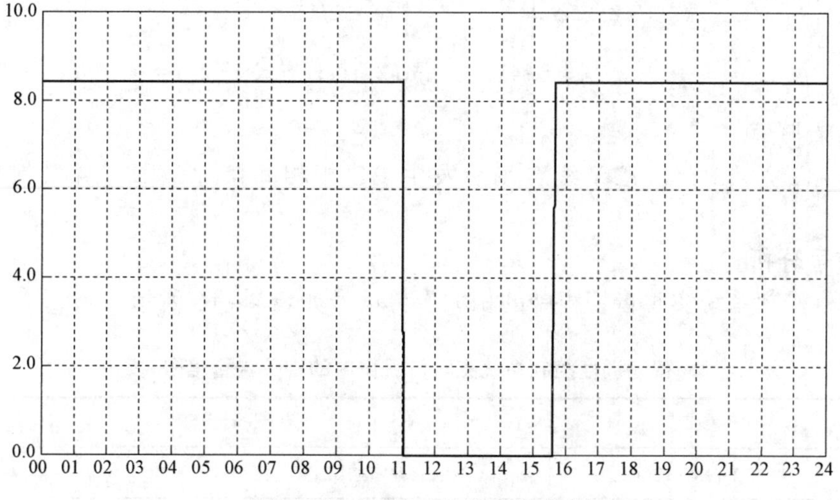

图 4－44　A 站乙Ⅰ线电流曲线

从功率曲线及电流曲线上看：乙Ⅰ线有功负荷为 0，线路电流为无功电流。

A 站乙Ⅰ线保护动作重合不成功，线路无功功率及电流均变为 0，直至故障消除线路复役，如图 4－42 所示。

六、防范措施与建议

加强外扩工程监督机制，强化工程施工对输电通道风险事前控制。

4.1.10　110kV 线路故障跳闸分析报告 11

一、故障前运行方式

1 号主变压器、乙Ⅰ线、乙Ⅲ线、乙Ⅵ线、乙Ⅷ线正母运行，2 号主变压器、乙Ⅳ线、乙Ⅴ线副母运行、乙Ⅱ线冷备用，乙Ⅸ线开关及线路检修，乙Ⅴ线热备用，接线图如图 4－45 所示。

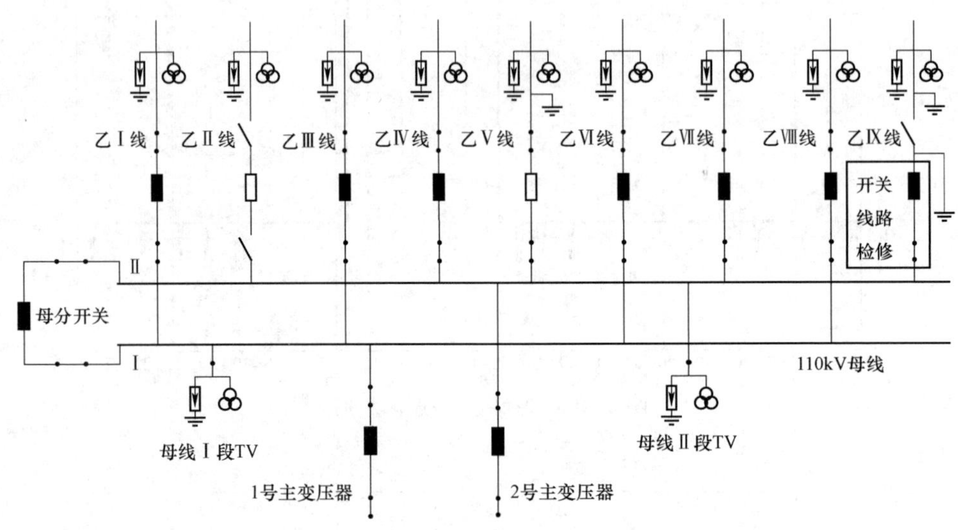

图 4－45　A 站故障前运行方式

二、故障概要

2016 年 12 月 13 日，乙Ⅴ线合闸后发生 BC 相相间接地故障，导致保护动作开关跳闸。

三、信号分析

智能调度控制系统实时告警窗中的相关告警信号如表 4－16 所示。

表 4－16　　智能调度控制系统实时告警窗中的相关告警信号

序号	时间	告警
1	12－13　12:09	乙Ⅴ线装置异常动作
2	12－13　12:09	乙Ⅴ线保护动作
3	12－13　12:09	乙Ⅴ线器控回断线动作
4	12－13　12:09	乙Ⅴ线器控回断线复归
5	12－13　12:10	乙Ⅴ线装置异常复归
6	12－13　12:10	乙Ⅴ线器控回断线复归

相关告警信号缺失，主要是故障时开关分闸信号。

四、故障处置过程

地区当值监控员按照监控信息处置流程，立即进入智能调度控制系统检查 A 站乙Ⅴ线间隔画面，开关当前显示为合位，电流、有功等遥测量不为零，并对 SOE 信息进行了查阅。确认该开关为事故分闸且未启动重合闸。

五、原因分析

保护配置如表 4－17 所示。

表 4－17　　保护配置整定值

保护名称	整定值	整定时间
接地距离Ⅰ段	0.73Ω	0s
距离Ⅲ段	7.3Ω	0s（后加速）

乙Ⅴ线故障录波图如图 4－46 所示。

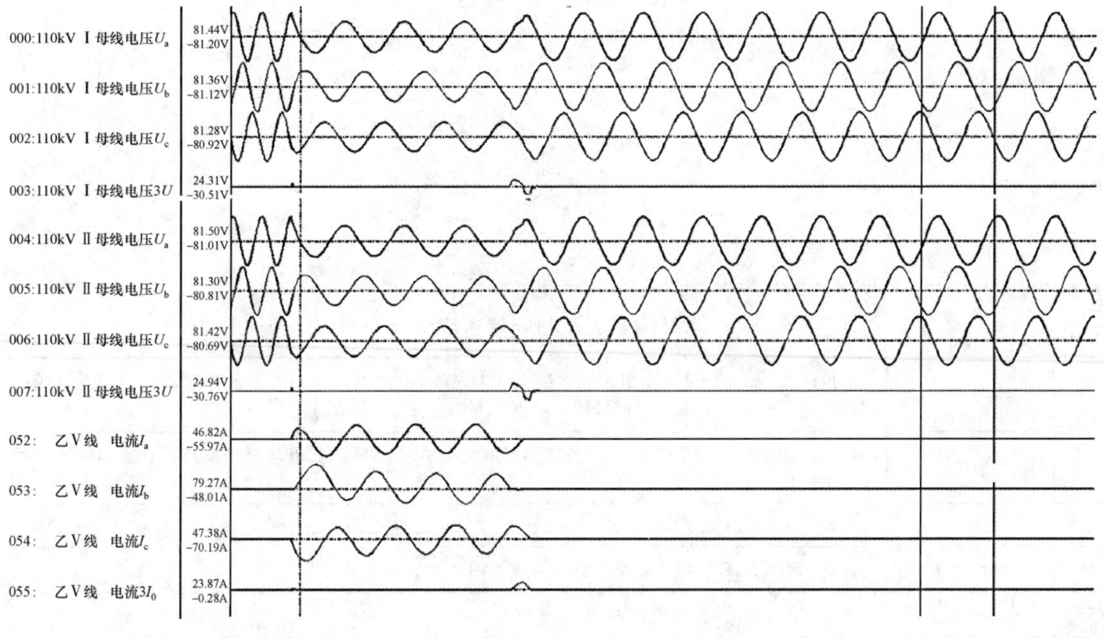

图 4－46　乙Ⅴ线故障录波图

序分量分析图如图 4－47 所示。

可见故障为三相短路故障，负序、零序分量基本为 0，此次故障动作保护应为合闸后加速保护动作跳闸，故障测距为 23km。

查阅《某电网概况及设备参数（第八版）》，地理接线示意图如图 4－48 所示。

12 月 13 日 12 时 09 分，在乙Ⅴ线 87＋2 号塔引流线改接（与 A 站隔离）工作结束，乙Ⅴ线（A 站至 C 站）复役过程中，在执行“6、A 站：乙Ⅴ线由冷备用改为运行（充电）”过程中，当合上乙Ⅴ线开关时发生了跳闸事件，具体处置如表 4－18 所示。

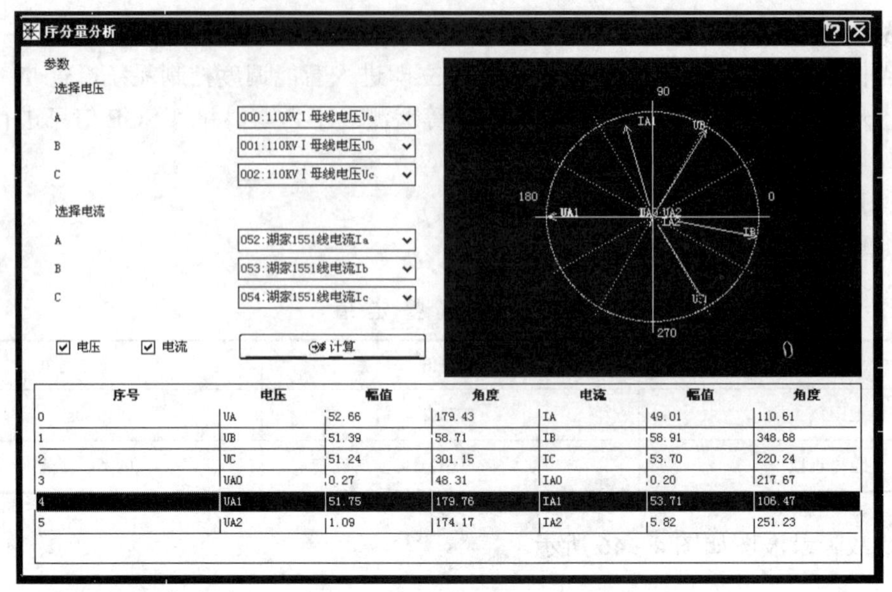

图 4－47　序分量分析图

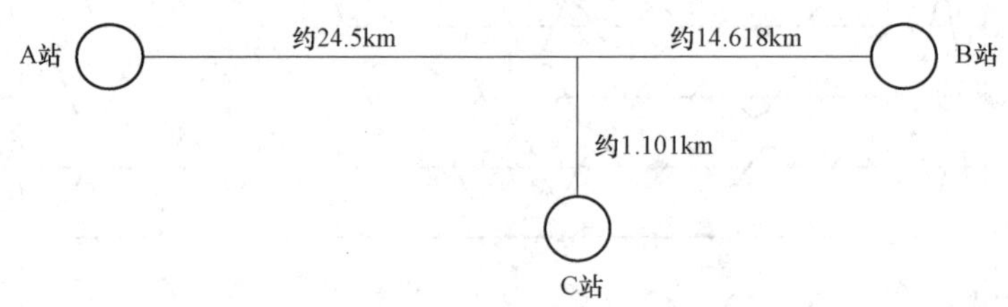

图 4－48　地理接线示意图

表 4－18　　乙 V 线开关跳闸处置过程

1	线路工区	汇报：乙 V 线 87+2 号塔引流线改接（与 A 站隔离）工作结束，人员撤离，线路工作地线拆除，相位未变，乙 V 线 A 站～C 站线路可以复役
2	当值	核对：110kV 乙 V 线 87+2 号塔引流线改接（与 A 站隔离），已在智能调度控制系统 110kV 潮流图、主接线图上设置完成
3	当值	核对：A 站、B 站 220kV 为同一系统
4	操作站 1	A 站：乙 V 线 C 支线由线路检修改为冷备用
5	操作站 2	C 站：乙 V 线由冷备用改为运行（充电）
6	操作站 1	A 站：乙 V 线由冷备用改为运行（充电）
7	操作站 2	C 站：乙 V 线 C 支线由冷备用改为运行（合环 52A）
8	操作站 2	C 站：C－B1022 线由运行改为热备用（解环）
9	操作站 2	C 站：110kV 备自投由信号改为跳闸
10	分调	告：C 站 110kV 已改备线方式，事故后措施可以取消
11	当值	调整系统接线图

乙 V 线合闸后发生 BC 相接地故障，导致保护动作开关跳闸。

六、防范措施与建议

（1）加强安全教育，提高安全意识。

（2）加强工作结束后的核对机制。

（3）完善整个业务流程的安全性与连续性。

4.1.11 110kV线路故障跳闸分析报告12

一、故障前运行方式

220kV A站：1号主变压器接正母运行，2号主变压器接副母运行，母联开关运行，110kV甲线、丙线正母运行，110kV乙线、丁线副母运行。

110kV B站：110kV甲线、乙线运行，110kV桥开关热备用，110kV备自投跳闸状态。接线图如图4－49所示。

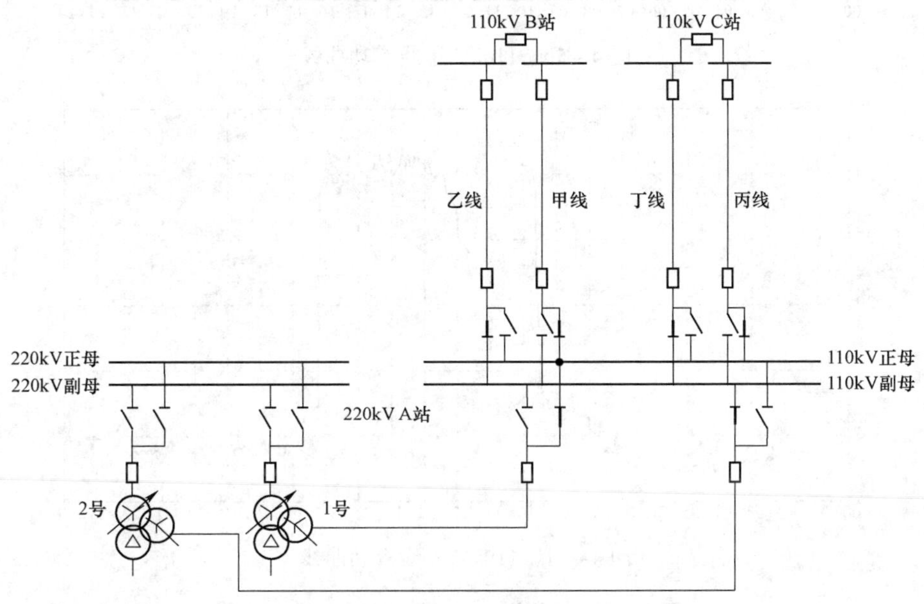

图4－49 220kV A站故障前运行方式

二、故障概要

2018年1月24日9时31分，110kV甲线故障跳闸，重合失败，110kV B站备自投动作。

三、故障分析

220kV A站110kV甲线保护整定如表4－19所示。

表4－19 220kV A站110kV甲线保护整定值

保护名称	整定值	整定时间
零序过流Ⅰ段	32A	0s
零序过流Ⅱ段	3A	0.3s
零序过流Ⅲ段	1.2A	0.6s
重合闸		1s

110kV 侧设备的有功曲线图如图 4－50～图 4－53 所示。

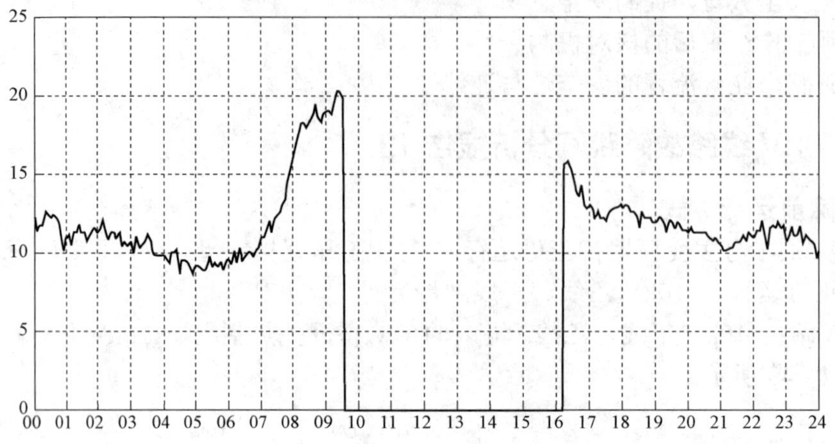

图 4－50　110kV 甲线有功曲线

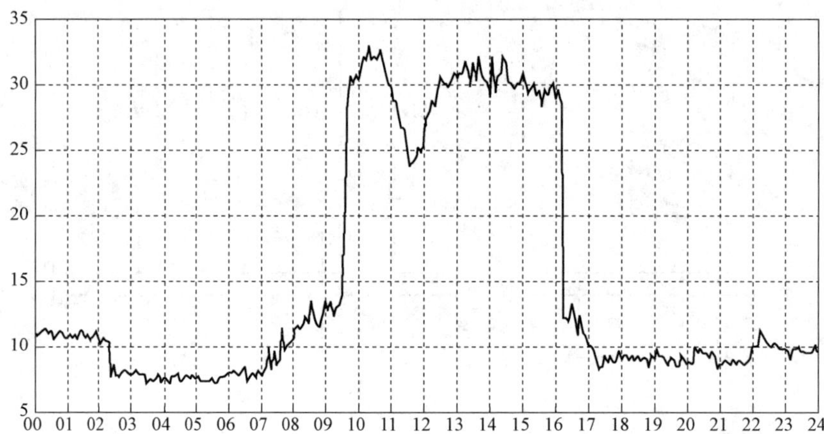

图 4－51　110kV 乙线有功曲线

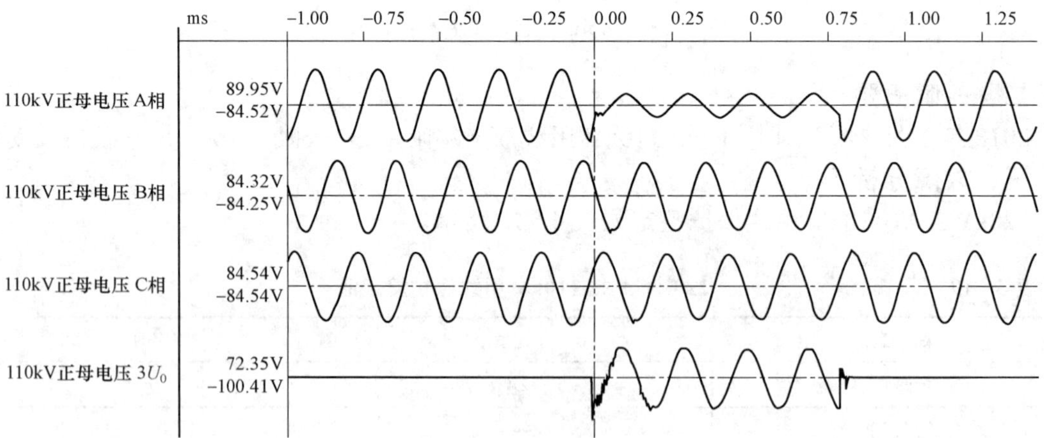

图 4－52　220kV A 站 110kV 母线电压（故障录波）

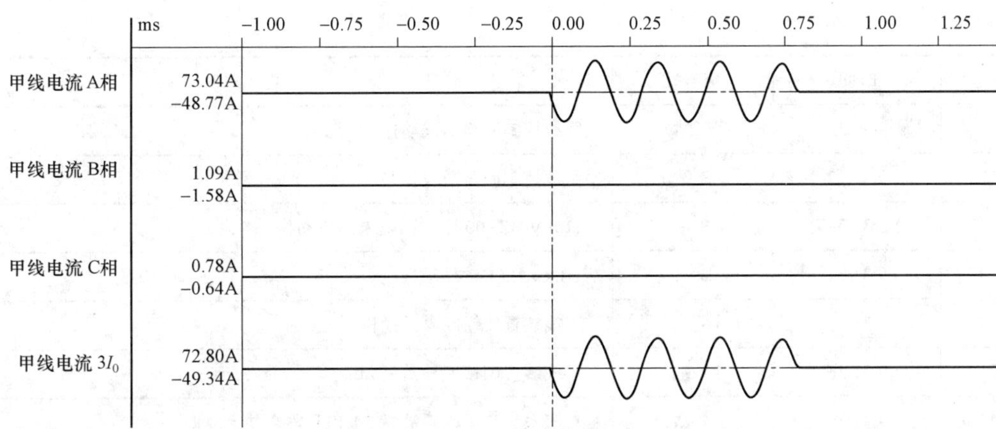

图 4－53　甲线电流故障录波图

故障电流为35.11A，零序过流Ⅰ段动作正确，开关分闸后，重合闸动作，后加速跳开，重合失败，110kV B站备自投动作正确，110kV 甲线的负荷全部转移至 110kV 乙线供。

“C 站 1 号主变压器高压侧 TV 断线动作”“B 站 1 号主变压器 110kV 侧 TV 断线动作”，因为 110kV 甲线故障跳闸时，110kV 母线电压有所下降造成，而且影响到 35kV 侧，导致 35kV 母线电压下降。

智能调度控制系统实时告警窗中的相关告警信号如表 4－20 所示。

表 4－20　　智能调度控制系统实时告警窗中的相关告警信号

序号	时间	变电站	告警
1	9:31:26	A 站	甲线保护动作动作
2	9:31:27	A 站	35kV 2 号电容器空开跳闸/加热器回路断线动作
3	9:31:27	A 站	35kV 2 号电容器空开跳闸/加热器回路断线复归
4	9:31:27	A 站	35kVⅡ母 TV 失压动作
5	9:31:27	A 站	35kVⅡ母 TV 失压复归
6	9:31:27	A 站	35kVⅠ母 TV 失压动作
7	9:31:27	A 站	35kVⅠ母 TV 失压复归
8	9:31:28	A 站	甲线开关合闸
9	9:31:28	A 站	甲线重合闸动作动作
10	9:31:28	A 站	直流系统充电模块故障（Ⅰ和Ⅱ段合并）动作
11	9:31:29	C 站	1 号主变压器高压侧 TV 断线动作
12	9:31:29	B 站	1 号主变压器 110kV 侧 TV 断线动作
13	9:31:32	B 站	110kV 桥开关合闸
14	9:31:32	B 站	甲线开关分闸
15	9:31:32	B 站	110kV 内桥开关弹簧未储能动作

续表

序号	时间	变电站	告警
16	9:31:32	B 站	甲线控制回路断线动作
17	9:31:32	B 站	甲线控制回路断线复归
18	9:31:33	B 站	110kV BZT00 序列充电未完成动作
19	9:31:33	B 站	110kV BZT 动作动作
20	9:31:34	A 站	甲线装置闭锁或异常动作
21	9:31:36	A 站	甲线装置闭锁或异常复归
22	9:31:38	A 站	直流系统充电模块故障（I 和Ⅱ段合并）复归
23	9:31:40	B 站	110kV 母线Ⅱ段 A 相电压幅值越正常下限
24	9:31:40	B 站	110kV 母线Ⅱ段 B 相电压幅值越正常下限
25	9:31:40	B 站	110kV 母线Ⅱ段 C 相电压幅值越正常下限
26	9:31:40	B 站	110kV 母线Ⅱ段线电压幅值（ab）越正常下限
27	9:31:40	B 站	110kV 内桥开关弹簧未储能复归
28	9:31:41	C 站	1 号主变压器高压侧 TV 断线复归
29	9:31:42	B 站	1 号主变压器 110kV 侧 TV 断线复归
30	9:31:45	B 站	110kV 母线Ⅱ段 A 相电压幅值正常
31	9:31:45	B 站	110kV 母线Ⅱ段 B 相电压幅值正常
32	9:31:45	B 站	110kV 母线Ⅱ段 C 相电压幅值正常
33	9:31:45	B 站	110kV 母线Ⅱ段线电压幅值（ab）正常
34	9:31:48	B 站	110kV BZT03 序列充电未完成复归
35	9:31:48	B 站	110kV BZT 动作复归

四、故障处置过程

地区当值监控员按照监控信息处置流程，立即进入智能调度控制系统检查 220kV A 站 110kV 甲线间隔画面，开关确实存在变位且当前显示为分位，电流、有功等遥测量为零，查看 110kV B 站 110kV 甲线分闸，110kV 备自投动作，确认该开关为事故分闸且重合失败。监控员将这一情况汇报地调当值调度员，并通知运维人员现场检查。

现场检查结果：110kV 甲线零序过流Ⅰ段动作，开关跳闸，重合闸动作，重合失败，故障相为 A 相，故障电流 34.82A，零序电流 35.11A，TA 变比 1200/5，故障测距 3.4km。开关实跳 2 次，允跳 30 次。现场天气晴好。1 号、2 号主变压器一、二次情况检查正常。

巡线结果：110kV 甲线 15～16 号塔 A 相中相导线有轻微熔斑，对运行无影响（跳闸原因为农民新村建设中吊机安全距离不足对导线放电引起）。

五、原因分析

农民新村建设中吊机安全距离不足对导线放电引起。

六、防范措施与建议

（1）加强现场施工安全教育，提高现场施工安全意识。

（2）加强对运行设备的监控，确保在故障发生后能及时处理。

4.1.12　110kV 线路故障跳闸分析报告 13

一、事故前运行方式

A 站：1 号主变压器、110kV 甲Ⅳ线、110kV 甲Ⅴ线、110kV 甲Ⅵ线接 110kV 正母运行；2 号主变压器、110kV 甲Ⅰ线、110kV 甲Ⅱ线、110kV 甲Ⅲ线接 110kV 副母运行；110kV 母联运行状态（并列运行），1 号主变压器 35kV 侧开关运行，2 号主变压器 35kV 侧开关运行，35kVⅠ、Ⅱ段母分开关运行；接线图如图 4－54 所示。

B 站：110kV 甲Ⅰ线主供 1 号主变压器，110kV 桥开关热备用；110kV 甲Ⅳ主供 2 号主变压器，110kV 备自投投跳闸。

C 站：110kV 甲Ⅰ线 C 站支线主供 1 号主变压器，110kV 桥开关热备用；110kV 甲Ⅳ线 C 站支线主供 2 号主变压器，110kV 备自投投跳闸。

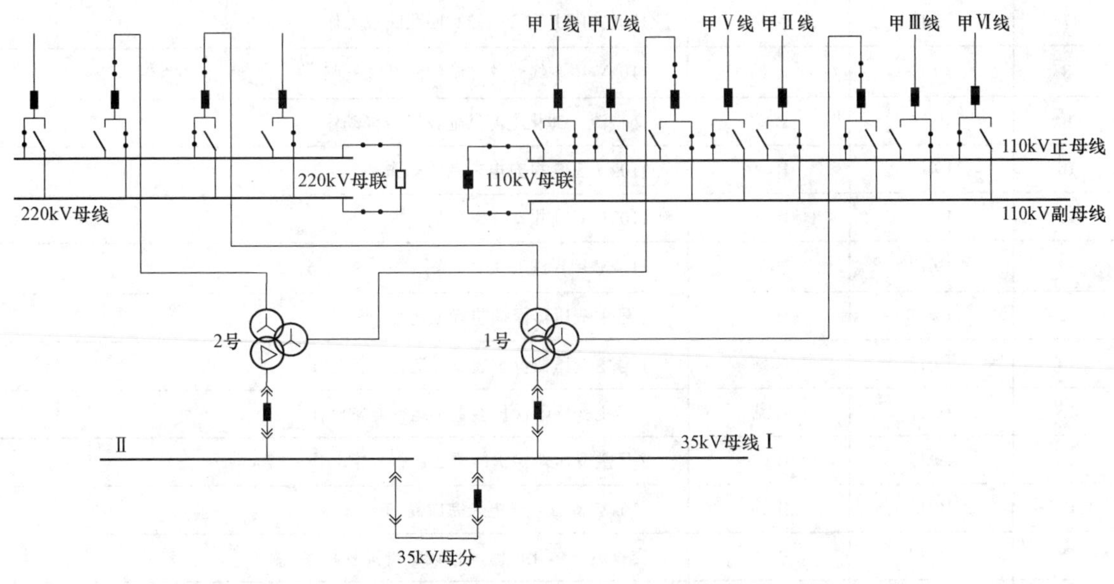

图 4－54　A 站故障前运行方式

二、故障概要

（1）2018 年 5 月 18 日 19 时 16 分 55 秒 104 毫秒：A 站 110kV 甲Ⅰ线保护动作，19 时 16 分 55 秒 215 毫秒 A 站 110kV 甲Ⅰ线开关分闸，19 时 16 分 56 秒 170 毫秒重合闸动作，重合失败。19 时 16 分 55 秒 254 毫秒保护后加速动作，跳闸。

（2）2018 年 5 月 18 日 19 时 17 分 01 秒 827 毫秒 B 站 110kV 备自投动作，B 站 110kV 甲Ⅰ线开关分闸，19 时 17 分 02 秒 327 毫秒 110kV 甲Ⅳ线开关合闸。

（3）2018 年 5 月 18 日 19 时 17 分 C 站 110kV 备自投动作，19 时 17 分 21 秒 484 毫秒甲Ⅰ线 C 站支线开关分闸，110kV 甲Ⅳ线开关合闸。

（4）现场检查：110kV 甲Ⅰ线距离保护Ⅱ段动作，开关跳闸，重合失败，故障相为 B

相，故障电流 34.33A，故障测距 5.6km，开关允许动作次数 30 次，已动作 4 次。现场一、二次设备情况检查正常。

三、信号分析

智能调度控制系统实时告警窗中的相关告警信号如表 4－21 所示。

表 4－21　　智能调度控制系统实时告警窗中的相关告警信号

序号	时间	变电站	告警
1	19:16	A 站	110kV 甲Ⅰ线保护动作动作
2	19:16	A 站	110kV 甲Ⅰ线保护动作复归
3	19:16	A 站	110kV 甲Ⅰ线保护重合闸动作动作
4	19:16	A 站	110kV 甲Ⅰ线保护动作动作
5	19:16	A 站	110kV 甲Ⅰ线保护重合闸动作复归
6	19:17	A 站	110kV 甲Ⅰ线保护动作复归
7	19:17	A 站	110kV 甲Ⅰ线开关控制回路断线动作
8	19:17	A 站	110kV 甲Ⅰ线开关控制回路断线复归
9	19:16	B 站	交直流一体化电源其他设备告警动作
10	19:17	B 站	110kV 备自投充电未完成动作
11	19:17	B 站	110kV 备自投动作动作
12	19:17	B 站	110kV 甲Ⅳ线开关合闸
13	19:17	B 站	1 号主变压器保护装置 1 运行异常动作
14	19:17	B 站	1 号主变压器保护装置 2 运行异常动作
15	19:17	B 站	2 号主变压器保护装置 1 运行异常动作
16	19:17	B 站	2 号主变压器保护装置 2 运行异常动作
17	19:17	B 站	110kV 备自投充电未完成复归
18	19:17	B 站	交直流一体化电源其他设备告警复归
19	20:20	B 站	110kV 备自投充电未完成动作
20	20:20	B 站	110kV 备自投装置告警动作
21	20:20	B 站	110kV 备自投装置通信中断或告警动作
22	19:17	C 站	110kV 备自投动作动作
23	19:17	C 站	超菱 1543C 站支线开关分闸
24	19:17	C 站	110kV 桥开关合闸
25	19:17	C 站	直流屏故障动作
26	19:17	C 站	直流屏故障复归
27	19:50	C 站	110kV 备自投动作复归

四、故障处置过程

（1）2018 年 5 月 18 日 19 时 18 分，监控：汇报 19:16，110kV 甲Ⅰ线开关跳闸，重合失败。已告 A 站，通知线路工区张某、分调何某，短信汇报中心领导。

（2）2018 年 5 月 18 日 19 时 35 分，A 站：汇报现场检查 110kV 甲Ⅰ线距离保护Ⅱ段动作，开关跳闸，重合失败，故障相为 B 相，故障电流 34.33A，故障测距 5.6km，开关允许动作次数 30 次，已动作 4 次。现场一、二次设备情况检查正常。

（3）2018 年 5 月 18 日 19 时 41 分，线路工区：许可 110kV 甲Ⅰ线事故带电巡线工作。

（4）2018 年 5 月 18 日 19 时 50 分，C 站：汇报一、二次设备检查情况正常。

（5）2018 年 5 月 18 日 19 时 51 分，C 站：令 110kV 备自投由跳闸改为信号。

（6）2018 年 5 月 18 日 20 时 14 分，B 站：汇报一、二次设备检查情况正常。

（7）2018 年 5 月 18 日 20 时 15 分，B 站：令 110kV 备自投由跳闸改为信号。

（8）2018 年 5 月 18 日 21 时 11 分，线路工区：报 110kV 甲Ⅰ线巡线结果：25 号耐张杆塔鸟窝掉落，造成 B 相绝缘子串放电，要求 110kV 甲Ⅰ线改线路检修，待明日天气允许时再处理。

（9）2018 年 5 月 18 日 22 时 35 分，地调：110kV 甲Ⅰ线停役操作完毕。

五、原因分析

故障原因为 110kV 甲Ⅰ线 25 号耐张杆塔鸟窝掉落，造成 B 相绝缘子串放电，进而造成 110kV 甲Ⅰ线保护动作。

六、防范措施与建议

（1）进一步加强线路巡视，完善鸟巢档案，对档案进行认真分析总结，找出一些规律，比如鸟害季节性特点和筑窝特性，一旦发现有威胁线路安全运行的鸟巢时，要立即清除。

（2）在日常巡视过程中，应同时开展对沿线群众的宣传工作，着重宣传上杆塔掏鸟窝的危害及可能导致的后果。同时，应重点完善杆塔的警示标志，必要的可增加警示标志的数量。

（3）通过技术措施，比如在易筑巢点加装一些防鸟设备，防止鸟类在此区域活动或筑巢威胁线路运行。

（4）线路建设时便充分考虑防鸟需要，可以通过选用不容易发生鸟害的塔形，或者根据实际设计一些不易发生鸟害的塔形，从而从根本上解决鸟害问题。

（5）呼吁社会关注电网健康发展。为了保护环境、保护电网、降低输电线路鸟害数量，呼吁社会保护自然山林，合理种植速生植物。

4.1.13　110kV 线路故障跳闸分析报告 14

一、故障前运行方式

220kV A 站 110kV 系统运行方式：1 号主变压器及 6 回 110kV 线路正母运行，2 号主变压器及 5 回 110kV 线路（包括 110kV 甲线）副母运行，110kV 母联运行（合环），1 号主变压器 35kV 侧开关运行，2 号主变压器 35kV 侧开关热备用，A 站片区 110kV B 站变压器均为 110kV 备桥方式，110kV 备自投投跳，接线图如图 4－55 所示。

二、故障概要

2016 年 3 月 14 日，220kV A 站 110kV 甲线 A 相 TA 爆炸着火，引起线路跳闸，重合失败。

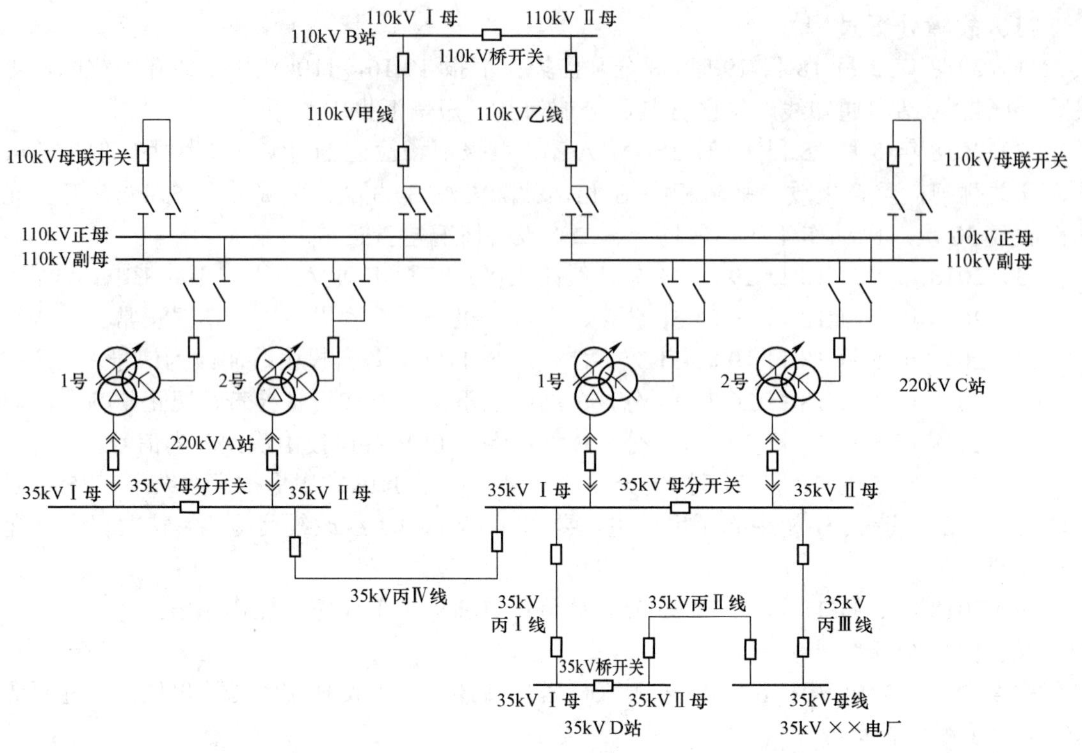

图 4－55　故障前运行方式

三、信号分析

智能调度控制系统实时告警窗中的相关告警信号如表 4－22 所示。

表 4－22　　智能调度控制系统实时告警窗中的相关告警

序号	时间	变电站	告警
A 站			
1	21:44:39	A 站	2 号主变压器有载调压电源消失复归
2	21:44:39	A 站	2 号主变压器有载调压电源消失动作
3	21:44:39	A 站	110kV 副母保护 TV 失压动作
4	21:44:39	A 站	110kV 副母保护 TV 失压复归
5	21:44:39	A 站	110kV 母线保护装置故障动作
6	21:44:39	A 站	110kV 母线保护装置故障复归
7	21:44:39	A 站	110kV 正母保护 TV 失压动作
8	21:44:39	A 站	110kV 正母保护 TV 失压复归
9	21:44:39	A 站	110kV 正母计量 TV 失压动作
10	21:44:39	A 站	110kV 正母计量 TV 失压复归
11	21:44:39	A 站	逆变电源交流输入异常动作
12	21:44:39	A 站	逆变电源交流输入异常复归
13	21:44:39	A 站	甲线保护动作动作

续表

序号	时间	变电站	告警
14	21:44:39	A 站	甲线开关故障分闸
15	21:44:39	A 站	全站故障总信号动作（SOE）
16	21:44:41	A 站	甲线开关故障分闸
17	21:44:41	A 站	甲线开关合闸
18	21:44:41	A 站	甲线保护重合闸动作动作
19	21:44:41	A 站	逆变电源交流输入异常复归
20	21:44:41	A 站	逆变电源交流输入异常动作
B 站			
1	21:44	B 站	全站故障总信号动作（SOE）
2	21:44	B 站	110kV 备自投动作动作
3	21:44	B 站	110kV 甲线开关分闸
4	21:44	B 站	110kV 备自投充电未完成动作
5	21:45	B 站	110kV 备自投充电未完成复归
6	21:44	B 站	110kV 乙线开关合闸

四、故障处置过程

（1）21 时 44 分，监控报：220kV A 站 110kV 甲线保护动作开关跳闸，重合闸动作，重合不成功。地调告某操作站去 220kV A 站、110kV B 站检查，并短信汇报相关领导，通知线路工区、分调。

（2）22 时 23 分，220kV A 站汇报：110kV 甲线 A 相 TA 爆炸着火，B、C 相正常，无影响，目前无法灭火。令：110kV 甲线由副母热备用改为冷备用（如现场安全不满足，先拉开 110kV 甲线母线闸刀，隔离故障，以免影响 110kV 母差保护）。汇报相关领导。

（3）22 时 35 分，告分调：220kV A 站 110kV 甲线 A 相 TA 爆炸着火，110kV 甲线不能恢复，要求 110kV B 站做好故障后措施。22 时 41 分故障后措施准备完毕。

（4）23 时 02 分，220kV A 站汇报：110kV 甲线由副母热备用改为冷备用操作完毕。

（5）23 时 30 分，令：110kV B 站① 110kV 备自投改信号；② 110kV 甲线改线路检修。23 时 51 分操作完毕。

（6）23 时 43 分，令：220kV A 站：110kV 甲线由冷备用改为开关及线路检修。

（7）00 时 44 分，运检部汇报：因 220kV A 站 110kV 正母线昨天故障时有损伤，停役检修。申请 220kV A 站 110kV 正母检修，110kV 母联开关检修。

（8）00 时 47 分，220kV A 站汇报：110kV 甲线零序Ⅰ段保护动作，开关跳闸，重合失败，故障相为 A 相，故障距离 0.032km，故障电流 $3I_0=54.75$A。

（9）06 时 34 分，令 220kV A 站：① 110kV 正母线由运行改为检修。② 110kV 母联开关由冷备用改为开关检修。

（10）07 时 24 分，因 220kV C 站 2 号主变压器重载，需将 110kV 侧合环。令监控：220kV C 站 110kV 母联开关由热备用改为运行。

（11）07 时 28 分，告 35kV××电厂：机组满发。

（12）08 时 18 分，对 220kV C 站 35kV 负荷进行调整。

（13）08 时 25 分，220kV C 站负荷调整完毕，35kV D 站倒由 35kV 丙Ⅱ线经桥开关供电、35kV 丙Ⅳ线合环供 220kV C 站 35kVⅠ段母线负荷。

五、原因分析

故障由 110kV 甲线 A 相 TA 爆炸着火引起的线路跳闸。从图 4－56 可以看出 110kV 甲线 A 相和 B 相电流由畸变，重合闸后加速跳闸后，B 相电流畸变消失，A 相仍存在。110kV 正母零序电流及零序电压均有突变。故障现场照片如图 4－57 和图 4－58 所示。

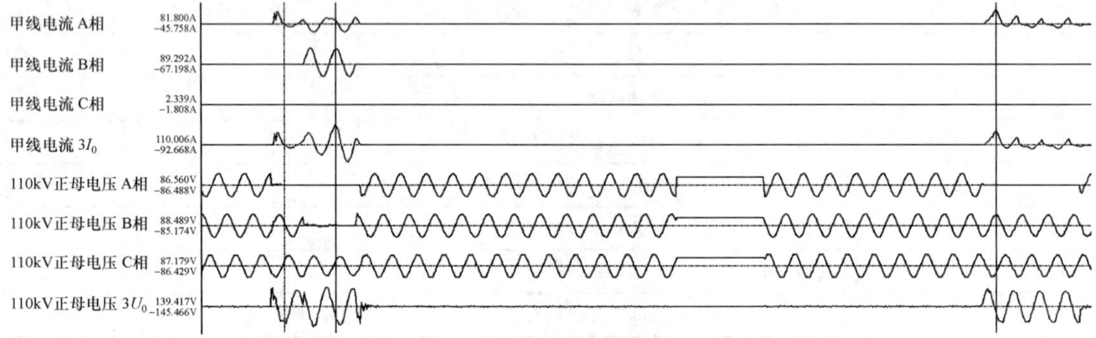

图 4－56　故障录波图形

图 4－57　爆炸瞬间现场图片

图 4－58　爆炸后设备损坏情况

六、防范措施与建议

（1）本次故障发生在负荷较重的地区，夏季用电高峰即将来临，应加强变电站设备巡视，查找设备薄弱点和隐患点，做到防患于未然。

（2）加强无人值班变电站的监控手段，充分运用现有的视频监控及红外监控手段，及时发现隐患点。

4.1.14 35kV线路故障跳闸分析报告1

一、故障前运行方式

A 站：1 号、2 号主变压器并联运行，丙Ⅰ线、丙Ⅱ线、丙Ⅲ线运行，丙Ⅳ线热备用，如图 4－59 所示。

C 站：35kV 备桥方式。

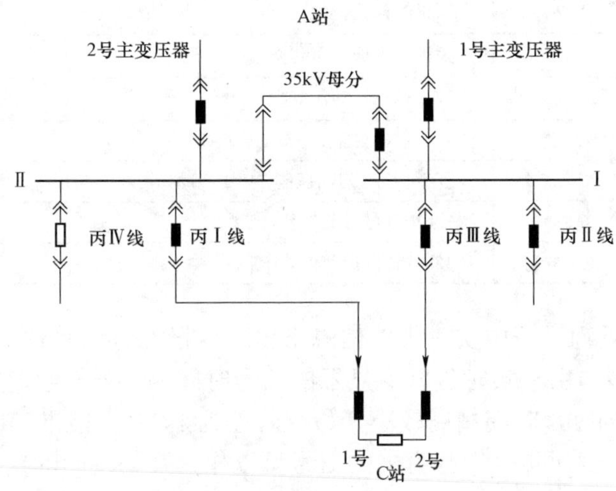

图 4－59 故障前运行方式

二、故障概要

2017 年 9 月 8 日 14:46，丙Ⅲ线 B、C 两相接地故障，开关跳闸重合失败，A 站所供 35kV C 站的 35kV 备自投动作。

三、信号分析

智能调度控制系统实时告警窗中的相关告警信号如表 4－23 所示。

表 4－23 智能调度控制系统实时告警窗中的相关告警信号

序号	时间	变电站	告警
1	14:46	A 站	35kV 母线保护 TA 或 TV 断线动作
2	14:46	A 站	丙Ⅳ线小电流接地动作
3	14:46	A 站	丙Ⅲ线小电流接地动作
4	14:46	A 站	丙Ⅰ线小电流接地动作
5	14:46	A 站	丙Ⅱ线小电流接地动作
6	14:46	A 站	丙Ⅳ线小电流接地复归

续表

序号	时间	变电站	告警
7	14:46	A 站	丙Ⅲ线保护动作动作
8	14:46	A 站	丙Ⅲ线重合闸动作动作
9	14:46	A 站	丙Ⅲ线开关合闸
10	14:46	A 站	丙Ⅱ线小电流接地复归
11	14:46	A 站	丙Ⅲ线小电流接地复归
12	14:46	A 站	丙Ⅰ线小电流接地复归
13	15:17	A 站	丙Ⅲ线保护动作复归
14	15:17	A 站	丙Ⅲ线重合闸动作复归
15	15:24	A 站	35kV 母线保护 TA 或 TV 断线复归
16	15:43	A 站	丙Ⅲ线开关合闸
17	15:43	A 站	丙Ⅲ线保护动作动作
18	15:46	A 站	丙Ⅲ线保护动作复归
19	15:46	C 站	2 号主变压器高压侧 TV 断线复归
20	15:46	C 站	2 号主变压器高压侧 TV 断线动作
21	15:46	C 站	35kV 备自投动作复归
22	15:46	C 站	35kV 备自投动作动作

本次故障发生及处理过程中实时告警信息未出现少报、漏报的情况，符合开关事故跳闸，重合成功的特征。此外，由于实时告警窗显示的信号时间为信号接收时间，不是现场装置发出告警信号的时间；同时，时间精度较小（最小时差为 1s），不能准确的反应出实际的保护动作、开关变位顺序，因而实时告警窗中的信号可以作为开关跳闸的判断依据，但不能作为整个过程的推演证据。

（1）保护动作分析。“丙Ⅳ线小电流接地动作”“丙Ⅲ线小电流接地动作”“丙Ⅱ线小电流接地动作”“丙Ⅰ线小电流接地动作”。由于小电流接地系统发生接地故障时，非故障线路保护流过的电流为该线路本身非故障相对地电容电流与负荷电流之和；故障线路保护流过的电流为所有非故障线路电容电流与本线路故障电流之和，其方向为线路流向母线。所以当丙Ⅲ线故障时，除了丙Ⅲ线以外，丙Ⅳ线、丙Ⅰ线和丙Ⅱ线都会感应到故障电流，它们也会发出小电流接地信号。

（2）告警信号分析：“C 站 2 号主变压器高压侧 TV 断线动作”“C 站 35kV 备自投动作动作”。线路故障时，A 站 35kV 母线 B、C 相电压出现了瞬时的沉降，从而引发 A 站 35kV 母线保护 TV 或 TA 断线、C 站 2 号主变压器高压侧 TV 断线动作和 C 站 35kV 备自投动作。但是当日的母线电压曲线图 5min 采样一次，并未能采下该点。查询 SOE 信号，A 站主变压器故障录波器启动，但最后未能查询到该波形。

四、故障处置过程

监控汇报调度：14:46，A 站丙Ⅲ线保护动作，开关跳闸，重合闸动作，重合失败。

调度通知 A 站、B 站：14:47，运维人员现场检查。

C 站现场汇报：15:08，C 站场内设备无明显异常。

A 站现场汇报：15:27，A 站丙Ⅲ线过流Ⅱ段动作，故障相 B、C 相，故障电流 7.01A（二次），现场设备检查正常。

调度令监控：15:43，丙Ⅲ线试送一次，试送失败，第二次跳闸过流Ⅱ段动作，故障相 B、C 相，故障电流 6.70A。

输电运检工区汇报调度：16:24，巡线结果为丙Ⅲ线电缆受外力破坏，需更换。

调度令 A 站：16:25，将丙Ⅲ线改至线路检修。

五、原因分析

设备巡视人员发现，丙Ⅲ线 52～53 号塔之间 B、C 电缆被外力破坏，绝缘击穿，发生两相金属性接地，需停电更换电缆。

六、防范措施与建议

强化现场设备巡视工作，提高现场巡视质量，及时反馈现场设备运行状况，加大设备隐患排查力度，规范运维行为。

4.1.15 35kV 线路故障跳闸分析报告 2

一、故障前运行方式

A 站：1 号主变压器 35kV 开关运行，2 号主变压器 35kV 开关冷备用，35kV 丙Ⅰ线、丙Ⅱ线 35kVⅠ段母线运行，35kV 丙Ⅲ线 35kVⅡ段母线运行、丙Ⅳ线 35kVⅡ段母线热备用，35kV 母分开关运行。接线图如图 4－60 所示。

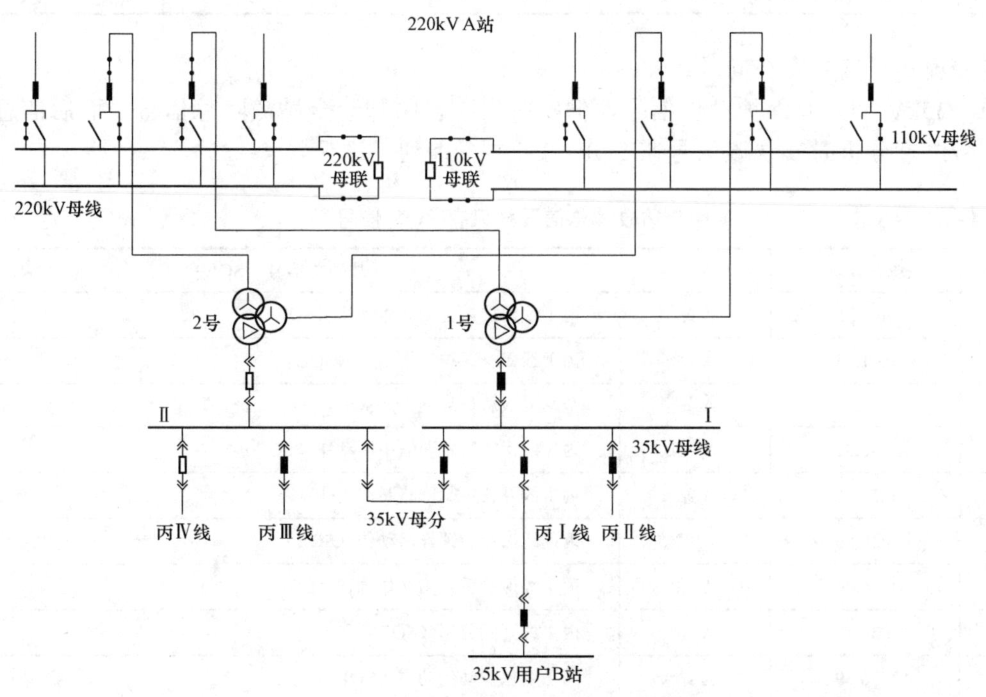

图 4－60　A 站故障前运行方式

二、故障概要

2018 年 8 月 19 日，A 站丙Ⅰ线故障跳闸，开关未重合。A 站 35kV 其余间隔运行正常，

35kV 用户 B 站全所失电。

三、信号分析

智能调度控制系统实时告警窗中的相关告警信号如表 4－24 所示。

表 4－24　　智能调度控制系统实时告警窗中的相关告警信号

序号	时间	变电站	告警
1	6:36:38	A 站	丙Ⅰ线开关故障分闸
2	6:36:38	A 站	丙Ⅰ线保护动作动作
3	6:36:40	A 站	丙Ⅰ线保护重合闸动作动作
4	6:36:55	A 站	丙Ⅰ线开关控制回路断线动作
5	6:36:55	A 站	丙Ⅳ线保测装置异常动作
6	6:37:10	A 站	35kV 6 号电容器开关机构弹簧未储能动作
7	6:40:01	A 站	丙Ⅳ线保测装置通信中断动作
8	6:42:00	A 站	丙Ⅳ线保测装置通信中断复归
9	6:42:38	A 站	丙Ⅰ线保护动作复归
10	6:42:38	A 站	丙Ⅰ线保护重合闸动作复归
11	6:49:19	A 站	丙Ⅰ线开关控制回路断线复归
12	6:54:44	A 站	丙Ⅳ线保测装置异常复归（全数据判定）

告警窗实时信号存在问题：

（1）35kV 间隔有保护动作信号，但实时告警窗中却无全站故障总信号，而后信息分析师对信号进行分析时发现该信号在 SOE 信号中查询到（详见表 4－25）。

表 4－25　　全站故障总信号（只有 SOE 信号）

序号	系统告警时间	厂站	故障总信号（SOE）
1	6:41:35	A 站	丙Ⅰ线保护重合闸动作动作（SOE）
2	6:41:35	A 站	丙Ⅰ线保护保护动作动作（SOE）
3	6:40:02	A 站	全站事故总信号复归（SOE）
4	6:40:01	A 站	丙Ⅳ线保测装置通信中断动作（SOE）
5	6:36:56	A 站	丙Ⅰ线开关控制回路断线动作（SOE）
6	6:36:56	A 站	丙Ⅳ线保测装置异常动作（SOE）
7	6:36:40	A 站	丙Ⅰ线保护重合闸动作动作（SOE）
8	6:36:39	A 站	丙Ⅰ线开关分闸（SOE）
9	6:36:39	A 站	丙Ⅰ线保护动作动作（SOE）
10	6:36:39	A 站	全站事故总信号动作（SOE）

（2）35kV 丙Ⅳ线开关是热备用状态，但故障发生时，丙Ⅳ线保测装置异常及通信中断信号报出。

（3）一串信号中有35kV 6号电容器开关机构弹簧未储能信号报出，但A站并无35kV 6号电容器设备。该次跳闸故障存在信号的漏报、误报问题。

四、故障处置过程

（1）6时36分监控发现智能调度控制系统告警窗中，A站丙Ⅰ线开关跳闸，重合闸保护动作，开关未重合。监控立即告知调度并联系A站现场人员检查设备情况，告线路工区××，并汇报相关领导。

（2）6时48分，A站现场人员汇报丙Ⅰ线过流Ⅱ段保护动作开关跳闸，重合闸动作但开关合闸失败（因丙Ⅰ线保护测控装置空开跳开引起丙Ⅰ线控回断线动作），故障相、故障电流无法查询；将空开合上后控回断线复归。其余站内一、二次设备检查正常。

（3）6时56分，线路工区张××汇报现场检查情况：丙Ⅰ线70号塔因低温引起导线上拔、绝缘子倒挂，有可能引起放电。

（4）7时25分，用户变B站现场人员汇报现场检查情况：丙Ⅰ线线路70号塔重点检查。

（5）9时42分，用户变B站现场人员申请丙Ⅰ线改线路检修。

（6）9时46分，调度令A站人员将丙Ⅰ线由热备用改为冷备用，并将丙Ⅰ线由冷备用改为线路检修。

（7）10时13分，调度令用户变B站人员将丙Ⅰ线由冷备用改为线路检修。

（8）10时25分，A站现场检修人员申请要求将丙Ⅰ线改开关检修进行“控回断线”检查处理。

（9）10时26分，调度令A站人员将丙Ⅰ线由线路检修改为开关及线路检修。

（10）11时33分，调度许可A站丙Ⅰ线测控保护装置直流空开跳开处理工作。

（11）13时5分，A站现场汇报丙Ⅰ线测控保护装置直流空开跳开处理工作已结束，人员撤离，设备验收合格，可以复役，原因为合闸线圈烧毁。

（12）A站丙Ⅳ线线路具体情况不明，用户变B站目前仍在全停状态。

五、原因分析

（1）监控信息问题分析：

1）监控查询信号情况发现：从23日07时24分开始到23日14时20分、24日04时33分到24日06时36分，35kVⅠ、Ⅱ母发生频繁的母线接地动作、复归情况，接地复归间隔1s左右（见表4-26），未能及时通过暂态信息预判问题。

表4-26　35kVⅠ、Ⅱ母接地信号（暂态信号）

序号	系统告警时间	厂站	故障总信号（SOE）
1	5:05:07	A站	35kVⅡ段母线接地复归（SOE）
2	5:05:07	A站	35kVⅠ段母线接地复归（SOE）
3	5:05:05	A站	35kVⅡ段母线接地动作（SOE）
4	5:05:05	A站	35kVⅠ段母线接地动作（SOE）
5	5:05:04	A站	35kVⅡ段母线接地复归（SOE）
6	5:05:04	A站	35kVⅠ段母线接地复归（SOE）
7	5:05:03	A站	35kVⅡ段母线接地动作（SOE）
8	5:05:03	A站	35kVⅠ段母线接地动作（SOE）

2）在 A 站故障发生时，出现丙Ⅳ线保测装置异常及丙Ⅳ线保测装置通信中断，未见丙Ⅰ线保测装置异常告警，疑为误信号；后续故障处理现场工作过程中，丙Ⅰ线开关分合闸操作过程中出现丙Ⅳ线开关机构弹簧未储能告警信号，同样疑似为误信号，见表 4－27。

表 4－27　　丙Ⅳ线开关机构弹簧未储能信号

序号	系统告警时间	厂站	故障总信号（SOE）
1	12:46:39	A 站	丙Ⅳ线开关机构弹簧为储能复归（SOE）
2	12:46:34	A 站	丙Ⅳ线开关机构弹簧为储能动作（SOE）
3	12:46:19	A 站	丙Ⅳ线开关机构弹簧为储能复归（SOE）
4	12:46:13	A 站	丙Ⅳ线开关机构弹簧为储能动作（SOE）

（2）设备问题：在丙Ⅰ线故障分闸后，重合闸动作正确，但合闸失败，原因是丙Ⅰ线保护测控装置空开跳开引起丙Ⅰ线控回断线动作，后检查发现为该开关合闸线圈烧毁。

六、防范措施

（1）此次故障当中存在信号的漏报、误报问题，建议对信号情况进行排查，重点排查丙Ⅳ线保测装置异常、丙Ⅳ线保测装置通信中断、丙Ⅳ线开关机构弹簧未储能、丙Ⅰ线保测装置异常告警、丙Ⅰ线保测装置通信中断、丙Ⅰ线开关机构弹簧未储能，针对排查发现问题进行整改。

（2）本次故障前 A 站 35kVⅠ、Ⅱ母接地信号实时告警窗，后查询自动化信息优化策略表，其中对小电流系统母线接地的信号做了 60s 延时优化。该信号由于短时频繁动作复归，间隔都在 60s 内，所以只进入暂态窗，信息分析师应加强对暂态信息分析。

（3）本次故障当中由于丙Ⅰ线开关合闸线圈烧毁导致重合闸动作时合闸不成功，查询缺陷记录，A 站开关曾多次出现合闸线圈烧毁事件，2014 年出现 35kV 2 号站用变合闸线圈烧坏情况，2015 年 110kV 出线、35kV 丙Ⅲ线开关都先后出现合闸线圈烧毁事件。建议对 A 站开关设备具体情况进行排查。

（4）监控员以及信息分析师在日常工作过程中做好四类信号以外信号的日常巡视工作，能够及时发现不正常信号。

4.1.16　35kV 线路故障跳闸分析报告 3

一、故障前运行方式

A 站：1 号主变压器 35kV 开关运行，2 号主变压器 35kV 开关冷备用，丙Ⅱ线 35kVⅠ段母线运行，丙Ⅰ线 35kVⅠ段母线冷备用，丙Ⅲ线 35kVⅡ段母线运行、丙Ⅳ线 35kVⅡ段母线热备用，35kV 母分开关运行。35kV 用户变 B 站丙Ⅰ线冷备用。接线图如图 4－61 所示。

二、故障概要

2019 年 2 月 8 日，在 A 站丙Ⅰ线复役工作过程中，地调调度员与用户变 B 站现场核对所有地线确已拆除，所有接地开关确已拉开后 11 点 08 分调度发令 A 站：丙Ⅰ线由冷备用改为运行。在操作过程中，值班调控员发现智能调度控制系统告警窗在 A 站丙Ⅰ线开关合闸后报出：2019 年 2 月 8 日 11 时 28 分 21 秒 A 站丙Ⅰ线保护动作，2019 年 2 月 8 日 11 时 28 分 21 秒 A 站丙Ⅰ线故障分闸信号。值班调控员进入 A 站主接线图，查看开关确已变位，迅速联系现场，并汇报相关领导。

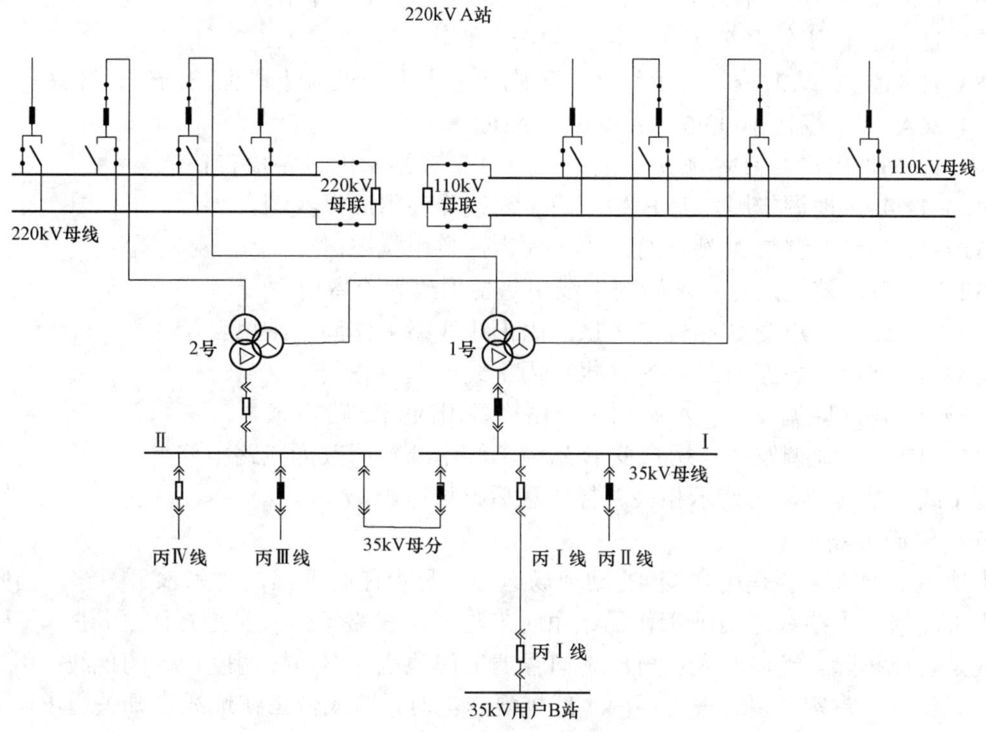

图 4－61　A 故障前运行方式

三、信号分析

智能调度控制系统实时告警窗中的相关告警信号如表 4－28 所示。

表 4－28　A 站智能调度控制系统实时告警窗中的相关告警信号

序号	时间	告警
1	11:28:21	丙Ⅰ线保护动作动作
2	11:28:21	丙Ⅰ线开关合闸
3	11:28:21	丙Ⅰ线开关事故分闸
4	11:35:52	丙Ⅰ线保护动作复归

四、故障处置过程

（1）08:19，调度告用户变 B 站顾××丙Ⅰ线已改线路检修，站内变电工作可以自行许可。

（2）08:21，调度与输电运检班寿××确认丙Ⅰ线线路消缺工作由调度许可给用户，再由用户许可给输电运检班；故障检修段线路属于用户资产，由输电运检班代维。

（3）08:24，调度许可用户变 B 站顾××丙Ⅰ线线路消缺工作。

（4）08:32，用户变 B 站顾××汇报丙Ⅰ线线路消缺工作已结束。

（5）08:47，调度与用户变 B 站顾××核对站内变电工作已全部结束，对丙Ⅰ线路状态已无要求。

（6）11:08，发令A站刘××丙Ⅰ线由冷备用改运行（冲击）。

（7）11:28，丙Ⅰ线开关事故分闸，冲击失败。

（8）11:41，A站汇报：丙Ⅰ线冲击不成功，丙Ⅰ线过流Ⅰ段保护动作，开关跳闸，故障电流8.26A，TA变比1600/5，故障相别ABC。

（9）11:46，用户变B站顾××汇报：用户变B站站内设备检查正常。

（10）11:48，地调告用户变B站：丙Ⅰ线改冷备用后报我调。

（11）11:50，地调与A站核对：丙Ⅰ线为热备用状态。

（12）11:51，调度发令：A站丙Ⅰ线由热备用改为冷备用。

（13）11:55，用户变B站范××报：丙Ⅰ线线路工作尚未结束。

（14）12:05，用户变B站顾××报：丙Ⅰ线已改冷备用。

（15）12:10，地调发令：A站丙Ⅰ线由冷备用改为线路检修。

（16）12:11，地调发令：用户变B站丙Ⅰ线由冷备用改为线路检修。

丙Ⅰ线不能送电，需请示相关领导同意后方可送电。

五、原因分析

本次事故原因主要是用户变B站现场运行人员责任心不强，技术水平不够，当向值班调度人员汇报丙Ⅰ线线路消缺工作已结束时未与现场线路工作人员进行沟通，进一步确认工作地线是否已拆除。当调度人员再次询问强调工作地线，不是按调度指令的地线，用户变B站运行人员予以肯定答复。进而当丙Ⅰ线恢复送电时，造成带工作地线合开关送电，因重合闸在线路送电之前已停用，丙Ⅰ线过流Ⅰ段保护动作后开关跳开，故没有再次重合。

六、防范措施与建议

（1）梳理涉网用户值班人员上岗证，加强涉网用户业务技能培训教育，提高值班人员责任心和业务技能水平。

（2）必须加强值班人员安全意识，严格执行《国家电网公司电力安全工作规程　变电部分》，严格遵守现场操作规定，坚决杜绝各类违章。

（3）涉网用户应组织开关安全风险教育，认真学习各类事故通报，抓住安全生产的薄弱环节和关键点，落实各级人员的安全生产责任制；严格遵守各项安全生产规程、规定和制度，及时制定完善安全防范措施，杜绝人员责任性事故发生。

4.2 主变压器故障

4.2.1 220kV变电站主变压器故障跳闸分析报告1

一、故障前运行方式

A站1号、2号主变压器运行，110kV正、副母分列运行（1号主变压器上副母、2号主变压器上正母，线路单数上正母、双数上副母，乙Ⅰ线副母热备用），35kVⅠ、Ⅱ段母线分列运行。1号主变压器有功负荷100MW（7月10日早高峰93MW、晚高峰106MW），2号主变压器有功负荷103MW（7月10日早高峰117MW，晚高峰111MW）。

其中110kV C站、110kV D站备自投停用，A站故障前运行方式如图4－62所示。

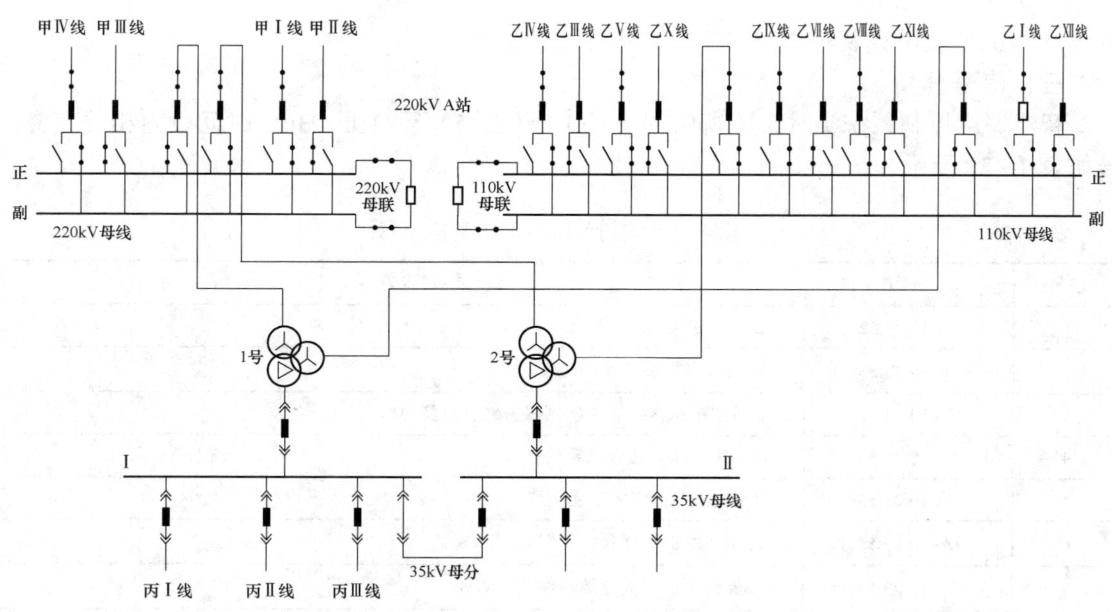

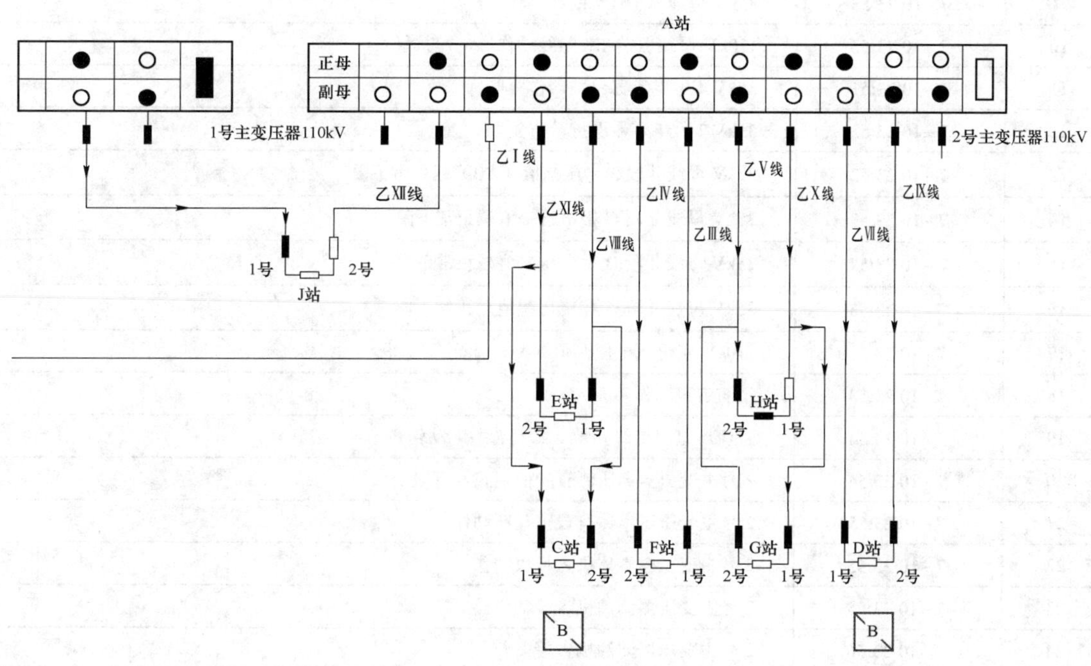

图 4－62 A 站故障前运行方式

二、故障概要

2016 年 7 月 10 日 23 时 52 分某县域内：220kV A 站 2 号主变压器差动保护动作跳闸，1 号主变压器过负荷，调度控制相关负荷；随后 A 站 2 号主变压器着火，要求全站设备停电灭火。调度紧急转供 A 站 35kV Ⅰ、Ⅱ段母线所带负荷（包括站用电）后将 1 号主变压器紧急拉停；灭火后由 110kV 联络线乙Ⅰ线转供 A 站 110kV 副母线并送出部分负荷，影响负荷 45MW（均为农网线路）。其后 1 号主变压器检查试验后送电送出全部失电负荷。最后消缺后送出 110kV 正母线及对 2 号主变压器进行更换。

三、信号分析

智能调度控制系统实时告警窗中的 7 月 10 日 23:52 至 11 日 03:00 时间段内相关告警信号如表 4－29 所示。

表 4－29　　智能调度控制系统实时告警窗信息

序号	时间	告警
1	7－10 23:52	2 号主变压器差动动作
2	7－10 23:53	乙Ⅻ线保护装置异常动作
3	7－10 23:53	2 号主变压器装置中压侧保护装置报警动作
4	7－10 23:53	2 号主变压器装置报警动作
5	7－10 23:53	2 号主变压器 TV 断线动作
6	7－10 23:53	乙Ⅺ线保护装置异常动作
7	7－10 23:53	乙Ⅹ线保护装置异常动作
8	7－10 23:53	乙Ⅲ线保护装置异常动作
9	7－10 23:53	35kV 母线保护 TV 断线动作
10	7－10 23:53	110kV 母线保护 TV 断线动作
11	7－10 23:53	35kV 4 号电容器保护动作复归
12	7－10 23:53	35kV 2 号电容器保护动作复归
13	7－10 23:53	35kV 母线Ⅱ段线电压幅值（AB）越正常下限
14	7－10 23:53	35kV 母线Ⅱ段 C 相电压幅值越正常下限
15	7－10 23:53	35kV 母线Ⅱ段 B 相电压幅值越正常下限
16	7－10 23:53	35kV 母线Ⅱ段 A 相电压幅值越正常下限
17	7－10 23:53	110kV 正母线电压幅值（AB）越正常下限
18	7－10 23:53	消防告警动作
19	7－10 23:54	直流屏直流绝缘异常（二套合并）动作
20	7－10 23:54	2 号主变压器高压侧有功值越正常下限
21	7－10 23:55	2 号主变压器本体有载重瓦斯动作
22	7－10 23:55	2 号主变压器本体压力释放动作
23	7－10 23:55	2 号主变压器滤油机告警动作
24	7－10 23:56	2 号主变压器滤油机告警复归
25	7－10 23:56	2 号主变压器油温高报警动作
26	7－10 23:56	2 号主变压器滤油机失电告警动作
27	7－10 23:56	2 号主变压器滤油机告警动作
28	7－10 23:57	2 号主变压器滤油机告警复归
29	7－10 23:57	2 号主变压器滤油机告警动作
30	7－10 23:58	2 号主变压器温度值越正常上限
31	7－11 0:01	2 号主变压器本体轻瓦斯动作

续表

序号	时间	告警
32	7－11 0:01	2 号主变压器绕组温高动作
33	7－11 0:02	2 号主变压器本体重瓦斯动作
34	7－11 0:02	2 号主变压器本体绕组油温高跳闸动作
35	7－11 0:02	2 号主变压器本体油位异常动作
36	7－11 0:03	2 号主变压器温度值越正常下限
37	7－11 0:03	2 号主变压器温度值正常
38	7－11 0:04	2 号主变压器温度值越正常上限
39	7－11 0:19	1 号主变压器高压侧电流值越正常上限
40	7－11 0:29	1 号主变压器中压侧电流值越正常上限
41	7－11 0:29	1 号主变压器中压侧电流值正常
42	7－11 0:31	1 号主变压器中压侧电流值越正常上限
43	7－11 0:31	1 号主变压器中压侧电流值正常
44	7－11 0:32	1 号主变压器中压侧电流值越正常上限
45	7－11 0:32	1 号主变压器中压侧电流值正常
148	7－11 1:42	1 号主变压器中压侧电流值越正常上限
149	7－11 1:42	1 号主变压器高压侧电流值越正常上限
150	7－11 1:43	1 号主变压器高压侧电流值正常
151	7－11 1:43	1 号主变压器中压侧电流值正常
152	7－11 1:43	1 号主变压器高压侧电流值越正常上限
153	7－11 1:43	1 号主变压器高压侧电流值正常
154	7－11 1:45	2 号主变压器 35kV 控制回路断线动作
155	7－11 1:46	2 号主变压器 35kV 控制回路断线复归
156	7－11 1:49	110kV 母差保护开入变位动作
157	7－11 1:52	2 号主变压器装置高压侧保护装置报警动作
158	7－11 2:18	1 号主变压器 220kV 开关分闸
159	7－11 2:18	1 号主变压器 220kV 开关打压超时动作
160	7－11 2:18	乙Ⅸ线保护装置异常动作
161	7－11 2:18	1 号主变压器装置中压侧报警动作
162	7－11 2:18	1 号主变压器装置报警动作
163	7－11 2:18	1 号主变压器 TV 断线动作
164	7－11 2:18	1 号主变压器 220kV 开关打压超时复归
165	7－11 2:18	乙Ⅳ线保护装置异常动作
166	7－11 2:18	乙Ⅴ线保护装置异常动作
167	7－11 2:18	乙Ⅷ线保护装置异常动作
168	7－11 2:19	220kV 正母拓扑失电出现 AVC

续表

序号	时间	告警
169	7－11 2:19	220kV 副母拓扑失电出现 AVC
170	7－11 2:19	110kV 副母线电压幅值（AB）越正常下限
171	7－11 2:20	1 号主变压器高压侧有功值越正常下限
172	7－11 2:20	甲Ⅲ线开关分闸
173	7－11 2:21	甲Ⅳ线开关分闸
174	7－11 2:21	甲Ⅰ线开关分闸
175	7－11 2:22	甲Ⅱ线开关分闸
176	7－11 2:22	甲Ⅰ线保护装置告警动作
177	7－11 2:22	甲Ⅰ线 TV、TA、1ZKK 断线动作
178	7－11 2:22	甲Ⅲ线第一套保护异常告警动作
179	7－11 2:22	甲Ⅲ线第二套保护异常告警动作
180	7－11 2:22	1 号主变压器装置高压侧报警动作
181	7－11 2:22	220kV 正母线电压幅值（AB）越正常下限
182	7－11 2:22	220kV 副母线电压幅值（AB）越正常下限
183	7－11 2:22	220kV 母线保护 TV 断线动作
184	7－11 2:24	乙Ⅳ线开关控回断线复归
185	7－11 2:24	乙Ⅳ线开关控回断线动作
186	7－11 2:24	乙Ⅳ线开关分闸
187	7－11 2:25	乙Ⅳ线保护装置异常复归
188	7－11 2:25	乙Ⅲ线开关测控控回断线复归
189	7－11 2:25	乙Ⅲ线开关测控控回断线动作
190	7－11 2:25	乙Ⅲ线开关分闸
191	7－11 2:25	乙Ⅲ线保护装置异常复归
192	7－11 2:25	乙Ⅴ G 支线开关控回断线复归
193	7－11 2:25	乙Ⅴ G 支线开关控回断线动作
194	7－11 2:25	乙Ⅴ G 支线开关分闸
195	7－11 2:25	有载调压滑挡报警动作
196	7－11 2:25	乙Ⅴ线保护装置异常复归
197	7－11 2:26	乙Ⅹ线开关控回断线复归
198	7－11 2:26	乙Ⅹ线开关控回断线动作
199	7－11 2:26	乙Ⅹ线开关分闸
200	7－11 2:26	乙Ⅹ线保护装置异常复归
201	7－11 2:26	乙Ⅸ线控回断线复归
202	7－11 2:26	乙Ⅸ线控回断线动作

续表

序号	时间	告警
203	7－11 2:26	乙Ⅸ线开关分闸
204	7－11 2:26	乙Ⅸ线保护装置异常复归
205	7－11 2:26	有载调压降极限时触点闭合动作
206	7－11 2:27	乙Ⅶ线开关控回断线动作
207	7－11 2:27	乙Ⅶ线开关控回断线复归
208	7－11 2:27	乙Ⅶ线开关分闸
209	7－11 2:27	乙Ⅶ线保护装置异常复归
210	7－11 2:27	乙Ⅷ线开关控回断线动作
211	7－11 2:27	乙Ⅷ线开关分闸
212	7－11 2:27	乙Ⅷ线开关控回断线复归
213	7－11 2:27	乙Ⅷ线保护装置异常复归
214	7－11 2:27	有载调压升极限时触点闭合动作
215	7－11 2:27	乙Ⅺ线开关控回断线动作
216	7－11 2:27	乙Ⅺ线开关控回断线复归
217	7－11 2:27	乙Ⅺ线开关分闸
218	7－11 2:28	乙Ⅺ线保护装置异常复归
219	7－11 2:28	110kV 正母拓扑失电出现 AVC
220	7－11 2:28	乙Ⅻ线开关控回断线动作
221	7－11 2:28	乙Ⅻ线开关分闸
222	7－11 2:28	乙Ⅻ线开关控回断线复归
223	7－11 2:28	乙Ⅻ线保护装置异常复归
224	7－11 2:41	丙Ⅰ线开关分闸
225	7－11 2:41	丙Ⅱ线开关分闸
226	7－11 2:42	丙Ⅲ开关分闸
227	7－11 2:42	35kV 母线Ⅰ段线电压幅值（AB）越正常上限
228	7－11 2:44	35kV 母线Ⅰ段线电压幅值（AB）正常

本次故障发生及处理过程中实时告警信息未出现少报、漏报的情况，符合主变压器故障跳闸的特征。此外，由于实时告警窗显示的信号时间为信号接收时间，不是现场装置发出告警信号的时间；同时，时间精度较小（最小时差为 1s），不能准确地反应出实际的保护动作、开关变位顺序，因而实时告警窗中的信号可以作为开关跳闸的判断依据，但不能作为整个过程的推演证据。

（1）保护动作分析。“A 站 2 号主变压器差动速断保护动作”“重瓦斯动作”，开关分闸，动作正确；“本体压力释放动作”，动作正确。

（2）告警信号分析：“A 站消防告警动作”“2 号主变压器绕组温高动作”由主变压器本

体及散热器燃烧导致。

四、故障处置过程

7月10日23:52:59，地区当值监控员从智能调度控制系统告警窗上发现："A站2号主变压器差动动作"。

23:53:43，"消防告警动作"。

23:55:29，"2号主变压器本体有载重瓦斯动作"。

23:55:39，"2号主变压器本体压力释放动作"。

00:01:21，"2号主变压器本体轻瓦斯动作"。

00:01:34，"2号主变压器绕组温高动作"。

00:02:32，"2号主变压器本体重瓦斯动作"。

00:02:48，"2号主变压器本体绕组油温高跳闸动作"。

地区当值监控员按照监控信息处置流程，马上通知运维站现场查看处理，并立即汇报地调当值调度员。调度当值汇调控中心主任、运检部相关负责人。

00:19:20，"1号主变压器高压侧电流值越正常上限，限值：375.000 375.109"，监控当值报：A站：1号主变压器负荷超额定容量，要求县调王某控制负荷。

00:45，A站：报A站2号主变压器着火，要求全站设备停电灭火。

01:00，省调：报A站2号主变压器故障情况，有可能要求全所停电。

01:35，县调：告要求转供A站35kVⅠ段母线。

01:37，县调：报220kV B站丙Ⅱ线已改合环运行，申请A站1号主变压器35kV开关解环。

01:39，A站：令2号主变压器35kV、110kV、220kV开关由热备用改为冷备用。

01:40，A站：令1号主变压器35kV开关由运行改为热备用（解环）。

01:42，C站：汇报110kVⅠ段母线、1号主变压器失电。

01:45，D站：汇报110kVⅠ段母线、1号主变压器失电。

02:15，省调：汇报A站2号主变压器火灾处理要求A站220kV设备及220kV线路停电。告：将A站1号主变压器拉停后报我调。

02:16，A站：令1号主变压器220kV开关由正母运行改为正母热备用。

02:48，E站：令110kV桥开关由运行改为热备用。

02:51，F站：令：

1）乙Ⅲ线由运行改为热备用；

2）乙Ⅳ线由热备用改为运行（无电）。

03:07，A站：申请110kV正、副母线改检修，1号主变压器35kV开关改冷备用。

03:15，省调：告将1号、2号主变压器220kV开关改冷备用后报我调。

03:16，A站：令：

1）110kV正母线由运行改为检修；

2）110kV副母线由运行改为检修；

3）1号主变压器35kV开关由热备用改为冷备用。

4）令：1号主变压器220kV开关由正母热备用改为冷备用。

03:36，F站：令110kV桥开关由运行改为热备用。

03:37，G站：令：

1）乙ⅤG支线由热备用改为运行。

2）110kV桥开关由运行改为热备用。

03:42，县调：汇报C、D、E、F、G、H站1号、2号主变压器10kV开关已改热备用。H站1号、2号主变压器35kV开关已改热备用。

04:11，省调：报A站1号、2号主变压器220kV开关已改冷备用。

04:38，E、F、G、H站110kV备自投改信号。核对：C、D站110kV备自投信号。

04:41，汇报：E、F、G、H站10kV备自投、H站35kV备自投已改信号。核对C、D站10kV备自投信号。

04:53，A站：令2号主变压器由冷备用改为主变压器检修。

05:06，A站：许可2号主变压器故障抢修工作。

05:33，Ⅰ站：令：

1）110kV备自投由跳闸改为信号；

2）110kV桥开关由热备用改为运行（合环）。

3）乙II支线由运行改为热备用。

05:52，A站：报110kV副母线可以复役。乙Ⅶ线副母闸刀B相支撑绝缘子碎裂，乙Ⅶ线不能复役。

05:53，A站：令：

1）110kV副母由检修改为冷备用。

2）乙Ⅰ线保护由跳闸改为信号。

3）乙Ⅰ线重合闸由跳闸改为停用。

4）乙Ⅰ线由冷备用改为副母运行（对110kV副母充电）。乙Ⅰ线限额537A，92MW

06:23，A站变：令乙Ⅷ线由冷备用改为副母运行（充电）。

06:25，省调：报A站2号主变压器跳闸后负荷损失45MW，至1号主变压器拉停之前负荷已全部送出，1号主变压器拉停之后负荷损失45MW。

06:27，A站：申请因2号主变压器距离1号主变压器较近，故需检查，申请1号主变压器改主变压器检修。

06:28，A站：令1号主变压器由冷备用改为主变压器检修。

06:32，D站：令乙Ⅶ线由运行改热备用。

06:39，F站：令乙Ⅲ线由热备用改为运行（无电）

06:41，县调：告H站、G站2号主变压器已带电。

06:44，A站：令乙Ⅳ线由冷备用改为副母运行（充电）。

06:59，A站：令乙Ⅷ线由冷备用改为副母运行（充电）。

06:59，县调：告F站2号主变压器已带电。

07:09，I站：告C站2号主变压器已带电。

07:12，E站：令乙Ⅷ线由热备用改为运行（对1号主变压器充电）。

07:14，A站：令乙Ⅸ线由冷备用改为副母运行（充电）。

07:26，县调：告E站1号主变压器、D站2号主变压器已带电。

07:28，D站：令110kV桥开关由热备用改为运行（对1号主变压器充电）。

07:40，D站：令乙Ⅶ线由热备用改为冷备用。

07:51，县调：告乙Ⅰ线负荷严格按 75MW 控制。线路限额 92MW，考虑乙Ⅰ线所带用户变的备自投及县调限负荷响应时间问题故留一定余地。

08:25，A 站：报省调正在恢复 220kV 母线操作中，现 1 号主变压器可以改冷备用（110kV 正母因 2 号主变压器 110kV 侧引线未拆除，暂时不能复役）。

08:30，A 站：令 1 号主变压器由主变压器检修改为冷备用。（核对：1 号主变压器 220kV/110kV 中性点接地闸刀合上）。

08:44，A 站：汇报 2 号主变压器故障抢修工作票已结束，现申请 2 号主变压器更换工作，2 号主变压器仍为主变压器检修状态。

08:47，A 站：许可 2 号主变压器更换工作。

09:44，A 站：汇报 110kV 正母线配合 2 号主变压器引下线拆除工作已结束，人员撤离，验收合格，可以复役。

09:45，A 站：令 110kV 正母线由检修改为冷备用。

10:01，A 站：令：

1）乙Ⅲ线由冷备用改为正母热备用；

2）乙Ⅹ线由冷备用改为正母热备用；

3）乙Ⅺ线由冷备用改为正母热备用；

4）乙Ⅻ线由冷备用改为正母热备用。

10:15，E 站：令乙Ⅺ E 支线由运行改为热备用。

10:41，省调：告 A 站 220kV 正、副母已带电，1 号主变压器可恢复送电。

10:44，A 站：令：

1）1 号主变压器 220kV 开关由冷备用改为正母运行（对 1 号主变压器充电）；

2）1 号主变压器 110kV 开关由冷备用改为正母运行（对 110kV 正母线充电）。

11:07，A 站：令：

1）乙Ⅲ线由正母热备用改为正母运行（对 F 站 1 号主变压器充电）；

2）乙Ⅹ线由正母热备用改为正母运行（对五龙变 1 号主变压器充电）；

3）乙Ⅺ线线由正母热备用改为正母运行（对新安变 1 号主变压器充电）；

4）乙Ⅻ线由正母热备用改为正母运行（充电）。

11:21，县调：告 A 站 1 号主变压器 35kV 开关准备改运行。

11:24，E 站：令乙Ⅺ E 支线由热备用改为运行（对 2 号主变压器充电）。

11:38，县调：告 C 站 1 号主变压器、D 站 1 号主变压器、F 站 1 号主变压器、G 站 1 号主变压器、E 站 2 号主变压器已带电。

11:40，A 站：令 1 号主变压器 35kV 开关由冷备用改为运行（合环 70A）。

12:06，县调：告 A 站 1 号主变压器 35kV 开关已改运行，丙Ⅱ线可改热备用。

12:27，县调：汇报：乙Ⅱ线已改热备用。

12:32，A 站：令 35kV 母分开关由热备用改为运行（对 35kVⅡ段母线充电）。

12:48，省调：报 A 站地调所属设备已恢复运行。

12:49，A 站：令 110kV 母联开关由冷备用改为热备用。

12:50，H 站：令乙Ⅹ线由热备用改为运行（对 1 号主变压器充电）。

12:51，县调：告 A 站 35kVⅡ段母线已带电。

13:11，县调：告：H 站 1 号主变压器已带电。

13:13，县调：告：G 站、E 站、F 站、H 站、I 站 110kV 备自投已改信号，要求 10kV 备自投改信号（C 站、D 站 110/10kV 6 月 23 日已改信号）。

14:40，县调：报：A 片区县调管辖 10kV 负荷已全部送出。

14:40，省调：报：A 片区负荷已全部送出。

现场火灾情况：7 月 10 日 23:53:27，A 站 2 号主变压器差动速断保护动作，重瓦斯动作，压力释放动作，2 号主变压器运行中发生故障引起着火，火势最大时 20～30m，保安第一时间打了 119 火警。11 日 00:15，当地消防中队抵达现场，运维人员 00:19 到现场，及时启动主变压器喷淋装置，火势有所减小，但主变压器本体及散热器继续燃烧。经过消防指挥现场商定，首先利用变电所干粉灭火器灭火，但效果不大。消防队提出等待后期干粉车（各加油站调集）再集中处理，如果不行再停电进行水扑火方案并实施。考虑到主变压器门架开始变形，以及调集干粉车的时间需要 2h，为避免主变压器引线下落（分别跨在 220、110kV 正副母上方）母线短路接地造成事故扩大，采用停电处理。在通知有关用户后，运维人员立即联系省调。02:29，220kV 和 110kV 母线停役、1 号主变压器停役。03:08，火势基本扑灭。检修人员立即开展设备检查和抢修。

本次事故受损设备：2 号主变压器，主变压器门架，220kV 和 110kV 引线及中性点刀闸。设备故障前，2 号主变压器负荷 10 万 kW，通过电网转供，影响负荷 4.5 万 kW（均为农网线路）。

五、原因分析

本次事故后分析发现，上海某公司生产的 COT 套管存在严重的家族性缺陷，存在线焊接不良、电容屏制造工艺不良以及定位销变形、错位四类套管缺陷。本次事故因套管工艺不良所致。现场故障情况如图 4-63 和图 4-64 所示。

图 4-63　A 站设备现场损毁情况

图 4-64　A 站主变压器火灾情况

六、防范措施与建议

220kV 变压器 COT 套管专项排查过程中，若发现排查结果不符合套管运行标准则更换套管。并要求在停电过程中对变压器的高、中压套管（不包括中性点），变压器 220、110kV 侧电流互感器安装末屏引下线及相关带电检测接口。

结合本次故障，该公司对变电站消防设施展开全面排查，确保所辖变电站相关消防设施符合标准，消防告警正确动作。

该公司电力调控中心联合各县公司、运检室、客服中心全面梳理电网 35、10kV 线路负荷情况，对重要用户、敏感用户等制定重点保供电方案及措施，相关停送电计划工作及故障处理过程中优先考虑重点保供电用户的电源供应，根据等级分层、分批处理，缩小事故范围，降低对用户负荷的影响，确保该地区电网安全、稳定运行。

此外，设备质量缺陷虽说属于“硬件”问题，但是仍可以通过有效的人为干预加以控制，例如运维人员加强设备巡视，做好信息记录和汇总并及时反馈到相关部门；检修人员做好故障隐患排查，发现异常立即汇报，将故障影响降到最低；监控人员、调度及现场人员应加强业务知识学习，理论联系实际，根据故障处理的流程，相互协作，迅速准确处理好电网故障和异常，提高电网运行的稳定性。

4.2.2 220kV 变电站主变压器故障跳闸分析报告 2

一、故障前运行方式

1 号主变压器、110kV 甲Ⅰ线、甲Ⅱ线、甲Ⅲ线、甲Ⅳ线、甲Ⅴ线正母运行，甲Ⅵ线正母热备用，2 号主变压器、110kV 乙Ⅰ线、乙Ⅱ线、乙Ⅲ线、乙Ⅳ线、乙Ⅴ线副母运行，110kV 母联热备用（分列运行），1 号主变压器 35kV 侧开关运行，2 号主变压器 35kV 侧开关热备用，220kV A 站片区 110kV B 站、110kV C 站均为 110kV 备线方式，110kV D 站、E 站、F 站、G 站均为 110kV 备桥方式，110kV 备自投均投跳，接线图如图 4－65 所示。

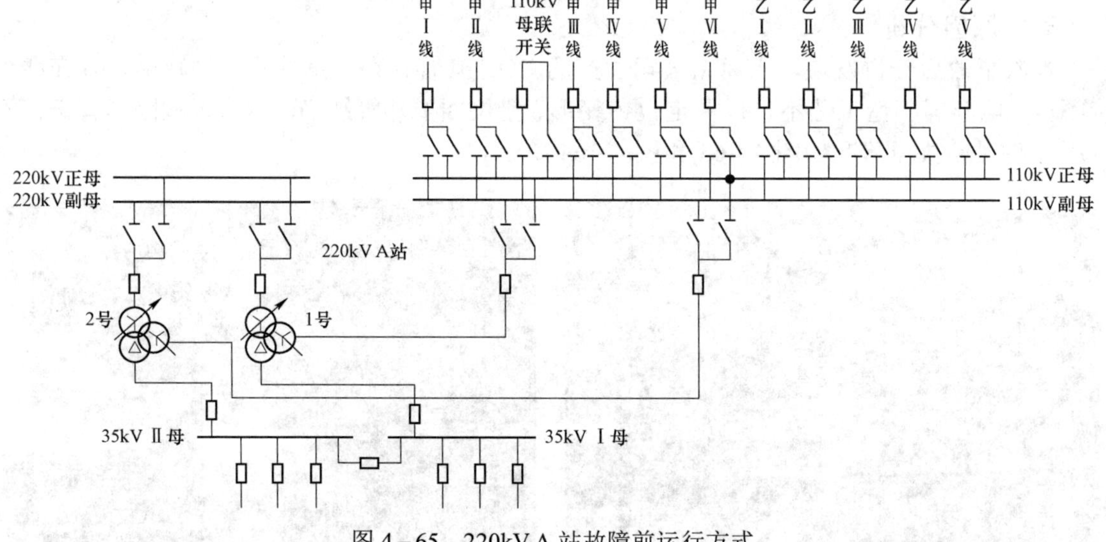

图 4－65　220kV A 站故障前运行方式

二、故障概要

2017 年 6 月 19 日 15 时 52 分，××地调通知现场，汇报省调、相关专职、中心领导：

（1）220kV A 站 2 号主变压器差动保护动作，2 号主变压器 220kV、110kV 开关跳闸，110kV 副母线失电。

（2）6 座 110kV 变电站（B 站、C 站、D 站、E 站、F 站、G 站）110kV 备自投动作成功，未损失负荷。

15 时 58 分，××地调遥控将 220kV A 站 110kV 副母 4 条失电出线改为副母热备用，恢复110kV副母带电。

16时37分，××地调遥控操作对4条失电110kV线路送电。

17时55分，220kV A站变现场检查汇报：2号主变压器110kV开关端子箱内电流端子D1（A4111接2号主变压器第一套差动保护）虚接，现场有放电痕迹，现已更换新电流端子，其余情况正常，2号主变压器具备复役条件，复役要求2号主变压器第一套主变压器保护带负荷试验。

18时06分，省调许可：220kV A站2号主变压器复役。

18时35分，220kV A站2号主变压器充电情况正常，A站2号主变压器恢复供电。

19时05分，220kV A站2号主变压器第一套主变压器保护带负荷试验正确，保护投跳闸。

三、信号分析

智能调度控制系统实时告警窗中的相关告警信号如表4－30所示。

表4－30　　智能调度控制系统实时告警窗中的相关告警信号

序号	时间	变电站	告警
1	15:52	A站	110kV副母计量电压消失动作
2	15:52	A站	110kV母线保护电压消失动作
3	15:52	A站	2号主变压器110kV开关控制回路断线动作
4	15:52	A站	2号主变压器110kV开关控制回路断线复归
5	15:52	A站	2号主变压器220kV开关控制回路断线动作
6	15:52	A站	2号主变压器220kV开关控制回路断线复归
7	15:52	A站	2号主变压器差动保护动作动作
8	15:52	A站	110kV副母保护电压消失动作
9	15:52	A站	乙Ⅴ线保护装置告警动作
10	15:52	A站	乙Ⅱ线保护装置告警动作
11	15:52	B站	1号主变压器110kV侧后备保护装置异常动作
12	15:52	B站	2号主变压器110kV侧后备保护装置异常动作
13	15:52	G站	UPS电源故障动作
14	15:52	B站	UPS交流异常动作
15	15:52	A站	2号主变压器保护TA断线或TV断线动作
16	15:52	A站	2号主变压器保护装置闭锁或装置报警动作
17	15:52	A站	2号主变压器保护装置高中低报警动作
18	15:52	A站	乙Ⅳ线保护装置告警动作
19	15:52	A站	乙Ⅲ线保护装置告警动作
20	15:52	A站	乙Ⅰ线保护装置告警动作
21	15:52	A站	2号主变压器高压侧有功值越正常下限
22	15:52	D站	直流屏设备告警动作
23	15:52	F站	乙Ⅴ线开关分闸
24	15:52	F站	乙Ⅴ线GIS开关低油压重合闸闭锁报警动作
25	15:52	G站	110kV桥开关合闸

续表

序号	时间	变电站	告警
26	15:52	F站	110kV 桥 GIS 开关低油压重合闸闭锁报警动作
27	15:52	F站	110kV 桥开关合闸
28	15:52	F站	110kV 备自投动作动作
29	15:52	B站	乙Ⅱ线开关分闸
30	15:52	F站	110kV 桥 GIS 开关低油压重合闸闭锁报警复归
31	15:52	B站	110kV 备自投动作动作
32	15:52	G站	110kV 备自投动作动作
33	15:52	G站	乙Ⅲ线开关分闸
34	15:52	G站	UPS 电源故障复归
35	15:52	D站	110kV 备自投动作动作
36	15:52	D站	乙Ⅰ线××支线开关分闸
37	15:52	D站	110kV 备自投未充电动作
38	15:52	E站	110kV 桥开关 110kV 备自投动作动作
39	15:52	A站	1 号主变压器风冷 A 交流电源故障动作
40	15:52	A站	1 号主变压器风冷 B 交流电源故障动作
41	15:52	B站	110kV 备自投充电未完成动作
42	15:52	B站	HJ1532 线开关合闸
43	15:52	G站	所用电Ⅱ段 A 相电压实测值越正常下限
44	15:52	G站	所用电Ⅱ段 B 相电压实测值越正常下限
45	15:52	G站	所用电Ⅱ段 C 相电压实测值越正常下限
46	15:52	D站	110kV 桥开关合闸
47	15:52	E站	乙Ⅰ线开关分闸
48	15:52	E站	110kV 备自投充电未完成动作
49	15:52	C站	CS1591 线 TN 支线开关合闸
50	15:52	E站	110kV 桥开关合闸
51	15:52	A站	1 号主变压器风冷 A 交流电源故障复归
52	15:52	A站	1 号主变压器风冷 B 交流电源故障复归
53	15:52	D站	直流屏设备告警复归
54	15:52	F站	乙Ⅴ线 GIS 开关低油压重合闸闭锁报警复归
55	15:52	C站	CZ1548 线 TN 支线开关分闸
56	15:52	G站	所用电Ⅱ段 A 相电压实测值正常
57	15:52	G站	所用电Ⅱ段 B 相电压实测值正常
58	15:52	G站	所用电Ⅱ段 C 相电压实测值正常
59	15:52	B站	UPS 交流异常复归
60	15:52	B站	110kV 备自投充电未完成复归
61	15:52	D站	110kV 备自投未充电复归
62	15:52	E站	110kV 备自投充电未完成复归
63	15:52	A站	110kV 副母线电压幅值（ab）越正常下限

实时告警信息中，除“C 站 110kV 备自投动作信号”未上窗外（已消缺），其余信号全部正确告警。

四、故障处置过程

（1）15 时 32 分，××地调告：220kV A 站 2 号主变压器故障跳闸，110kV FG 用户变故障期间不得恢复生产。并要求 CC 操作站、MR 操作站进行现场检查汇报。

（2）15 时 58 分，××地调令：监控当值 220kV A 站 110kV 副母 4 条出线遥控操作：

1）乙Ⅰ线由副母运行改为副母热备用；

2）乙Ⅱ线由副母运行改为副母热备用；

3）乙Ⅲ线由副母运行改为副母热备用；

4）乙Ⅳ线由副母运行改为副母热备用。

（3）16 时 06 分，××地调令：

1）110kV 母联充电解列保护由信号改为跳闸；

2）110kV 母联开关由热备用改为运行（对 110kV 副母充电）。

（4）16 时 28 分，××地调令：110kV 母联充电解列保护由跳闸改为信号。

（5）16 时 37 分，××地调令：监控当值遥控操作：

1）乙Ⅰ线由副母热备用改为副母运行（充电）；

2）乙Ⅱ线由副母热备用改为副母运行（充电）；

3）乙Ⅲ线由副母热备用改为副母运行（充电）；

4）乙Ⅳ线由副母热备用改为副母运行（充电）。

（6）17 时 55 分，220kV A 站现场 2 号主变压器差动动作检查结果汇报：2 号主变压器 110kV 开关端子箱内电流端子 D1（A4111 接 2 号主变压器第一套差动保护）虚接，现场有放电痕迹，现已更换新电流端子，其余情况正常，2 号主变压器具备复役条件，复役要求 2 号主变压器第一套主变压器保护带负荷试验。

（7）18 时 06 分，××省调许可：220kV A 站 2 号主变压器复役。

（8）18 时 10 分，××地调令：220kV A 站：

1）2 号主变压器第一套主变压器保护由跳闸改为信号；

2）2 号主变压器 220kV 开关由副母热备用改为副母运行（对 2 号主变压器充电）；

3）2 号主变压器 110kV 开关由副母热备用改为副母运行（合环 263A）。

18 时 35 分 220kV A 站 2 号主变压器充电情况正常，220kV A 站 2 号主变压器恢复供电。

（9）18 时 37 分，××地调许可：220kV A 站：2 号主变压器第一套主变压器保护带负荷试验工作。

（10）19 时 05 分，220kV A 站：汇报：2 号主变压器第一套主变压器保护带负荷试验工作，人员撤离，设备验收合格，试验正确，保护可以投跳。

（11）19 时 08 分，××地调令：220kV A 站：2 号主变压器第一套主变压器保护由信号改为跳闸。

（12）××地调告：110kV FG 用户变：220kV A 站 2 号主变压器已恢复供电，你变可以恢复正常生产。

（13）22 时 31 分，220kV A 站 110kV 及 A 站片区 110kV 变电站恢复正常方式（配合 220kV A 站 2 号主变压器故障复役）。

五、原因分析

220kV A 站 2 号主变压器 110kV 开关端子电缆受力紧，因当天有气温骤降，电缆受热膨胀冷缩向下拉，2 号主变压器 110kV A 相螺栓压接不紧打火过热，造成虚开引起差流，造成第一套差动保护动作，主变压器高、中压侧开关跳闸。因该虚开点位于 110kV 场地端子箱中，属第一套差动保护独立 TA 回路范围，故第二套差动保护未动作。从图 4－66 可以看出 2 号主变压器 110kV 侧 A 相有电流畸变，电流幅值变小（图上标注），造成差流越限，从而造成 2 号主变压器差动保护动作，主变压器跳闸。故障现场照片见图 4－67。

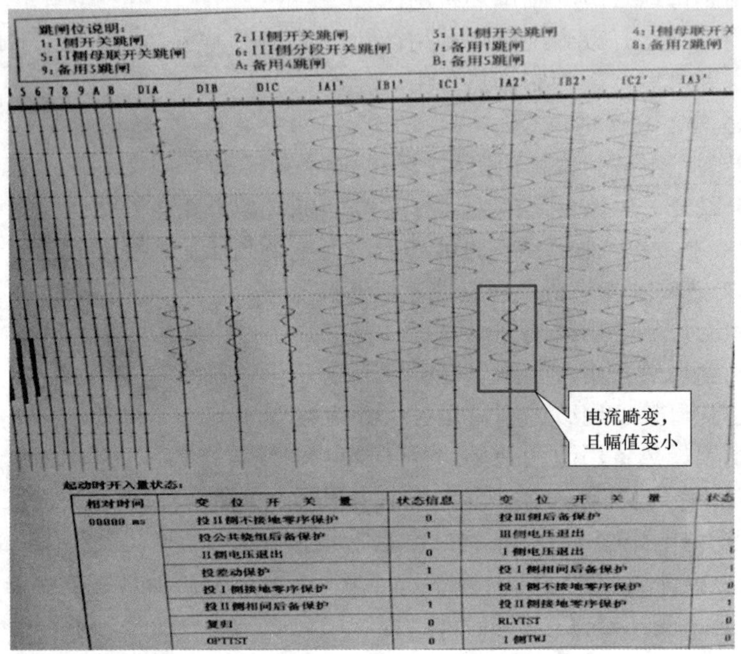

图 4－66　故障录波图形

图 4－67　故障现场照片（一）

图 4－67　故障现场照片（二）

六、防范措施及建议

进一步规范基建及检修现场二次工作施工工艺要求，现场端子箱和二次设备屏端子排上端子必须紧固，特别是 TA、TV、出口等重要回路，杜绝虚接。

强化现场设备巡视工作，提高现场巡视质量，巡视时必须用红外测温设备对现场端子箱进行温度测试，一旦发现端子温度过高及时汇报处置。

4.2.3　110kV 变电站主变压器故障跳闸分析报告 1

一、故障前运行方式

110kV A 站 110kV/10kV 分列运行，110kV/10kV 备自投投跳闸。110kV 甲线带 1 号主变压器（失电前负荷 2.01MW）、110kV 乙线带 2 号主变压器分列运行（失电前负荷 5.58MW），失电前 A 站共计负荷 7.59MW。1 号主变压器 10kV 开关运行，2 号主变压器 10kV Ⅱ段母线开关；10kV Ⅰ、Ⅱ段母分开关热备用。10kV 丙Ⅰ线运行（失电前负荷 0.51MW），10kV 丙Ⅱ线运行（失电前负荷 0.43MW），10kV 丙Ⅲ线运行（失电前负荷 0.33MW），10kV 丙Ⅳ线运行（失电前负荷 0.15MW），10kV 丙Ⅴ线运行（失电前负荷 0.25MW），10kV 丙Ⅵ线运行（失电前负荷 0.28MW），接线图如图 4－68 所示。

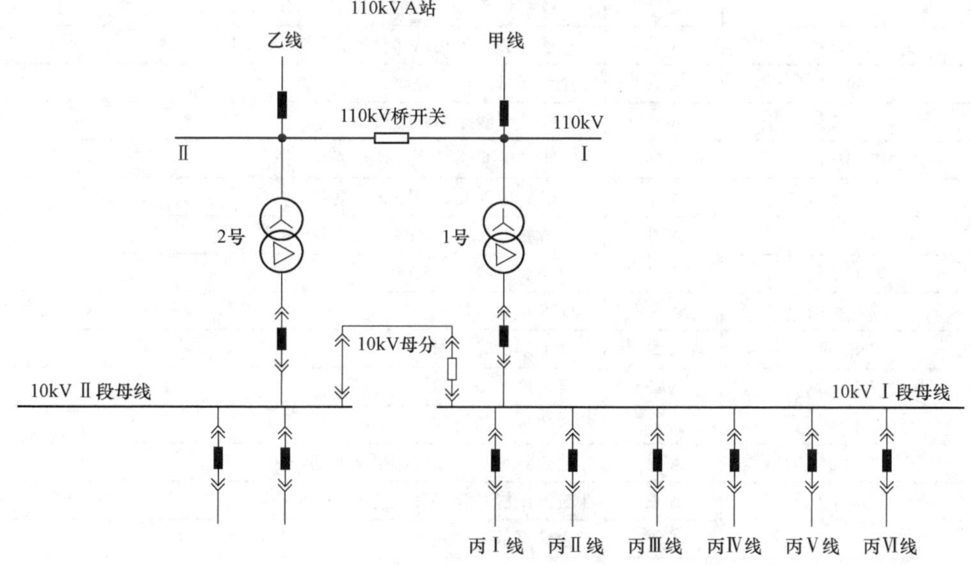

图 4－68　A 站故障前运行方式

二、故障概要

2017 年 3 月 4 日 7 时 25 分，配调发现 10kV Ⅰ段母线接地信号动作，至 7 时 30 分 10kV Ⅰ段母线 B 相电压降至 2.918kV，A 相电压升高至 7.96kV，C 相电压升高至 8.107kV；同时 10kV Ⅰ段母线所有出线、电容器、接地变报“装置报警或故障或装置通信中断”。

3 月 4 日 7 时 44 分，地调发现：1 号主变压器高后备保护动作；1 号主变压器低后备保护动作（地调、配调实时窗无此信号，但 A 站此光字牌动作）；1 号主变压器 10kV 开关事故分闸、110kV 甲线开关事故分闸；站用变压器低压侧Ⅰ段三相电压越下限；110kV 母线Ⅰ段母线失压；告 A 站现场及配调。A 站 10kV Ⅰ段母线失压，配调准备翻电。

7 时 56 分，A 站 UPS 电源故障动作；（退出）前置机 A 报警；A 站通信中断。

9 时 00 分，现场检查 10kV Ⅰ段母线压变爆炸，10kV Ⅰ段母线有接地信号，为 10kV 丙Ⅲ线。现场将 A 站 1 号主变压器改为冷备用，拉开 1 号主变压器 110kV 变压器闸刀，10kV Ⅰ、Ⅱ段母分开关由热备用改冷备用（小车拉不出，未执行）。

10 时 19 分，110kV 甲线由热备用改为运行（对 110kV Ⅰ段母线充电），110kV 备自投由信号改为跳闸。

11 时 04 分，A 站投入（前置机 A 报警），A 站通信恢复正常。

三、信号分析

地调实时窗及 SOE 信号如表 4－31 所示。

表 4－31　地调实时窗及 SOE 信号

序号	时间	变电站	告警
1	7:27:45	A 站	主变压器低后备保护装置报警或闭锁或通信中断或直流消失动作
2	7:28:05	A 站	1 号主变压器低后备保护装置报警或闭锁或通信中断或直流消失复归
3	7:34:09	A 站	1 号主变压器低后备保护装置报警或闭锁或通信中断或直流消失动作
4	7:34:33	A 站	1 号主变压器低后备保护装置报警或闭锁或通信中断或直流消失复归
5	7:34:53	A 站	UPS 电源故障动作
6	7:44:53	A 站	2 号主变压器挡位控制器失电动作
7	7:44:54	A 站	1 号主变压器 10kV 侧控制回路断线动作
8	7:44:54	A 站	全所事故总信号动作
9	7:44:54	A 站	110kV 甲线控制回路断线动作
10	7:44:54	A 站	1 号主变压器高后备保护动作动作
11	7:44:54	A 站	110kV 甲线控制回路断线复归
12	7:44:55	A 站	1 号主变压器 10kV 侧控制回路断线复归
13	7:44:55	A 站	110kV 甲线开关分闸
14	7:45:01	A 站	UPS 电源故障动作
15	7:45:09	A 站	直流屏故障动作
16	7:45:18	A 站	直流屏故障复归
17	7:45:40	A 站	直流屏故障动作
18	7:44:55	A 站	直流绝缘故障（直流接地）动作
19	7:47:02	A 站	直流绝缘故障（直流接地）复归
20	7:47:02	A 站	直流屏故障复归
21	7:56:40	A 站	UPS 电源故障动作

续表

序号	时间	变电站	告警
22	7:56:42	A站	UPS 电源故障动作
23	7:59:52	A站	退出（前置机 A 报警）
24	11:04:39	A站	投入（前置机 A 报警）

注 “110kV 甲线开关分闸”信号实时窗中无，SOE 有。

配调实时窗及 SOE 信号如表 4－32 所示。

表 4－32　配调实时窗及 SOE 信号

序号	时间	变电站	告警
1	7:25:05	A站	10kV Ⅰ段母线接地动作
2	7:25:13	A站	丙Ⅱ线装置报警或故障或装置通信中断动作
3	7:25:14	A站	丙Ⅰ线线装置报警或故障或装置通信中断动作
4	7:25:14	A站	丙Ⅵ线装置报警或故障或装置通信中断动作
5	7:25:14	A站	丙Ⅴ线装置报警或故障或装置通信中断动作
6	7:25:14	A站	丙Ⅲ线装置报警或故障或装置通信中断动作
7	7:25:14	A站	10kV 3 号电容器装置报警或故障或装置通信中断动作
8	7:25:14	A站	10kV 1 号接地变装置报警或故障或装置通信中断动作
9	7:25:14	A站	10kV 1 号电容器装置报警或故障或装置通信中断动作
10	7:25:16	A站	丙Ⅵ线装置报警或故障或装置通信中断动作
11	7:30:10	A站	10kV 母线Ⅰ段 C 相电压幅值越正常上限
12	7:30:10	A站	10kV 母线Ⅰ段 B 相电压幅值越正常下限
13	7:30:10	A站	10kV 母线Ⅰ段 A 相电压幅值越正常上限
14	7:44:53	A站	丙Ⅵ线装置报警或故障或装置通信中断复归
15	7:44:53	A站	丙Ⅱ线装置报警或故障或装置通信中断复归
16	7:44:53	A站	丙Ⅰ线装置报警或故障或装置通信中断复归
17	7:44:53	A站	丙Ⅲ线装置报警或故障或装置通信中断复归
18	7:44:53	A站	丙Ⅴ线装置报警或故障或装置通信中断复归
19	7:44:53	A站	丙Ⅵ线装置报警或故障或装置通信中断复归
20	7:44:53	A站	10kV 电容器和接地变装置报警或故障复归
21	7:44:53	A站	10kV 3 号电容器装置报警或故障或装置通信中断复归
22	7:44:53	A站	10kV 1 号接地变装置报警或故障或装置通信中断复归
23	7:44:53	A站	10kV 1 号电容器装置报警或故障或装置通信中断复归
24	7:44:54	A站	1 号主变压器 10kV 侧控制回路断线动作
25	7:44:55	A站	1 号主变压器 10kV 开关分闸
26	7:44:55	A站	1 号主变压器 10kV 侧控制回路断线复归
27	7:44:55	A站	1 号主变压器低压侧电流值越正常上限
28	7:45:00	A站	1 号主变压器低压侧电流值正常
29	7:45:35	A站	10kV Ⅰ段母线接地复归

注 “1 号主变压器低后备保护动作动作”实时窗无，SOE 无；“1 号主变压器 10kV 开关分闸”信号实时窗无，SOE 有。

四、故障处置过程

（1）8 时 50 分，10kV 丙Ⅰ线、丙Ⅱ线、丙Ⅲ线、丙Ⅴ线由运行改热备用。

（2）8 时 52 分，拉开 10kV 丙Ⅰ线、丙Ⅱ线、丙Ⅲ线、丙Ⅴ线 0 号刀闸。

（3）8 时 58 分，10kV 丙Ⅰ线 01 开关由冷备用改运行。

（4）8 时 59 分，丙Ⅴ线开关由冷备用改运行。

（5）9 时 00 分，拉开 10kV 丙Ⅲ线 0 号刀闸，并要求其巡线。

（6）9 时 01 分，10kV 丙Ⅰ线、丙Ⅱ线、丙Ⅲ线、丙Ⅵ线由运行改热备用。

（7）9 时 06 分，10kV 1 号接地变由运行改热备用。

（8）9 时 09 分，丙Ⅱ线开关由冷备用改运行，检查 10kV 1 号、3 号电容器为热备用。

（9）9 时 27 分，丙三线开关由冷备用改运行。

（10）9 时 25 分，1 号主变压器 10kV 开关由运行改冷备用，汇报地调。

（11）9 时 31 分：① 10kVⅠ、Ⅱ段母分备自投由跳闸改信号；② 10kVⅠ、Ⅱ段母分开关由热备用改冷备用（小车拉不出，未执行）。

（12）9 时 57 分：① 10kV 丙Ⅰ线、丙Ⅱ线、丙Ⅲ线、丙Ⅳ线、丙Ⅴ线、10kV 丙Ⅵ线由热备用改线路检修；② 10kV 1 号、3 号电容器由热备用改电容器检修；③ 10kV 1 号接地变由热备用改接地变检修。

（13）11 时 18 分，10kVⅠ、Ⅱ段母分开关已由热备用改冷备用了，10kVⅠ段压变现冷备用状态。

（14）11 时 19 分：① 1 号主变压器 10kV 开关由冷备用改开关检修；② 10kVⅠ、Ⅱ段母分开关由冷备用改开关检修。

（15）12 时 07 分，许可 10kVⅠ段母线设备检查工作。

五、原因分析

现场检查二次回路发现：1 号主变压器 10kV 后备保护动作后，现场测试跳闸出口无电压，进一步核对图纸和现场接线，发现在竣工图上 1 号主变压器 10kV 后备保护跳 1 号主变压器 10kV 开关回路的出口接点为 401:402，但现场该出口接点实际接线回路为 407:408，回路存在明显的图实不符的情况。

根据检查情况分析，本次故障的原因为：110kV A 站 10kVⅠ段母线接地，导致电压互感器故障发生爆炸，引起 1 号主变压器 10kV 后备保护动作，由于 1 号主变压器 10kV 后备保护跳闸回路接线错误，导致 1 号主变压器 10kV 开关跳闸失败，经延时 1.7s 后，高后备动作，跳开 110kV 甲线开关和 1 号主变压器 10kV 开关。

六、防范措施及建议

（1）加强现场施工管理和验收管理，验收继电保护跳闸出口功能时应带开关试验，确保保护跳闸功能正常，且保护装置出口到机构的整个二次回路接线正确。

（2）加强工程管理，现场应严格按图施工，在施工过程中若有问题应及时联系设计人员变更设计图纸，严禁擅自变更接线，工程竣工资料应包含正确完整的竣工图纸。

4.2.4 110kV 变电站主变压器故障跳闸分析报告 2

一、故障前运行方式

110kV A 站故障前运行方式如下，A 站 110kV 为备桥方式：110kV 甲线带 1 号主变压器运行，110kV 乙线带 2 号主变压器运行，110kV 桥开关热备用，110kV 备自投跳闸状态。10kV 分列运行方式：1 号主变压器带 10kV Ⅰ段母线运行，2 号主变压器带 10kVⅡ、Ⅳ段母线运行，10kVⅠ、Ⅱ段母分开关热备用，10kV 备自投跳闸状态。一次接线图如图 4－69 所示。

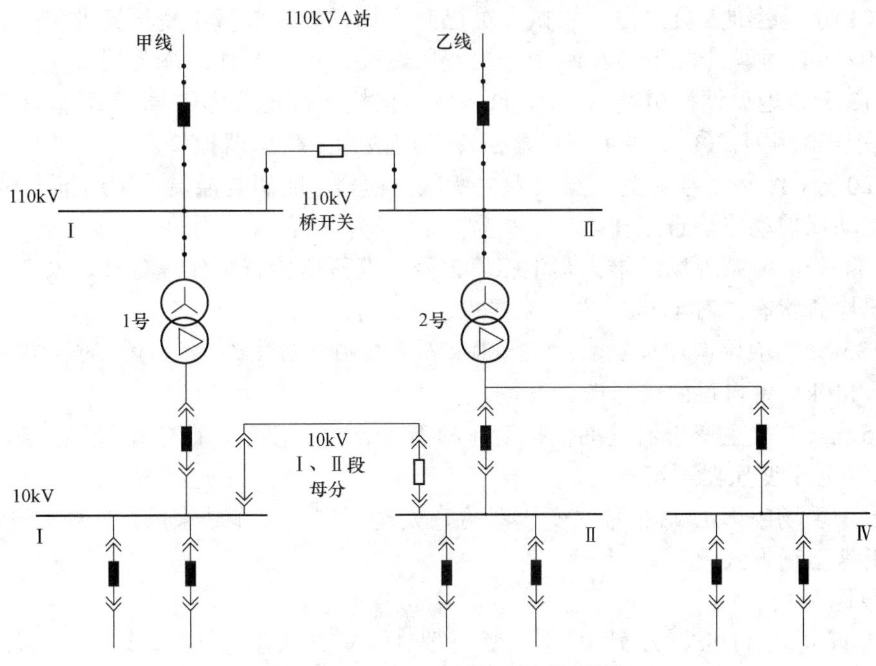

图 4－69　110kV A 站一次接线图

二、故障概要

2016 年 9 月 8 日 16 时 26 分，A 站 2 号主变压器差动保护动作，110kV 乙线开关跳闸，2 号主变压器 10kVⅡ、Ⅳ段开关跳闸，10kV 备自投动作，10kV Ⅳ段母线失电，损失部分负荷。地调调控员立即告知配调故障跳闸情况，告配调负责转移 A 站 10kV Ⅳ段母线负荷，并通知运维人员至 A 站现场检查。

三、信号分析

智能调度控制系统中 A 站上窗相关信号如表 4－33 所示，主要缺失告警信息为乙线开关分闸信号。

表 4－33　　110kV A 站相关上窗信号

序号	时间	告警
1	16:26:42	110kV 备自投装置充电未完成动作
2	16:26:43	2 号主变压器 10kVⅡ段侧开关间隔事故信号动作
3	16:26:43	2 号主变压器 10kVⅣ段侧开关间隔事故信号动作
4	16:26:43	乙线开关间隔事故信号动作
5	16:26:44	2 号主变压器第一套差动保护动作动作
6	16:26:44	2 号主变压器第一套差动保护动作复归
7	16:26:48	10kVⅠ、Ⅱ段母分备自投装置充电未完成动作
8	16:26:49	10kVⅠ、Ⅱ段母分开关合闸

四、故障处置过程

17 时 49 分，运维人员向地调调控员汇报 A 站现场检查情况：发现 2 号主变压器 10kV 开关套管与母线桥之间软连接导线 B、C 相有放电痕迹。

18 时 01 分，运维人员汇报：修试人员已到现场，要求 2 号主变压器改检修。

18 时 02 分，地调告配调：A 站 2 号主变压器Ⅱ、Ⅳ段开关改冷备用。

18 时 13 分，地调调控员发令：① 110kV 备自投由跳闸改为信号；② 拉开 2 号主变压器 110kV 变压器闸刀；③ 2 号主变压器由冷备用改为主变压器检修。

20 时 20 分，A 站 2 号主变压器改为主变压器检修，地调监控员许可运维人员 A 站 2 号主变压器差动保护动作检查工作。

21 时 34 分，A 站现场运维人员汇报，2 号主变压器检查工作需延续，其工作仅要求 2 号主变压器检修状态，对 110kV 方式无要求。

21 时 35 分，地调调控员发令：① 110kV 甲线由热备用改为运行（对 110kVⅡ段母线充电）；② 110kV 备自投由信号改为跳闸。

22 时 5 分，2 号主变压器差动保护动作检查工作告一段落，因下雨天气，第二日继续，人员撤离，2 号主变压器不可投运。

第二日，现场申请 A 站 2 号主变压器检查处理工作，工作结束后，2 号主变压器复役，A 站恢复正常运行方式。

五、原因分析

现场检查发现 110kV A 站 2 号主变压器 10kV 开关套管与母线桥之间软连接导线 B、C 相有放电痕迹，引起 2 号主变压器差动保护动作，现场情况如图 4－70～图 4－72 所示。

图 4－70　110kV A 站 2 号主变压器现场视频照片

图 4－71 110kV A 站 2 号主变压器 10kV 开关套管现场照片

图 4－72 110kV A 站 2 号主变压器 10kV 开关套管现场照片

六、防范措施及建议

对于老旧变电站，需检修单位定期做好预试，运维单位加强现场设备巡视，及时发现隐患问题，防患于未然。

4.2.5 110kV 变电站主变压器故障跳闸专项分析报告 3

一、故障前运行方式

110kV A 站故障前运行方式如下，A 站 110kV 为备桥方式：110kV 甲线带 A 站 1 号主变压器，110kV 乙线带 A 站 2 号主变压器，110kV 桥开关热备用，110kV 备自投跳闸状态。10kV 分列运行方式：10kV 母分开关热备用，10kV 母分备自投跳闸状态；10kV 丙线运行于 10kV Ⅰ段母线（全电缆线路，重合闸停用）；10kV 丁线运行于 10kV Ⅱ段母线，重合闸跳闸状态。110kV A 站一次接线图接线图如图 4－73 所示。

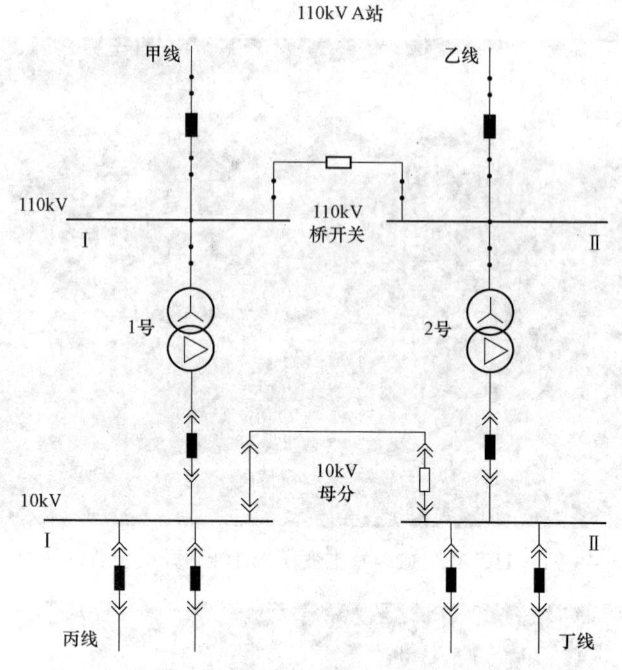

图 4-73　35kV A 站一次接线图

二、故障概要

2017 年 11 月 19 日 6 时 42 分，110kV A 站 10kV 母线Ⅰ段 A 相电压越正常下限，零序电压越正常上限。

7 时 18 分，A 站 1 号主变压器差动保护动作，闭锁 110kV 备自投，110kV 甲线开关分闸，1 号主变压器 10kV 开关分闸，1 号主变压器失电，10kV 母分备自投动作，10kV 母分开关合闸，未损失负荷，2 号主变压器供全部负荷。

7 时 19 分，110kV A 站 10kV 丙线（电缆线路）过流Ⅱ段动作，开关分闸；10kV 丁线过流Ⅱ段动作，开关分闸，重合成功。

三、信号分析

110kV A 站在智能调度控制系统实时告警窗中的相关告警信号如表 4-34 所示。

表 4-34　　110kV A 站相关上窗信号

序号	时间	告警
1	6:42:31	10kV 母分备自投动作动作
2	6:42:31	10kV 母分备自投装置告警与 TV 断线动作
3	6:42:32	10kV 母分备自投装置告警与 TV 断线复归
4	6:42:40	10kV 母线Ⅰ段 A 相电压幅值越正常下限
5	6:42:45	10kV 母线Ⅰ段零序电压（$3U_0$）实测值越正常上限
6	6:42:49	10kV 母分备自投动作复归
7	7:18:00	火灾报警系统动作动作
8	7:18:00	消防告警动作

续表

序号	时间	告警
9	7:18:28	1 号主变压器差动动作
10	7:18:28	110kV 甲线开关事故分闸
11	7:18:29	1 号主变压器 10kV 开关事故分闸
12	7:18:29	10kV 母分备自投动作动作
13	7:18:31	10kV 2 号接地变压器消弧线圈接地状态动作
14	7:18:32	10kV 母分开关合闸
15	7:18:33	10kV 母分备自投装置告警与 TV 断线动作
16	7:18:34	10kV 母分备自投装置告警与 TV 断线复归
17	7:18:34	10kV 丙线小电流接地动作
18	7:18:40	10kV 母线Ⅱ段 A 相电压幅值越正常下限
19	7:18:48	1 号主变压器差动动作复归
20	7:18:50	10kV 母线Ⅱ段零序电压（$3U_0$）实测值越正常上限
21	7:18:50	110kV 母线Ⅰ段 A 相电压幅值越正常下限
22	7:18:50	110kV 母线Ⅰ段 B 相电压幅值越正常下限
23	7:18:50	110kV 母线Ⅰ段 C 相电压幅值越正常下限
24	7:18:50	110kV 母线Ⅰ段线电压幅值（ab）越正常下限
25	7:19:01	110kV 母线Ⅰ段拓扑失电出现 AVC
26	7:19:20	10kV 丁线开关事故分闸
27	7:19:20	10kV 丙线开关事故分闸
28	7:19:21	10kV 线路过流动作（合并）动作
29	7:19:22	10kV 线路重合闸动作（合并）动作
30	7:19:24	10kV 丁线开关合闸
31	7:19:25	10kV 2 号接地变消弧线圈接地状态复归
32	7:19:28	10kV 丙线小电流接地复归
33	7:19:30	10kV 母线Ⅱ段 A 相电压幅值正常
34	7:19:30	10kV 母线Ⅰ段 A 相电压幅值正常
35	7:19:36	10kV 母分备自投动作复归
36	7:19:40	10kV 母线Ⅱ段零序电压（$3U_0$）实测值正常
37	7:19:45	10kV 母线Ⅰ段零序电压（$3U_0$）实测值正常
38	7:50:37	火灾报警系统动作复归
39	7:50:37	消防告警复归

表 4－34 中，6 时 42 分 10kV 母分备自投动作未合 10kV 母分开关，为误发信号，其余告警信息正常。

四、故障处置过程

6 时 42 分，监控发现 A 站 10kV Ⅰ段母线 A 相接地（A 相 0.53kV、B 相 10.45kV、C 相 10.92kV），汇报调度并通知现场检查。

7 时 18 分，监控发现 A 站 1 号主变压器差动保护动作汇报调度。C 相出口，动作电流 1.97A，跳开 1 号主变压器 10kV 开关和 110kV 甲线开关，110kV 备自投闭锁，10kV 备自投动作，10kV 母分开关合闸，未损失负荷。

7 时 19 分，监控发现 10kV 丙线和丁线跳闸汇报调度。丙线（全电缆线路，重合闸停用）过流Ⅱ段动作（动作电流 36.15 A），开关跳闸；10kV 丁线过流Ⅱ段动作（动作电流 25.76A），开关跳闸，重合成功。

8 时 10 分，110kV A 站运维人员现场检查汇报，故障点为：1 号主变压器至 1 号主变压器 10kV 开关柜 C 相电缆被烧坏（共 4 根，被烧坏 1 根），1 号主变压器本体无异常。

8 时 15 分，配抢班人员汇报 10kV 丙线故障原因为：××环网单元××号闸刀柜故障。

8 时 42 分，10kV 丙线恢复送电（已故障隔离）。

10 时 32 分，110kV A 站 1 号主变压器改为主变压器及 10kV 开关检修。

10 时 35 分，许可 110kV A 站 1 号主变压器检查处理工作。

12 时 8 分，110kV A 站 110kV 甲线改为开关检修。

12 时 16 分，许可 110kV A 站 110kV 甲线 TA 检查和 1 号主变压器 10kV 电缆消缺工作。

13 时 24 分，110kV A 站消缺工作结束，A 站 110kV 系统恢复正常备桥方式。

五、原因分析

由于 110kV A 站无故障录波装置，通过调阅 A 站电源侧即 220kV B 站 110kV 故障录波器发现，系统故障共出现两次：第一次故障电流出现在 110kV 甲线，故障电流为 A 相 4.4A，B 相 5.5A，C 相 5.1A（TA 变比 1200/5）；第二次故障电流出现在 110kV 乙线，故障电流为 A 相 2.95A，B 相 2.95A，C 相 2.99A（TA 变比 1200/5）。故障录波图如图 4－74 和图 4－75 所示。

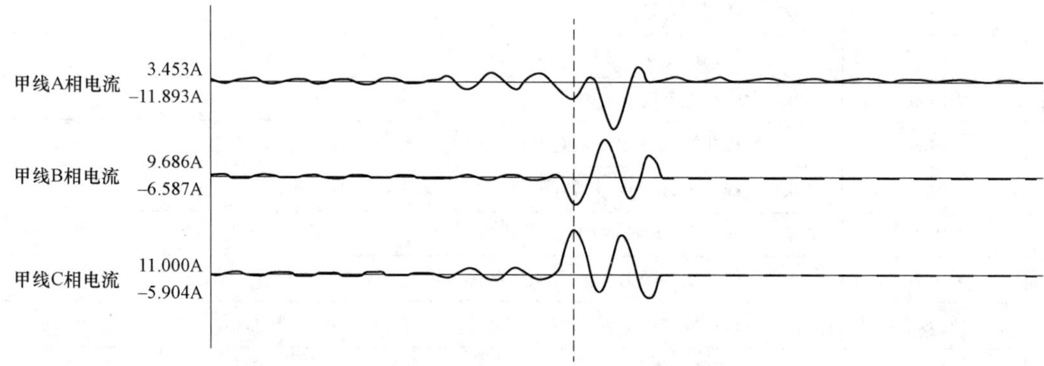

图 4－74　B 站 110kV 故障录波器第一次故障电流波形

根据故障录波记录的波形和保护动作信息分析，事故过程如下所述。

6 时 42 分，A 站 10kV 丙线 A 相金属性接地，A 站 10kV 为小电流接地系统，故 A 站 10kV Ⅰ段母线 B、C 两相电压升高为线电压。

7 时 18 分，A 站 1 号主变压器 10kV 开关 C 相电缆因过电压导致绝缘击穿，A 站 10kV

侧出现 A、C 两相两个接地点，出现较大的故障电流，A 站 1 号主变压器差动保护动作，跳开 110kV 甲线及 1 号主变压器 10kV 开关，10kV Ⅰ段母线失压，10kV 备自投动作，合上 10kV 母分开关。

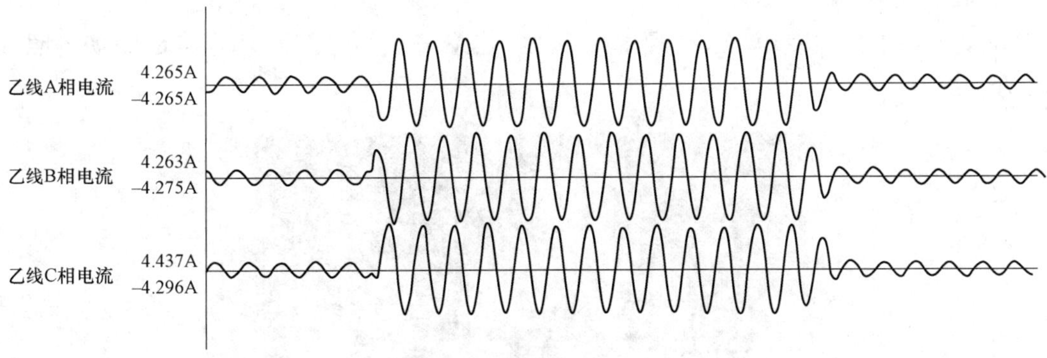

图 4－75　B 站 110kV 故障录波器第二次故障电流波形

从后来的 10kV 丙线保护动作信息分析，丙线 A 相接地点在过流保护Ⅱ段的保护范围内，A 站 1 号主变压器 10kV 开关 C 相电缆击穿后，A 站 10kV 侧出现 A、C 相两个接地点，出现较大的故障电流，A 站 1 号主变压器差动保护瞬时动作，切除 A 站 10kV 系统 C 相故障点，故障电流消失，故 10kV 丙线过流Ⅱ段保护并未动作。

由于 10kV 丙线 A 相接地仍然存在，10kV 备自投动作，10kV 母分开关合闸后，10kV Ⅰ、Ⅱ段母线 A 相均金属性接地，B、C 两相电压升高为线电压，10kV 丁线线路某处绝缘击穿，10kV 系统再次出现相间短路，相间故障出现较大的故障电流，故 0.2s 后 10kV 丙线、丁线线路保护过流Ⅱ段动作，开关跳闸。其中，10kV 丁线重合成功，相电压恢复正常；10kV 丙线为全电缆线路，重合闸停用，开关不重合。

综上所述，110kV A 站 10kV A 相金属性接地故障点为 10kV 丙线 A 相某处。A 站 1 号主变压器差动保护动作原因为 10kV A 相金属性接地，B、C 相电压升高，导致 1 号主变压器 10kV 开关柜内 C 相电缆烧毁引起。根据现场检查情况分析，保护动作行为正确，二次回路正常。

六、防范措施及建议

本次故障暴露问题如下：

（1）个别监控信息存在误告警，干扰监控正常监视。6 时 42 分，10kV 母分备自投尚未动作，但却出现 10kV 母分备自投动作告警，此信号为误告警。

（2）110kV A 站监控信息颗粒度过大。所有 10kV 线路的保护动作合并为一个 10kV 线路过流动作（合并），所有 10kV 线路的重合闸动作合并为一个 10kV 线路重合闸动作（合并），导致出现 10kV 线路保护动作或重合闸动作时，无法判断是哪条线路的重合闸启动。

为防止此类故障发生，提出以下措施和建议：

（1）强化现场设备巡视工作，提高现场巡视质量，巡视时必须用红外测温设备对现场设备进行测温。

（2）全面梳理电网薄弱环节，合理安排运行方式，春节期间电网全接线全保护运行。对涉及“春运”、医院、大型商场、重要供电用户等人员密集场所的线路做好巡视工作，备好事故预案。

（3）继续深入开展开关远方常态化操作工作，确保电网发生故障时可快速调整运行方式、转供负荷，提升电网异常、事故等情况下的应急响应能力。

（4）对误告警、监控信息颗粒度过大等问题开展整治。

七、附件资料

110kV A 站 1 号主变压器至 1 号主变压器 10kV 开关柜之间 C 相电缆故障现场照片如图 4－76 所示。

图 4－76　C 相电缆故障现场照片

10kV 丙线××环网单元××号刀闸柜故障现场照片如图 4－77 所示。

图 4－77　环网单元××号刀闸柜故障现场照片

110kV A 站 1 号主变压器保护装置动作记录如图 4－78 所示。

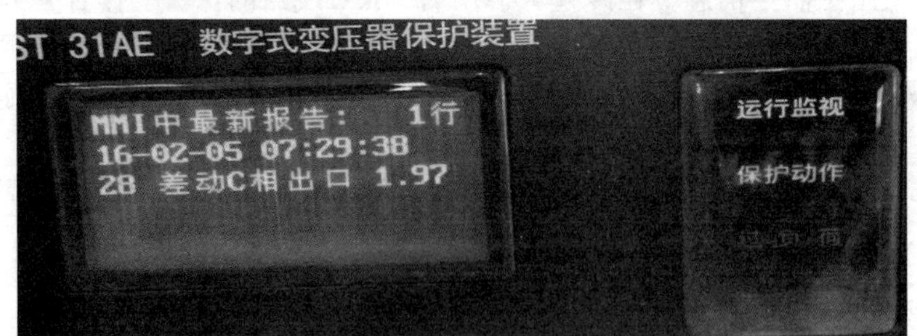

图 4－78　A 站 1 号主变压器保护装置动作记录

10kV 丙线保护装置动作记录如图 4－79 所示。

10kV 丁线保护装置动作记录如图 4－80 所示。

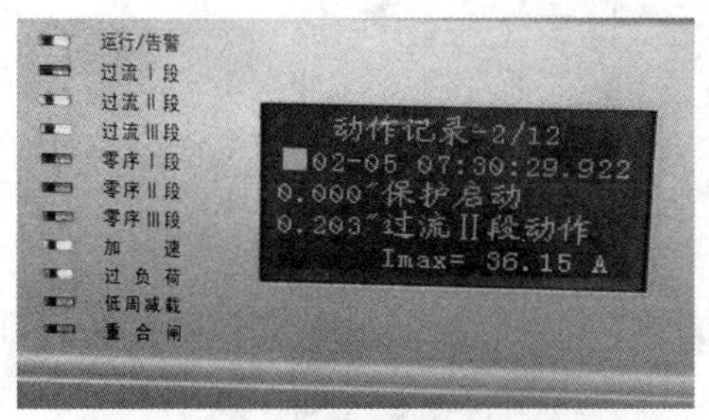

图 4－79　10kV 丙线保护装置动作记录　　　　图 4－80　10kV 丁线保护装置动作记录

10kVⅠ段母线单相接地电压幅值如图 4－81 所示。

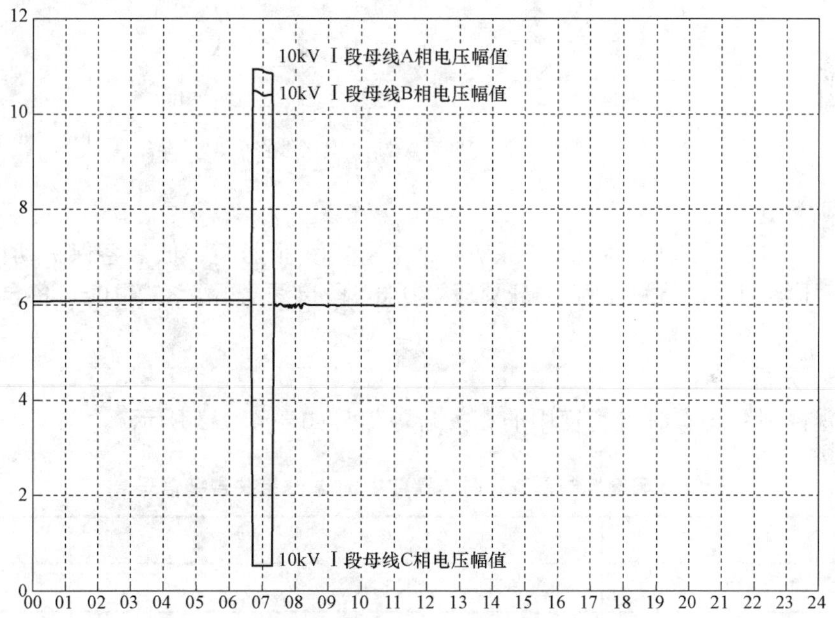

图 4－81　10kVⅠ段母线单相接地电压幅值

4.2.6　35kV 变电站主变压器故障跳闸分析报告 1

一、故障前运行方式

35kV A 站故障前运行方式如下，A 站 35kV 为备桥方式：35kV 甲线带 1 号主变压器运行，35kV 乙线带 2 号主变压器运行，35kV 桥开关热备用，35kV 备自投跳闸状态。10kV 分列运行方式：1 号主变压器带 10kVⅠ段母线运行，2 号主变压器带 10kVⅡ段母线运行，10kV 母分开关热备用，10kV 备自投跳闸状态。10kV 丙线运行于 10kVⅡ段母线，重合闸跳闸状态。一次接线图如图 4－82 所示。

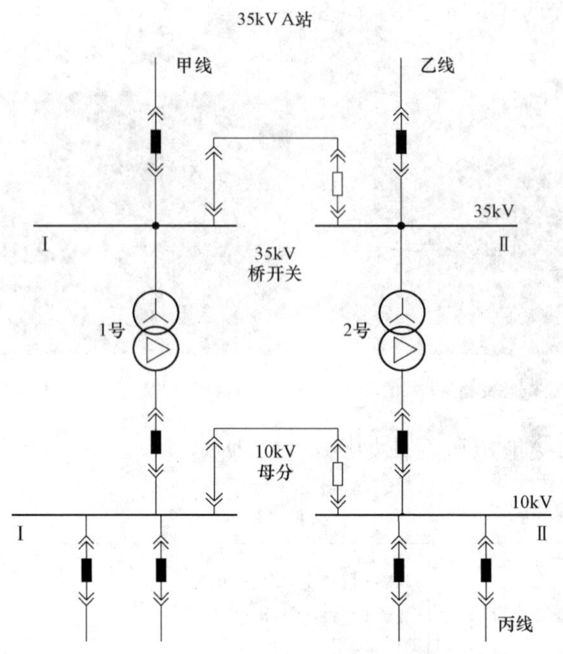

图 4-82　35kV A 站一次接线图

二、故障经过

2016 年 7 月 19 日 10 时 48 分，35kV A 站 2 号主变压器高、低后备保护动作，35kV 乙线、2 号主变压器 10kV 开关分闸，35kⅦ段、10kⅦ段母线失电，35、10kV 备自投均被闭锁未动作。

三、信号分析

智能调度控制系统实时告警窗中的相关告警信号如表 4-35 所示。

表 4-35　　智能调度控制系统实时告警窗中的 A 站相关告警信号

序号	时间	告警
1	10:48:37	35kV 桥开关 SF_6 泄漏动作
2	10:48:37	10kV 备自投闭锁动作
3	10:48:37	10kV 线路重合闸动作动作
4	10:48:37	10kV 线路限时速断、过流动作动作
5	10:48:37	2 号主变压器高压侧复合电压闭锁过流动作
6	10:48:37	2 号主变压器 10kV 开关事故分闸
7	10:48:37	35kV 桥开关 SF_6 泄漏复归
8	10:48:37	35kV 乙线开关事故分闸
9	10:48:37	10kV 备自投闭锁复归
10	10:48:52	2 号主变压器高压侧复合电压闭锁过流复归

续表

序号	时间	告警
11	10:48:55	35kV 备自投装置告警动作
12	10:49:00	10kV 母线Ⅱ段拓扑失电出现 AVC
13	10:49:00	35kV 母线Ⅱ段拓扑失电出现 AVC
14	10:49:03	35kV 备自投装置告警复归
15	10:49:03	35kV 备自投 TV 断线动作
16	10:49:12	10kV 线路限时速断、过流动作复归
17	10:49:12	10kV 线路重合闸动作复归
18	10:49:25	35kV 母线Ⅱ段 A 相电压幅值越正常下限
19	10:49:25	35kV 母线Ⅱ段 C 相电压幅值越正常下限
20	10:49:25	35kV 母线Ⅱ段 B 相电压幅值越正常下限
21	10:49:25	35kV 母线Ⅱ段线电压幅值（ab）越正常下限
22	10:53:55	10kV 母线Ⅱ段 A 相电压幅值越正常下限
23	10:53:55	10kV 母线Ⅱ段 C 相电压幅值越正常下限
24	10:53:55	10kV 母线Ⅱ段 B 相电压幅值越正常下限
25	10:53:55	10kV 母线Ⅱ段线电压幅值（ab）越正常下限

四、故障处置过程

地调调控员发现开关跳闸后，进入智能调度控制系统中 35kV A 站画面检查，发现 35kV A 站 2 号主变压器高压侧进线开关及低压侧开关分位并闪烁，查看 35kV 乙线线路电流、有功等遥测量，均下降为零，根据保护动作情况，确认这两个开关事故分闸。上窗信息显示 35kV A 站 2 号主变压器高压侧复合电压闭锁过流动作，10kV 线路限时速断、过流动作。调控员通知运维人员现场检查。

运维人员现场检查结果：10kV 丙线过流Ⅱ段保护动作，开关拒动，重合闸出口；2 号主变压器高、低压侧后备保护动作。

10kV 丙线故障点隔离后，2 号主变压器及 10kVⅡ段母线恢复送电。

五、原因分析

根据相关信号及现场检查情况对保护动作分析如下：35kV A 站 10kV 丙线过流Ⅱ段保护动作，10kV 丙线开关拒动，致使 A 站 2 号主变压器后备保护动作。A 站 2 号主变压器高后备保护复压闭锁方向过流一段一时限时间定值为 1.1s，跳 35kV 桥开关；高后备保护复压闭锁方向过流一段二时限时间定值为 1.1s，跳主变压器高低压两侧开关；低后备保护一时限时间定值为 1.1s，跳主变压器 10kV 母分开关；低后备保护二时限时间定值为 1.1s，跳主变压器 10kV 开关。10kV 丙线开关拒动，2 号主变压器高、低压侧后备保护同时动作，同时跳开主变压器高、低压侧开关。2 号主变压器高、低压侧后备保护动作，闭锁 35、10kV 备自投，故备自投均未动作。分析表明保护动作准确。

六、防范措施和建议

加强对运行设备的监控，确保在故障发生后能及时处理。做好闭环工作，保持与现场工作人员的联系，跟踪设备缺陷的处理情况。

4.2.7 35kV 变电站主变压器故障跳闸专项分析报告 2

一、故障前运行方式

35kV A 站故障前运行方式如下，A 站运行在备桥方式：35kV 甲线带 1 号主变压器运行，35kV 乙线带 2 号主变压器运行，35kV 桥开关热备用，35kV 备自投跳闸状态。10kV 分列运行方式：1 号主变压器带 10kV Ⅰ段母线运行，2 号主变压器带 10kV Ⅱ段母线运行，10kV 母分开关热备用，10kV 备自投跳闸状态。一次接线图如图 4－83 所示。

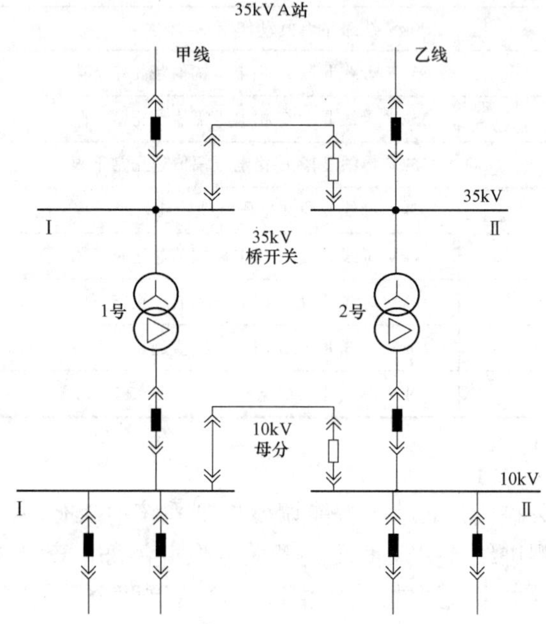

图 4－83　35kV A 站一次接线图

二、故障概要

2017 年 4 月 28 日 11 时 9 分，A 站 1 号主变压器差动保护动作，跳开 35kV 甲线开关和 1 号主变压器 10kV 开关，10kV 备自投动作，10kV 母分开关合闸。

三、信号分析

A 站主变压器故障跳闸相关信号如表 4－36 所示。

表 4－36　A 站主变压器故障跳闸相关信号

序号	时间	告警
1	11:09:08	1 号主变压器差动动作动作
2	11:09:09	甲线控制回路断线动作
3	11:09:10	甲线控制回路断线复归
4	11:09:10	10kV BZT 动作动作
5	11:09:10	甲线开关分闸
6	11:09:10	甲线开关事故分闸

续表

序号	时间	告警
7	11:09:11	10kV 母分开关合闸
8	11:09:20	35kV 母线Ⅰ段 B 相电压幅值越正常下限
9	11:09:20	35kV 母线Ⅰ段 C 相电压幅值越正常下限
10	11:09:20	35kV 母线Ⅰ段 A 相电压幅值越正常下限
11	11:09:21	1 号主变压器差动动作复归
12	11:09:29	10kV BZT 动作复归
13	11:09:55	35kV 母线Ⅰ段线电压幅值（ab）越正常下限
14	11:10:28	1 号主变压器 10kV 开关分闸
15	11:11:01	35kV 母线Ⅰ段拓扑失电出现　AVC
16	12:45:36	1 号主变压器 10kV 控制回路断线动作

动作信息正确，无遗漏信号。

四、故障处置过程

2017 年 4 月 28 日 11 时 09 分，监控汇报调度 A 站 1 号主变压器差动保护动作，跳开 35kV 甲线开关和 1 号主变压器 10kV 开关，10kV 备自投动作，10kV 母分开关合闸，未损失负荷。地调调控员立即通知运维人员至 A 站现场检查，并将故障跳闸情况告知配调，要求配调做好 A 站故障后措施。

12 时 09 分，配调汇报已做好 A 站事故后措施。

12 时 18 分，运维人员向地调调控员汇报 A 站现场检查情况：10kV 开关室有焦味，未找到明显故障点。

13 时 18 分，A 站 1 号主变压器已改为主变压器及 10kV 开关检修状态，地调调控员许可运维人员 A 站 1 号主变压器差动保护动作检查工作。

19 时 10 分，A 站 1 号主变压器差动保护动作检查工作已结束，运维人员向地调调控员汇报现场检查情况如下，故障为 A 站 1 号主变压器 10kV 保护 B 相 TA 击穿。地调调控员许可运维人员 A 站故障处理工作。

21 时 20 分，运维人员更换 A、B、C 三相保护 TA 工作结束，地调调控员发令对 A 站新更换 TA 冲击一次，冲击情况正常，并对 A 站 1 号主变压器差动保护以及 10kV 备自投进行带负荷试验，试验数据正确。

22 时 45 分，A 站恢复正常运行方式。

五、原因分析

（1）一次设备检查。A 站 1 号主变压器 10kV 母线侧 B 相 TA 绝缘击穿，TA 桩头示温蜡片融化，连接铝排有明显发热痕迹。

进一步对 TA 进行绝缘检查发现：1 号主变压器 10kV 母线侧 B 相 TA 绝缘为 0Ω，A、C 相 TA 耐压均正常。

（2）保护动作情况检查。现场检查发现：A 站 1 号主变压器差动保护动作灯亮，35kV 甲线开关分闸，1 号主变压器 10kV 开关分闸，35kV 备自投闭锁，10kV 备自投动作，10kV 母分开关合闸。

1 号主变压器差动保护装置显示：11:09:10，27ms，差动 B 相动作出口。动作电流二次值 3.21A，折算到一次值为 385A（A 站 1 号主变压器 35kV 侧 TA 变比为 600/5，10kV 侧 TA 变比为 800/5）。

注：A 站无故障录波器，A 站电源侧为 220kV B 站的 35kV 母线，由于故障电流太小，其电源侧 220kV B 站主变压器故障录波器无法启动，因此本次故障无故障录波数据。

（3）现场检查结论。通过现场一、二次设备检查，可以得出 A 站 1 号主变压器跳闸过程为：1 号主变压器 10kV 母线侧 B 相 TA 绝缘击穿，导致 1 号主变压器 CST31A 差动保护 B 相出口，35kV 甲线开关及 1 号主变压器 10kV 开关分闸，同时闭锁 35kV 备自投，10kV Ⅰ段母线失压，5s 后，10kV 备自投动作，再跳 1 号主变压器 10kV 开关，0.3s 后，10kV 备自投动作合上 10kV 母分开关，10kV 母线电压恢复正常。

现场检查结果显示此次故障后 A 站保护动作正确。

六、防范措施及建议

对于老旧变电站，需检修单位定期做好预试，运维单位加强现场设备巡视。尤其要考虑在运行中采用试温蜡片、红外测温、带电局放测试等手段，发现内绝缘故障，防患于未然。

七、附件

A 站 1 号主变压器 10kV 母线侧 TA 故障现场照片（见图 4－84），B 相桩头红色（80℃）示温蜡片融化，B 相 TA 发热，绝缘击穿。

图 4－84　35kV A 站 1 号主变压器 10kV 母线侧 TA 故障现场照片

4.3 其 他 故 障

4.3.1 220kV 变电站 110kV 母联开关故障跳闸分析报告

一、故障前运行方式

A 站：110kV 甲线、110kV 乙线接 110kV 正母运行，其余线路及 1 号、2 号主变压器接 110kV 副母，接线图如图 4－85 所示。

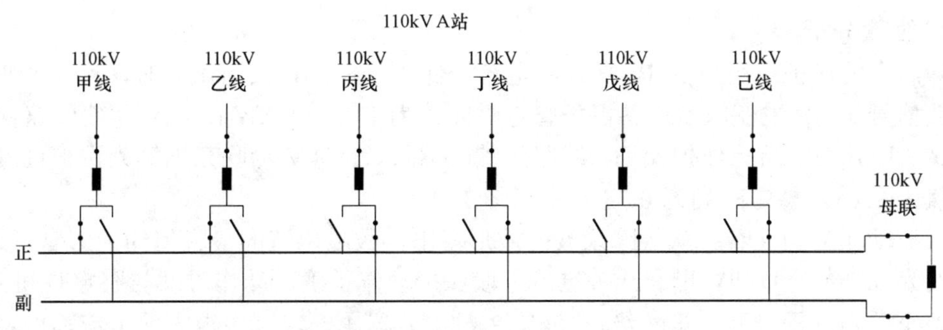

图 4－85　A 站故障前运行方式

用户变 B：110kV 甲线运行；110kV 乙线热备用；桥开关运行；1 号、2 号主变压器运行，接线图如图 4－86 所示。

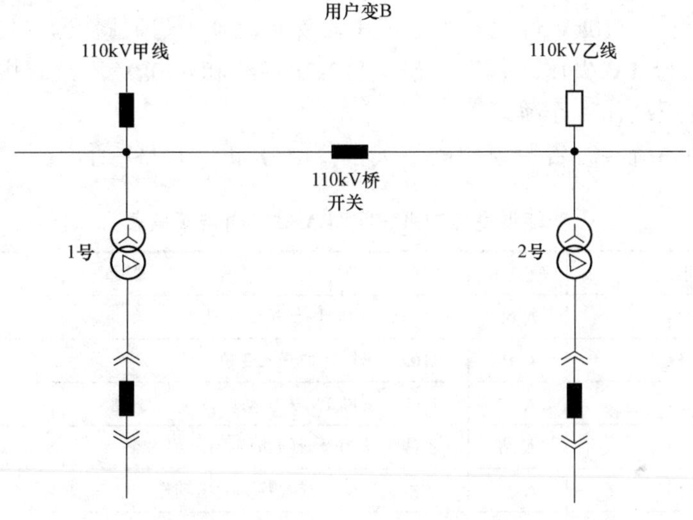

图 4－86　用户变 B 故障前运行方式

二、故障概要

2016 年 9 月 12 日，用户变 B 冲击启动，A 站空出 110kV 正母，通过 110kV 母联开关对新线路进行冲击，在冲击前对 A 站运行方式进行了调整，110kV 侧所有设备均上 110kV 副母，空出 110kV 正母。16 时 30 分，110kV 甲线、110kV 乙线以及用户变 B 1 号、2 号主变压器、10kV 母线均已冲击完成，开始对 10kV 侧电容器进行冲击。

16 时 51 分，地区当值监控员从智能调度控制系统告警窗上发现："A 站 110kV 1 号母联保护动作""A 站 110kV 母联开关故障分闸" 等一系列动作告警信号。

地区当值监控员按照监控信息处置流程，立即进入智能调度控制系统检查 A 站 110kV 母联间隔画面，开关确实为分位，确认该开关为故障分闸。监控员将这一情况汇报地调当值调度员，并通知运维人员现场检查。

现场检查结果：用户变 B 10kV 2 号电容器发生爆炸，电容器开关未跳闸。16 时 51 分，110kV 母联开关过流 Ⅰ 段保护动作，开关跳闸。

三、故障分析

故障涉及的保护：用户变 B：10kV 电容器保护；在做带负荷试验时，1 号主变压器差动保护改信号，1 号主变压器后备保护整定时间改为 1.7s；A 站：110kV 甲线线路保护在做带负荷试验时，为了防止保护误动，线路保护改信号、110kV 母联充电解列保护过流Ⅰ段保护整定值为 2.2A，整定时间为 0.3s。

从保护动作准确性看：从故障录波的波形得出，故障电流的最大值约为 6A，故障的切除时间约为 320ms，110kV 母联开关过流Ⅰ段保护动作正确，动作时间与整定时间一致。

从整个故障过程来看，第一级：10kV 2 号电容器爆炸，产生很大的电流，电容器本身保护应动作，但电容器保护未动。第二级：在做带负荷试验时，1 号主变压器差动保护改信号，1 号主变压器后备保护整定时间改为 1.7s，整定时间过长，保护未动。第三级：110kV 甲线线路保护改信号，保护未动作。第四级：110kV 母联开关过流Ⅰ段保护动作整定值为 2.2A，整定时间为 0.3s，保护动作。

从告警信号上看：110kV 母联开关过流Ⅰ段保护动作，母联跳开，110kV 正母失电，电压为 0，“110kV 正母 TV 失压动作”正确。110kV 甲线和 110kV 乙线失电，“110kV 乙线失压信号或线路侧无压动作”正确。

智能调度控制系统实时告警窗中的相关告警信号如表 4－37 所示。

表 4－37　　智能调度控制系统实时 A 站实时告警信息

序号	时间	变电站	告警
1	16:51:54	A 站	110kV 1 号母联保护动作动作
2	16:51:54	A 站	110kV 母线保护开入变位动作
3	16:51:54	A 站	110kV 正母 TV 失压动作
4	16:51:54	A 站	乙线失压信号或线路侧无压动作
5	16:51:54	A 站	乙线失压信号或线路侧无压动作
6	16:51:54	A 站	乙线失压信号或线路侧无压复归
7	16:51:55	A 站	乙线保护装置告警或过负荷告警动作
8	16:52:03	A 站	110kV 母线保护 TA 或 TV 断线动作
9	16:53:05	A 站	110kV 正母Ⅰ段线电压幅值（ab）越正常下限
10	17:00:08	A 站	110kV 1 号母联保护动作复归

四、故障处置过程

用户变 B：10kV 2 号电容器开关改冷备用隔离，1 号、2 号主变压器 10kV 开关改热备用，110kV 甲线开关、110kV 乙线开关改热备用，令用户变 B 设备主人对 10kV 2 号电容器及其他 10kV 母线设备进行全面检查消缺。

A 站：110kV 甲线、110kV 乙线开关改热备用，110kV 母联开关改运行送出 110kV 正母，再送出 110kV 甲线、110kV 乙线，其余 110kV 母线设备倒排恢复到正常运行方式。

五、原因分析

（1）用户变 B 的 10kV 2 号电容器设备存在故障引起爆炸，且电容器保护拒动。

（2）用户变 B 的一二次设备验收未认真执行到位。

（3）在新设备冲击启动或者带负荷试验时，各级保护之间的配合存在问题。

六、防范措施和建议

加强新设备冲击启动管理和预控，保证故障在可控范围内。加强设备监控，确保在故障发生后能及时处理。做好闭环工作，保持与现场工作人员的联系，跟踪故障处理情况。

七、附件资料

故障录波图见图 4－87。

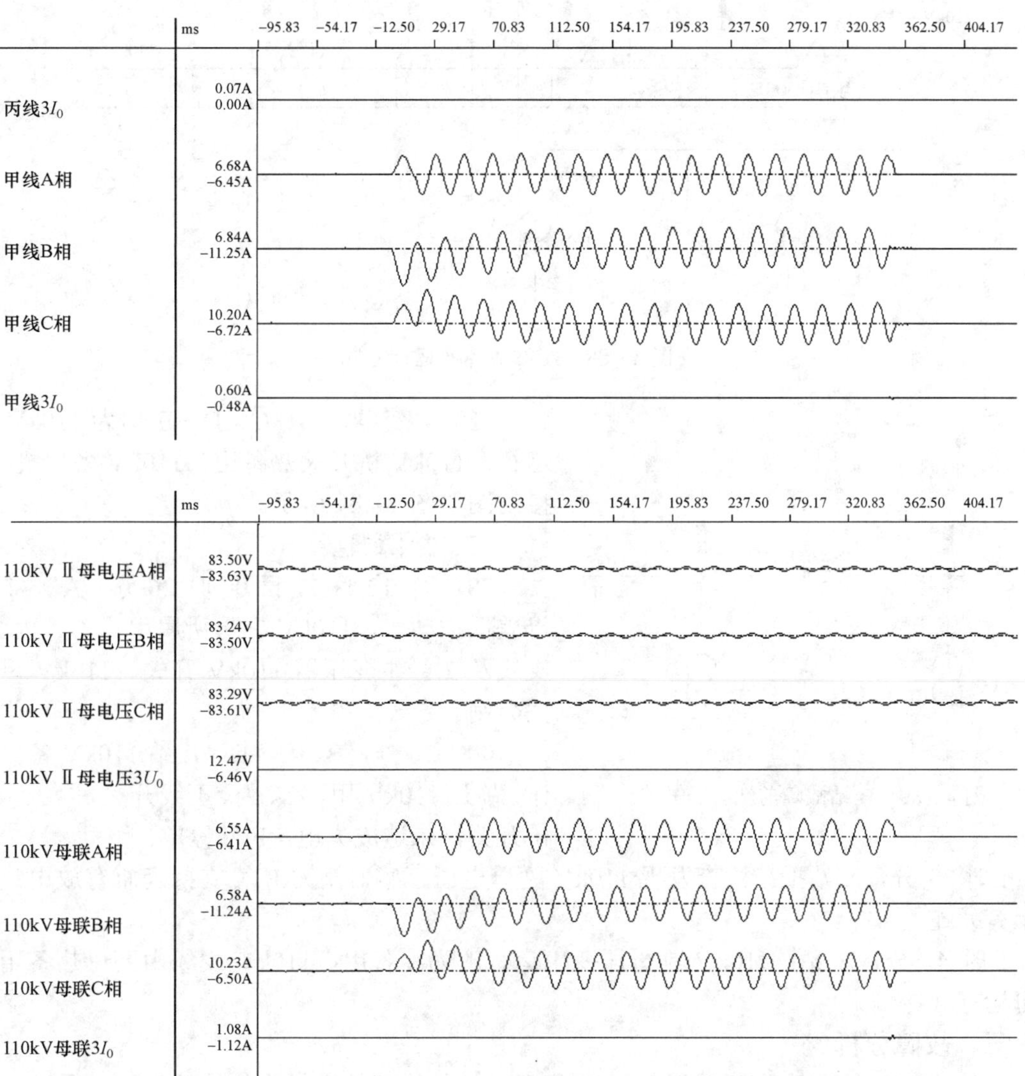

图 4－87　故障录波图

4.3.2　220kV 变电站 110kV 母差保护动作跳闸故障分析报告

一、故障前运行方式

A 站：1 号主变压器、2 号主变压器为并列运行方式，其中 1 号主变压器带负荷 60.73MW，

2 号主变压器带负荷 60.37MW。1 号主变压器上 110kV 正母（所供 110kV 出线略），2 号主变压器上 110kV 副母供 110kV 甲、乙、丙、丁、戊线，分别供 110kV B、C、D、E、F 站电站，除 F 站（戊线）外均有备自投双电源，接线图如图 4－88 所示。

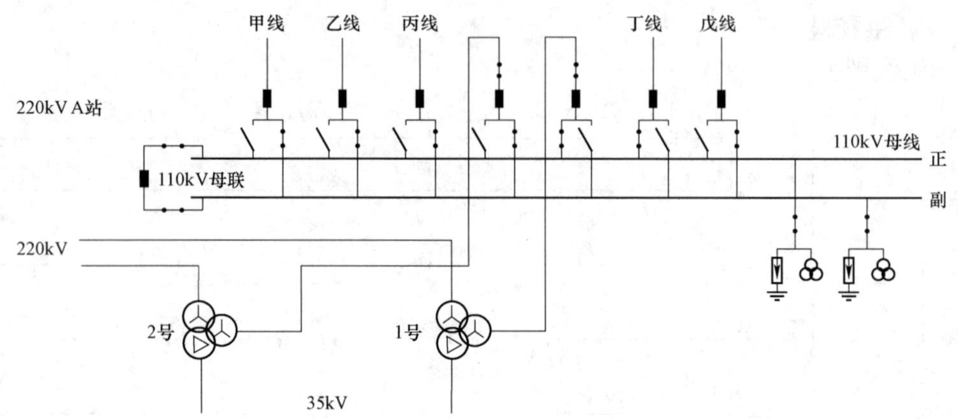

图 4－88　A 站故障前运行方式

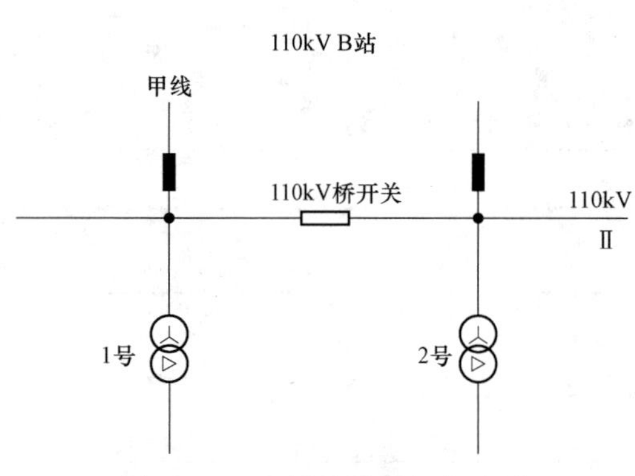

图 4－89　B 站故障前运行方式

110kV 变电站 B、C、D、E 均为 110kV 分列运行，110kV 桥开关热备用，110kV 备自投投入，接线图如图 4－89 所示。

二、故障概要

2017 年 12 月 17 日 00 时 26 分，A 站 110kV 母差保护动作，110kV 副母所属甲、乙、丙、丁、戊线及 2 号主变压器 110kV 开关、110kV 母联开关分闸。

0 时 26 分，B、C、D、E 站 110kV 备自投动作，跳开 110kV 甲、乙、丙、丁线开关，合上 110kV 桥开关，未造成失电，F 站停电。

1 时 33 分，A 站报：检查发现 110kV 副母电压互感器闸刀 B 相支持瓷瓶有放电痕迹，地上有死蛇。

1 时 41 分，A 站：110kV 副母压变由运行改为冷备用；110kV 戊线由副母热备用改为正母运行（冷倒）。

三、故障分析

A 站 110kV 副母电压互感器刀闸 B 相对支持绝缘子放电，产生接地电流，导致 110kV 副母差动电流达到整定值，差动保护动作，先跳开 110kV 母联开关，再跳开 110kV 副母上所有出线和设备及 2 号主变压器 110kV 开关，动作正确。

B、C、D、E 站相应 110kV 甲、乙、丙、丁线失电，线路压变电压为零，110kV 备自投检无压检无流启动动作，断开甲、乙、丙、丁线，合上 110kV 桥开关，由互备的 110kV 线路单线供电，正确动作。

监控告警信息如表4－38所示。

表4－38　　监控告警信息

序号	时间	变电站	告警
1	00:26	A站	220kV母线第一套保护装置异常动作
2	00:26	A站	110kV母线保护差动动作动作
3	00:26	A站	110kV母联开关分闸
4	00:26	A站	乙线开关分闸
5	00:26	A站	丁线开关分闸
6	00:26	A站	甲线开关分闸
7	00:26	A站	戊线开关分闸
8	00:26	A站	丙线开关分闸
9	00:26	A站	2号主变压器110kV开关分闸
10	00:26	A站	乙线线路TV失压动作
11	00:26	A站	丁线线路TV失压动作
12	00:26	A站	甲线线路TV失压动作
13	00:26	A站	戊线线路TV失压动作
14	00:26	A站	丙线线路TV失压动作
15	00:26	B站	甲线线路TV失压动作
16	00:26	B站	110kV备自投动作动作
17	00:26	B站	110kV备自投装置告警或TV断线动作
18	00:26	A站	110kV副母TV失压动作
19	00:26	A站	220kV母线第一套保护装置异常复归
20	00:26	A站	110kV母线保护保护TV/TA断线动作
21	00:26	A站	110kV副母Ⅰ段拓扑失电出现AVC
22	00:26	B站	110kV母线Ⅰ段线电压幅值（ab）越正常下限
23	00:26	B站	110kV母线Ⅰ段拓扑失电出现AVC
24	00:26	B站	甲线开关分闸
25	00:26	B站	110kV桥开关合闸
26	00:26	B站	110kV备自投装置告警或TV断线复归
27	00:26	B站	110kV母线Ⅰ段线电压幅值（ab）正常
28	00:26	B站	110kV母线Ⅰ段拓扑失电消失AVC

四、故障处置过程

（1）0 时 26 分，监控报：A 站 110kV 母差保护动作，110kV 副母线上：甲线、乙线、丙线、丁线、戊线、2 号主变压器 110kV 开关，110kV 母联开关分；

B 站：110kV 备自投动作，110kV 桥开关合闸，甲线开关分闸；

C 站：110kV 备自投动作，110kV 桥开关合闸，乙线开关分闸；

D 站：110kV 备自投动作，110kV 桥开关合闸，丙线开关分闸；

E 站：110kV 备自投动作，110kV 桥开关合闸，丁线开关分闸；

F 站：全站停电，戊线运行状态。

（2）1 时 16 分，F 站：将 110kV 戊线改热备用后报地调，1 时 46 分汇报操作完毕。

（3）1 时 33 分，A 站报：现场检查发现 110kV 副母 TV 闸刀 B 相支持瓷瓶有放电痕迹，地上有死蛇。

（4）1 时 38 分～2 时 33 分，B、C、D、E 站相继检查汇报：110kV 备自投动作情况及现场一、二次设备均正常。

（5）1 时 41 分，A 站：110kV 副母压变由运行改为冷备用。

（6）1 时 48 分，A 站：110kV 戊线由副母热备用改为正母运行（冷倒）。

（7）2 时 06 分，F 站：110kV 戊线由热备用改为运行，F 站恢复送电。

（8）2 时 07 分，运检告：A 站 110kV 副母 TV 闸刀支持瓷瓶需更换，要求 110kV 副母线及母线 TV 检修状态。

（9）2 时 17 分，A 站：

1）2 号主变压器 110kV 开关由副母热备用改为正母运行（冷倒）；

2）110kV 甲线由副母热备用改为正母运行（冷倒，充电）；

3）110kV 乙线由副母热备用改为正母运行（冷倒，充电）；

4）110kV 丙线由副母热备用改为正母运行（冷倒，充电）；

5）110kV 丁线由副母热备用改为正母运行（冷倒，充电）；

6）110kV 母联开关由热备用改为冷备用；

7）110kV 副母线由冷备用改为检修；

8）110kV 副母压变由冷备用改为检修。

五、原因分析

故障原因为 A 站有蛇爬上 110kV 副母电压互感器，蛇身高压击穿导致 110kV 副母电压互感器 B 相接地引起 110kV 母差保护动作。

六、防范措施和建议

（1）本次故障发生在负荷较重的地区，夏季来临，蚊虫及小动物较多，应加强变电站设备巡视，查找设备薄弱点和隐患点，做到防患于未然。

（2）加强无人值班变电站的监控手段，充分运用现有的视频监控及红外监控手段，及时发现隐患点。

4.3.3 220kV 电厂三线同跳故障分析报告

一、故障前运行方式

A 站：220kV 甲Ⅰ线副母运行，220kV 甲Ⅱ线正母运行，接线图如图 4－90 所示。

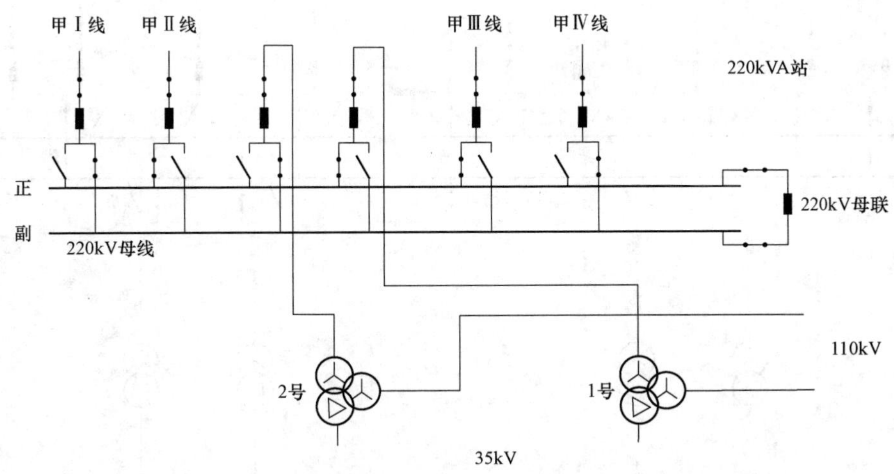

图 4-90 A 站故障前运行方式

B 站：220kV 乙Ⅱ线正母运行，接线图如图 4-91 所示。

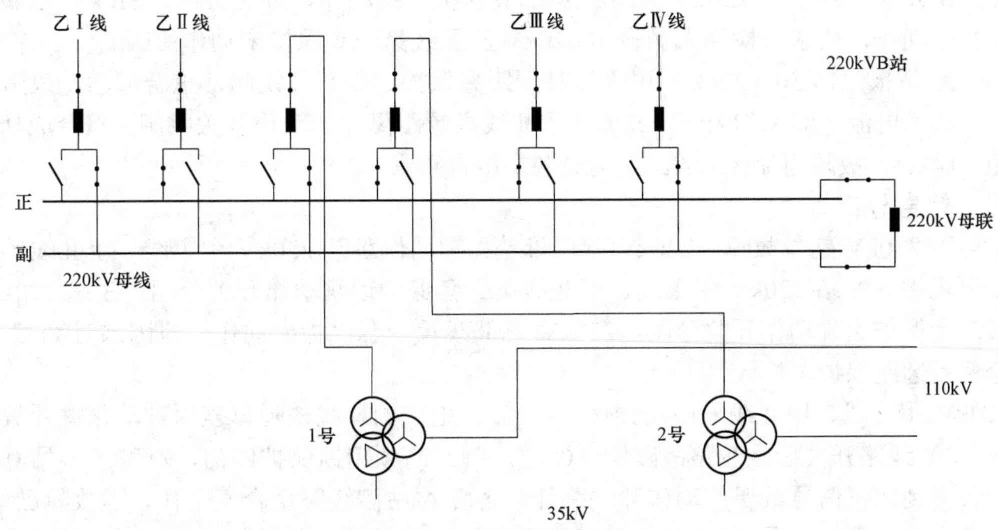

图 4-91 B 站故障前运行方式

C 电厂：接线图如图 4-92 所示。

故障前潮流：某地区网供负荷 1995.9MW，220kV 甲Ⅱ线 118.25MW，220kV 甲Ⅰ线 115.74MW，220kV 乙Ⅱ线 251.48MW。C 电厂机组出力 621.61MW，D 电厂机组出力 639.21MW，另有该地区两座 500kV 变电站分别下送 684.51MW、324.71MW。C 电厂 220kV 甲Ⅰ线、220kV 甲Ⅱ线、220kV 乙Ⅱ线均接于 220kV 副母。

二、故障概要

（1）2018 年 9 月 16 日，监控当值报：A 站：220kV 甲Ⅰ线、220kV 甲Ⅱ线开关跳闸（重合成功），B 站：220kV 乙Ⅱ线开关跳闸（未重合）。侧面得知故障为 C 电厂内 220kV 副母线故障，造成母线上 3 条 220kV 线路甲 I、甲Ⅱ、乙Ⅱ线及 2 号机组跳闸。

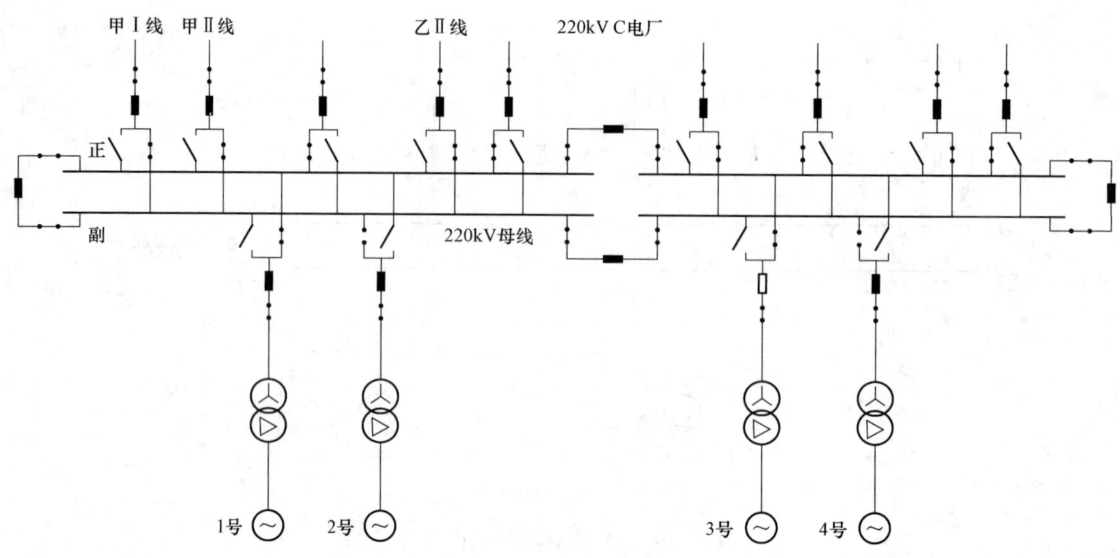

图 4-92　C 电厂故障前运行方式

（2）B 站报：14:57，220kV 乙Ⅱ线第二套保护远跳动作，开关分闸，220kV 乙Ⅱ线第一套保护未动作，要求派检修人员查明 220kV 乙Ⅱ线第一套保护未动作原因。

（3）A 站报：14:56，220kV 甲Ⅰ线高频距离保护动作开关跳闸，重合成功，故障测距 40.5km，故障电流 7.83A。14:56，220kV 甲Ⅱ线高频距离保护动作开关跳闸，重合成功，故障测距 40.4km，故障电流 8.37A。现场设备均检查正常。

三、信息分析

C 电厂 220kV 副母故障，220kV 副母母差保护动作跳开 220kV 甲Ⅰ线、甲Ⅱ线、乙Ⅱ线及 2 号机组；A 站 220kV 甲Ⅰ线、甲Ⅱ线第一套保护远跳动作开关分闸；B 站 220kV 乙Ⅱ线第二套保护远跳动作开关分闸，220kV 乙Ⅱ线第一套保护未动作，原因系对侧 C 电厂第一套母差远跳保护未接入。

220kV 甲Ⅰ线、甲Ⅱ线采用高频保护，当 C 电厂侧母线故障母差保护动作跳开故障侧（C 电厂侧）线路开关后，线路故障侧（C 电厂侧）高频闭锁保护停信，对侧（A 站侧）线路保护收不到闭锁信号故保护动作开关跳开，之后 A 站侧线路重合闸动作，因故障已切除，线路重合成功。而 B 站因 220kV 乙Ⅱ线采用光纤差动保护，在对侧（C 电厂）母差动作远跳本侧（B 站）开关后，将不再发送重合闸命令，因此线路未重合。

智能调度控制系统实时告警窗中的相关告警信号如表 4-39 所示。

表 4-39　　智能调度控制系统实时告警信息

序号	时间	变电站	告警
1	14:57	B 站	乙Ⅱ线第二套保护 A 相跳闸出口动作
2	14:57	B 站	乙Ⅱ线第二套保护 B 相跳闸出口动作
3	14:57	B 站	乙Ⅱ线第二套保护远跳收信动作
4	14:57	B 站	乙Ⅱ线第二套后备保护出口动作
5	14:57	B 站	乙Ⅱ线第二套后备保护出口复归

续表

序号	时间	变电站	告警
6	14:57	A 站	甲Ⅰ线第二套保护动作动作
7	14:57	A 站	甲Ⅰ线第一套保护动作动作
8	14:57	A 站	甲Ⅱ线第二套保护动作动作
9	14:57	A 站	甲Ⅱ线第一套保护动作动作
10	14:57	B 站	乙Ⅱ线第二套保护 A 相跳闸出口复归
11	14:57	B 站	乙Ⅱ线第二套保护 B 相跳闸出口复归
12	14:57	B 站	乙Ⅱ线第二套保护 C 相跳闸出口动作
13	14:57	B 站	乙Ⅱ线第二套保护 C 相跳闸出口复归
14	14:57	A 站	甲Ⅰ线保护重合闸动作动作
15	14:57	A 站	甲Ⅰ线开关合闸
16	14:57	A 站	甲Ⅱ线第二套保护重合闸动作动作
17	14:57	A 站	甲Ⅱ线第一套保护重合闸动作动作
18	14:57	A 站	甲Ⅱ线开关合闸
19	14:57	B 站	乙Ⅱ线第二套保护远跳收信复归
20	14:57	B 站	乙Ⅱ线开关间隔故障信号动作
21	16:22	A 站	甲Ⅰ线第一套保护动作复归
22	16:23	A 站	甲Ⅰ线保护重合闸动作复归
23	16:23	A 站	甲Ⅰ线第二套保护动作复归
24	16:23	A 站	甲Ⅱ线第一套保护重合闸动作复归
25	16:23	A 站	甲Ⅱ线第一套保护动作复归
26	16:26	A 站	甲Ⅱ线第二套保护动作复归
27	16:26	A 站	甲Ⅱ线第二套保护重合闸动作复归
28	16:49	B 站	乙Ⅱ线 A 相开关合闸
29	16:49	B 站	乙Ⅱ线 B 相开关合闸
30	16:49	B 站	乙Ⅱ线 C 相开关合闸
31	16:49	B 站	乙Ⅱ线开关合闸
32	16:49	B 站	乙Ⅱ线开关间隔故障信号复归

四、故障处置过程

（1）A 站：拉开 220kV 甲Ⅰ线、甲Ⅱ线开关。

（2）确定为 C 电厂 220kV 母线故障后，合上 A 站 220kV 甲Ⅰ线开关（充电）。

（3）A 站：合上 220kV 甲Ⅱ线开关。

（4）B 站：合上 220kV 乙Ⅱ线开关，至此线路均送出（正常）。

（5）C 电厂：2 号机组切到正母后并网。

（6）故障后潮流：地区网供负荷 1946.22MW，220kV 甲Ⅰ线、甲Ⅱ线、乙Ⅱ线 0MW。C 电厂机组出力 310.41MW，D 电厂机组出力 639.70MW，两座 500kV 站分别下送 979.80、270.49MW。

五、原因分析

（1）C 电厂 220kV 副母短路故障；

（2）220kV 乙Ⅱ线第一套保护未动作，原因系对侧 C 电厂第一套母差远跳保护未接入；

（3）220kV 甲Ⅰ线、甲Ⅱ线采用高频保护，当 C 电厂侧母线故障母差保护动作跳开故障侧（C 电厂侧）线路开关后，线路故障侧（C 电厂侧）高频闭锁保护停信，对侧（A 站侧）线路保护收不到闭锁信号故保护动作开关跳开，之后 A 站侧线路重合闸动作，因故障已切除，线路重合成功。而 B 站因 220kV 乙Ⅱ线采用光纤差动保护，在对侧（C 电厂）母差动作远跳本侧（B 站）开关后，将不再发送重合闸命令，因此线路未重合。

六、防范措施和建议

现场运维人员加强对设备保护装置的管理，及时发现缺陷并处理，避免保护投退不满足运行方式的要求。

4.3.4 35kV 变电站主变压器 10kV 开关故障跳闸分析报告

一、故障前运行方式

A 站：35kV 甲Ⅰ线带 1 号、2 号主变压器运行，35kV 甲Ⅱ线热备用；1 号、2 号主变压器 10kV 开关运行，10kV 母分开关热备用，10kV 备自投跳闸状态；10kVⅡ段母线上共 3 回出线运行（均无负荷），10kVⅡ段母线上一组电容器（10kV 2 号电容器）运行；接线图如图 4－93 所示。

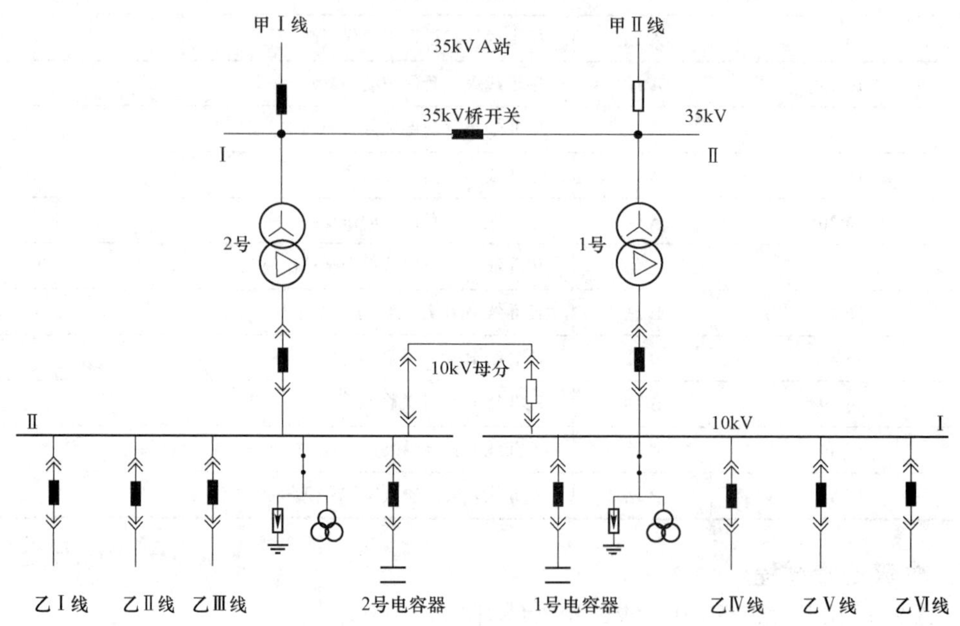

图 4－93　A 站故障前运行方式

二、故障概要

（1）2017 年 4 月 10 日 21 时 02 分，当值调控员发现 A 站“10kV 2 号电容器三次拒动”，人工干预遥控分闸失败，要求变电运维人员前往 A 站查看。

（2）22 时 25 分，A 站汇报：当地监控操作失败，手动将 10kV 2 号电容器改热备用后，10kV 备自投动作，跳开 2 号主变压器 10kV 开关，合上 10kV 母分开关。

（3）22 时 35 分，A 站 10kV 备自投改信号，10kV 调整为分列方式，许可现场备自投异常动作检查工作。

三、信息分析

（1）22 时 25 分 46 秒，10kV 2 号电容器分闸。

（2）22 时 25 分 46 秒，10kV 备自投装置显示无压无流启动。

（3）22 时 25 分 52 秒，10kV 备自投动作，2 号主变压器 10kV 开关分闸，10kV 母分开关合闸；由于 A 站 10kVⅡ段母线仅一台电容器运行，10kV 2 号电容器分闸后主变压器无电流，因此无流条件启动备自投正确，无压条件不明。

智能调度控制系统实时告警窗中的相关告警信号如表 4－40 所示。

表 4－40　　智能调度控制系统 A 站实时告警信息

序号	时间	告警
1	22:25:46	10kV 2 号电容器开关分闸
2	22:25:46	10kV 备自投动作动作
3	22:25:46	10kV 备自投装置告警或 TV 断线动作
4	22:25:52	2 号主变压器 10kV 开关分闸
5	22:25:53	10kV 母线Ⅱ段 A 相电压幅值越正常下限
6	22:25:53	10kV 母线Ⅱ段 B 相电压幅值越正常下限
7	22:25:53	10kV 母线Ⅱ段 C 相电压幅值越正常下限
8	22:25:53	10kV 母线Ⅱ段线电压幅值（ab）越正常下限
9	22:25:53	10kV 母线Ⅱ段拓扑失电出现 AVC
10	22:25:53	10kV 母分开关合闸
11	22:25:54	10kV 母线Ⅱ段 C 相电压幅值正常
12	22:25:54	10kV 母线Ⅱ段线电压幅值（ab）正常
13	22:25:54	10kV 母线Ⅱ段 A 相电压幅值正常
14	22:25:54	10kV 母线Ⅱ段 B 相电压幅值正常
15	22:25:55	10kV 母线Ⅱ段拓扑失电消失 AVC

四、故障处置过程

（1）A 站：10kV 备自投改信号，10kV 母分开关改热备用，合上 2 号主变压器 10kV 开关，调整为分列方式。

（2）A 站：对 10kV 备自投进行检查，情况正常。

1）对母线电压二次回路进行加压试验，检查确认该回路正常。

2）模拟电压开放（拉开交流空开）进行试验，确认备自投能正常动作：拉开Ⅱ母交流电压空开时，2 号主变压器 10kV 开关跳开；拉开Ⅰ母、Ⅱ母两个交流电压空开时，2 号主变压器 10kV 开关跳开，10kV 母分开关合上。

3）查阅之前 A 站集中检修记录情况：10kV 备自投装置动作情况正确可以投运。

（3）A 站：10kV 备自投改跳闸。

五、原因分析

初步判定“10kVⅠ段母线电压空开”“10kVⅡ段母线电压空开”本次故障之前已跳开为导致本次A站10kV备自投无压启动的原因，而之前集中检修验收过程中未发现。

六、防范措施和建议

（1）运行单位进一步完善典型操作票，要求增加“检查备自投充电序列正常”项目。

（2）完善设备状态交接验收卡的核对内容，要求增加“屏后交流空气开关状态”核对项目。

（3）进一步完善二次安全措施票（附页票）管理规定，要求检修、运行双方检查核对签名保存。

（4）进一步规范集中检修管理，至少保证提前2周将检修包发至各单位。

（5）加强工作验收管理，留足验收时间，谨防出现由于抢时间送电造成不验收或验收不到位情况，验收要进一步明确深度、依据和痕迹管理。

（6）优先保证对外用户供电，加强检修过程中不确定因素预想，严禁出现由于检修力量不足、试验工器具等问题造成工作延期。

（7）部分变电站某备自投装置属于老型号，其程序未固化，可以人为修改，且A站该保护装置已运行16年，超过国网公司10～12年的要求，要求尽快升级改造。

4.3.5 35kV用户变故障跳闸分析报告

一、故障前运行方式

A站：35kV甲线运行供用户变B（1.4MW），35kV乙线、丙线供用户变C（25MW），接线图如图4－94所示。

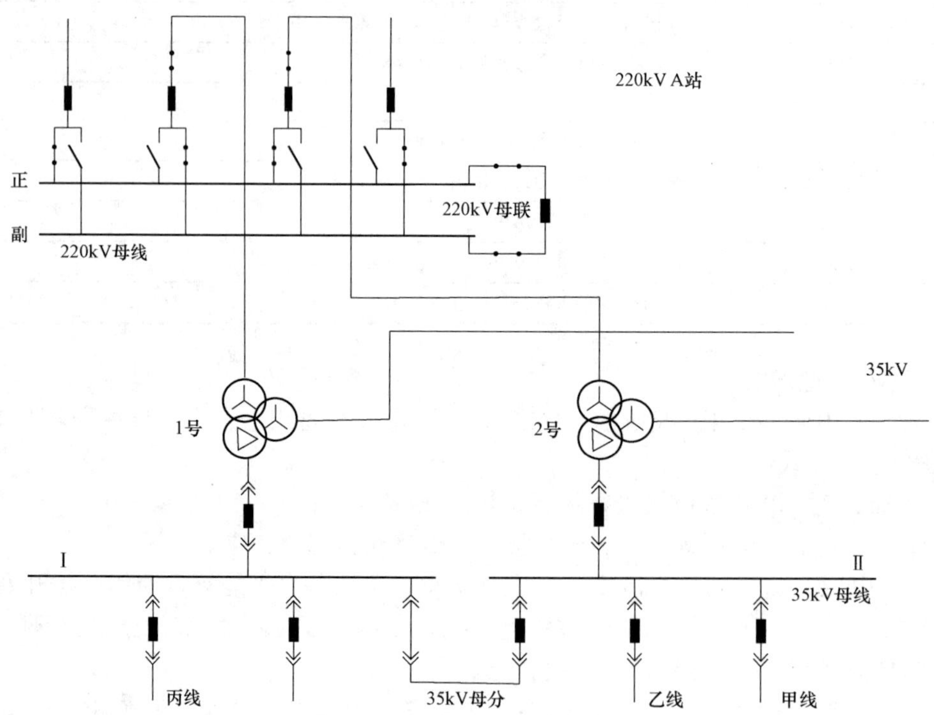

图4－94　A站故障前运行方式

二、故障概要

2019 年 3 月 18 日 13 时 12 分，用户变 B 内 35kV 甲线带电合线路接地闸刀，导致 A 站 35kV 甲线开关故障分闸，重合失败，同一母线供电的用户变 C 损失负荷 10MW。

三、信息分析

13 时 12 分，用户变 B 运维人员在 35kV 甲线在对侧运行线路带电情况下，合上 35kV 甲线线路接地闸刀，造成接地短路，A 站 35kV 甲线过流保护正确动作，跳开开关，重合失败，后加速跳闸。

智能调度控制系统实时告警窗中的 A 站相关告警信号如表 4－41 所示，缺失保护动作时开关分闸信号。

表 4－41　智能调度控制系统实时告警窗中的 A 站相关告警信号

序号	时间	告警
1	13:12	甲线保护动作动作
2	13:12	直流系统交流输入故障动作
3	13:12	甲线保护重合闸动作动作
4	13:12	甲线开关合闸
5	13:12	甲线保护后加速动作动作
6	13:12	甲线保护后加速动作复归
7	13:12	甲线开关控制回路断线动作
8	13:12	甲线开关控制回路断线复归
9	14:06	甲线保护重合闸动作复归
10	14:06	甲线保护动作复归

四、故障处置过程

（1）13 时 12 分，A 站 35kV 甲线开关过流保护动作，开关跳闸，重合失败。

（2）13 时 39 分，客户中心报：用户变 B 内部检修，在未经调度许可的情况下擅自将用户变 B 侧 35kV 甲线线路地刀合上，属于误操作。

（3）13 时 58 分，用户变 B 汇报：现场有 35kV 甲线开关 C 相与绝缘板拉弧处理检修工作（未向地调提申请，擅自工作）；操作中误合甲线线路接地闸刀，现甲线为开关及线路检修状态。

（4）14 时 52 分，A 站 35kV 甲线改为线路检修。

（5）15 时 09 分，线路工区巡线汇报 35kV 供电公司资产部分线路特巡无异常。

（6）12 时 02 分，客户中心告 35kV 甲线可送电，并预先告知用户变 C 后，A 站 35kV 甲线改运行。

五、原因分析

（1）用户变 B 运维人员擅自操作，误合线路接地闸刀是引起本次故障的直接原因。

（2）用户变 B 运维人员业务技能生疏，对于调度管辖设备，未提交停役申请，且不经调度员发令，擅自合上 35kV 甲线线路接地闸刀，是引起本次故障的主要原因。

（3）用户变 B 运维人员不熟悉站内设备，无票操作，监护不到位是引起本次故障的次要原因。

（4）用户变 B 内 35kV 甲线线路地刀未安装电气五防闭锁，无法自动闭锁带电合地刀，是引起本次故障的重要原因。

（5）用户变 B 内 35kV 甲线开关柜内相间安全距离不足（应≥28cm，实际为 25cm），绝缘板受潮发生开关 C 相与绝缘挡板拉弧放电是引起本次故障的间接诱因。

用户变 B 甲线开关柜 C 相与绝缘挡板拉弧放电如图 4－95 所示。

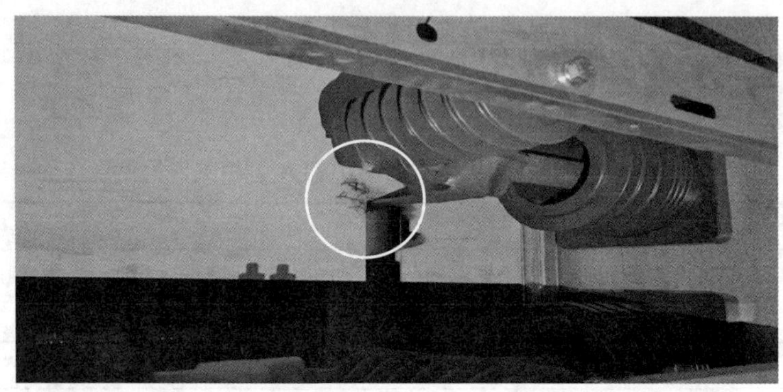

图 4－95　用户变 B 甲线开关柜 C 相与绝缘挡板拉弧放电

用户变 B 甲线线路接地开关灼伤痕迹如图 4－96 所示。

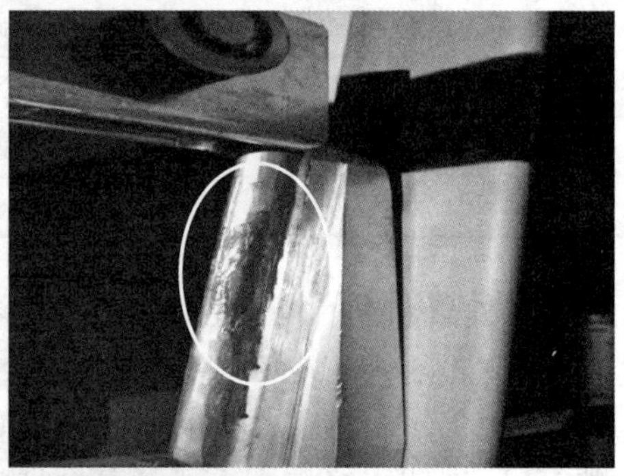

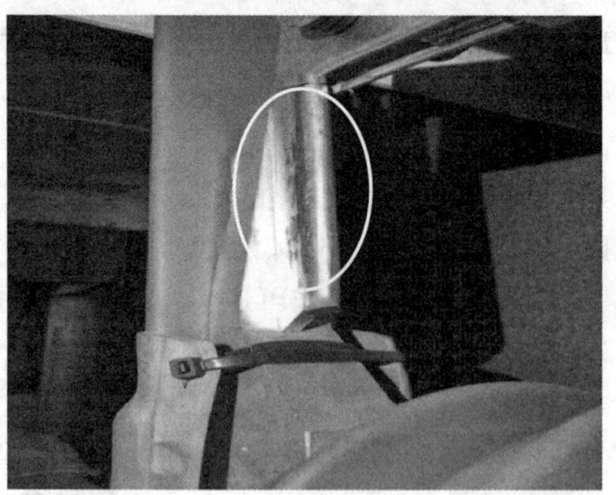

图 4－96　用户变 B 甲线线路接地开关灼伤痕迹

用户变 B 甲线闸刀柜无电气五防闭锁如图 4－97 所示。

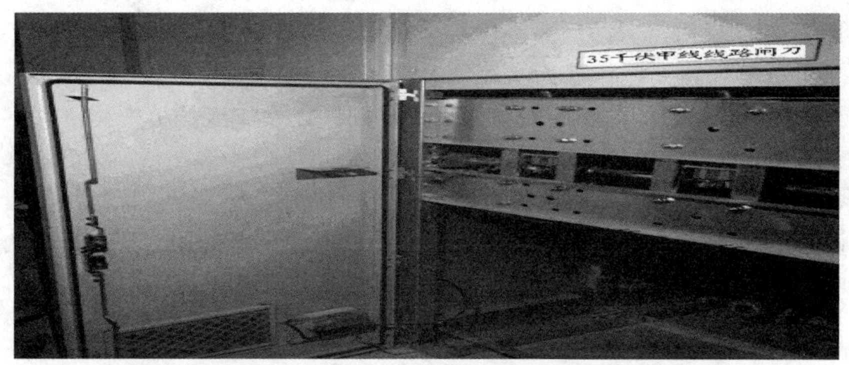

图 4－97 用户变 B 甲线刀闸柜无电气五防闭锁

未经调度发令擅自无票操作如图 4－98 所示。

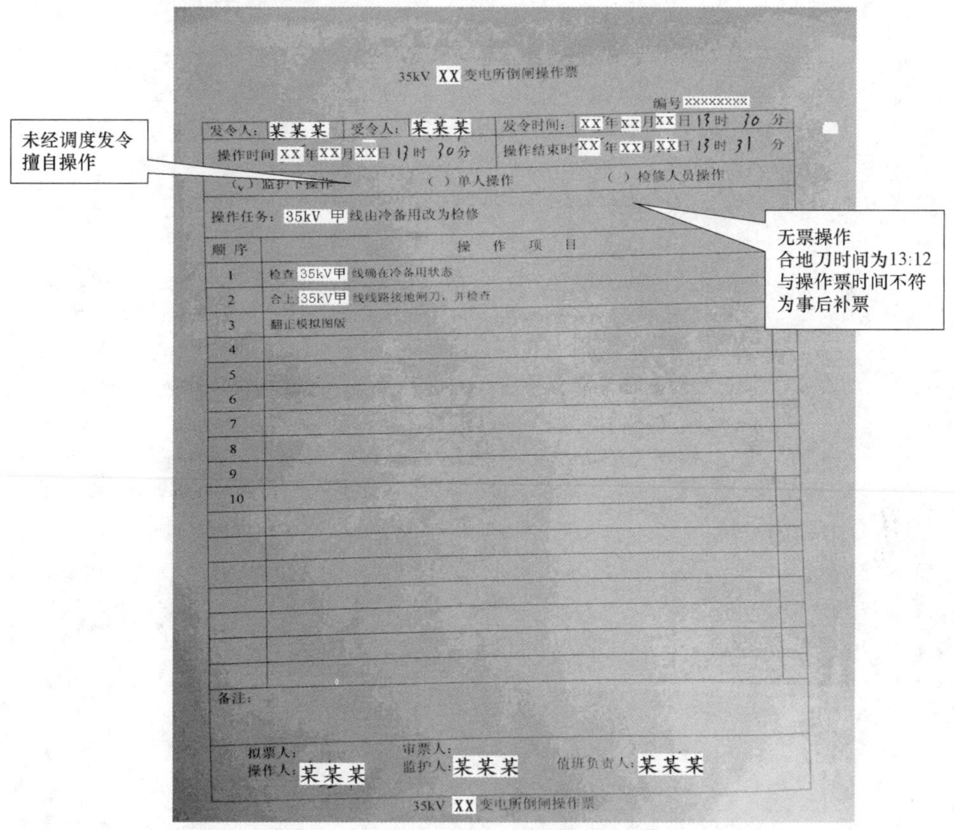

35kV XX 变电所倒闸操作票

编号 XXXXXXXX

发令人：某某某	受令人：某某某	发令时间：XX年XX月XX日13时30分
操作时间 XX年XX月XX日13时30分		操作结束时 XX年XX月XX日13时31分
(√) 监护下操作	( ) 单人操作	( ) 检修人员操作
操作任务：35kV 甲线由冷备用改为检修		

顺序	操作项目	
1	检查 35kV甲 线确在冷备用状态	
2	合上 35kV甲 线线路接地闸刀，并检查	
3	翻正模拟图版	
4		
5		
6		
7		
8		
9		
10		

备注：

拟票人：　　审票人：
操作人：某某某　　监护人：某某某　　值班负责人：某某某

35kV XX 变电所倒闸操作票

图 4－98 未经调度发令擅自无票操作

六、防范措施和建议

（1）开展全员故障反思和安全教育，针对本次故障暴露的安全意识淡薄、操作行为随意、监护形同虚设、站内电气设备及其连接关系不熟悉等问题，结合安全教育强化安全生产意识，规范运维行为。

（2）开展岗位技能培训，特别要增强涉网设备业务技能，严格按调度协议执行，强调调度管辖意识。

（3）对用户变B站内“五防”系统进行全面排查及整改，确保安全技术保障措施到位，防止再次发生人员责任性误操作行为。

（4）对用户变 B 开关柜内相间安全距离不足问题以及绝缘挡板安装位置不正确、加热驱潮等问题进行整改，落实好必要的预控和防范措施。

（5）强化用户变设计、施工、验收的规范化管理；厂家设备应按标准规范设计施工；加强一、二次设备及防误等辅助设备系统验收；对于单电源供电的用户变，建议加装低压保安电源；对于电能质量要求高的用户，建议配置专用设备，降低不可抗电网偶发事件引起的产品缺陷率。